空调系统设计及工程案例

杜芳莉　李延强　许　鸿　著

北京航空航天大学出版社

内 容 简 介

本书内容包含空调系统设计基础、某商场空调系统设计实例、某健身房空调系统设计实例、某宾馆空调系统设计实例、某地铁车站空调系统设计实例、某餐厅空调系统设计实例及空调系统节能设计实例,共 7 章,各章又对负荷计算、方案确定、设备选型、气流组织等分别论述,为从事暖通空调设计的人员提供了丰富的专业知识。

本书适用于从事暖通空调设计的工程技术人员,也可作为暖通空调专业的培训教材和相关人员的学习参考资料。

图书在版编目(CIP)数据

空调系统设计及工程案例 / 杜芳莉,李延强,许鸿著. -- 北京 : 北京航空航天大学出版社,2024.11.
ISBN 978 - 7 - 5124 - 4466 - 9

Ⅰ. TU831.3

中国国家版本馆 CIP 数据核字第 202419YT89 号

空调系统设计及工程案例

杜芳莉 李延强 许鸿 著

策划编辑 周世婷 责任编辑 张冀青

*

北京航空航天大学出版社出版发行

北京市海淀区学院路 37 号(邮编 100191) http://www.buaapress.com.cn
发行部电话:(010)82317024 传真:(010)82328026
读者信箱: goodtextbook@126.com 邮购电话:(010)82316936
北京凌奇印刷有限责任公司印装 各地书店经销

*

开本:787 mm×1 092 mm 1/16 印张:15.5 字数:397 千字
2024 年 11 月第 1 版 2024 年 11 月第 1 次印刷
ISBN 978 - 7 - 5124 - 4466 - 9 定价:69.00 元

前　言

本书立足于暖通行业和专业发展前沿,将空调技术与工程实践有机结合,是在"双碳"背景下吸收国内外最新教学和研究成果基础上撰写而成的。本书在内容上紧跟行业发展的新标准、新规范,融合一线工程实践中的新技术、新设备,并系统介绍了空调工程现行设计与施工规范、空调工程设计前期准备工作、空调设计内容及步骤、空调工程设计文件的编写整理及空调工程设计实例等内容。通过对本书的学习,能使读者掌握必要的专业知识,同时在专业实践方面及职业能力培养和空调工程实践设计方面得到拓展和提高。

本书联合企业专家共同撰写,以培养学生空调工程设计应用能力为目的,内容涉及空调系统设计方法、步骤,设计中应考虑的原则、应注意的问题,以及各类型空调工程案例等,内容丰富,资料详实,以期达到抛砖引玉的目的。本书提供了详细的空调工程的设计方法及步骤,并配有各类建筑空调系统工程案例,通俗易懂,便于自学和实践。

本书适用于暖通专业设计人员,可作为建筑环境与能源应用工程、能源与动力工程及相关专业培养工程技术型人才的实践类教学参考用书,也可作为制冷空调相关行业岗位培训教材及从事制冷与空调系统设计及运维等方面工作的技术人员的参考书;同时,对从事暖通空调专业的施工安装运行人员,技术咨询、项目管理、工程监理工作人员等都有很大的参考价值。

本书特色

(1) 本书是基于"产教融合、校企合作"理念而撰写的空调工程设计类专著,紧跟工程实际需求,是一本实践性较强的设计类参考书籍。

(2) 本书撰写紧紧围绕应用型人才培养的特点,以培养学生空调工程设计方面的专业知识和专业技能为主线安排本书的内容。

本书内容全面、思路清晰、层次分明、详实实用,特别适合从事暖通空调设计的初始设计人员和正在从事暖通空调设计的工程技术人员,本书对他们深刻理解专业知识无疑会带来很大帮助。本书也可作为暖通空调专业的培训教材和相关人员的学习参考资料。同时,本书根据空调系统设计要求指出了设计中应考虑的原则和应注意的问题,并对其中某些问题作了必要说明,为从事暖通设计的人员进行空调工程设计指明了方向。

本书由西安航空学院杜芳莉、西安高铁东城建设发展有限公司李延强、广州地铁设计研究院股份有限公司许鸿担任主编。西安航空学院杜芳莉撰写第 2、3、

4、7章和附录;西安高铁东城建设发展有限公司李延强撰写第1章;广州地铁设计研究院股份有限公司许鸿撰写第5章;陕西阔信昌建设工程有限公司赵港撰写第6章。本书在撰写过程中得到了有关专家的大力协助,并参考了国内外相关著作和标准,书后附有参考的主要书目,在此向有关专家及参考书目的原作者一并表示衷心感谢。

本书可作为制冷、空调及相关专业培养应用型、技能型人才的各类教育教学用书,也可供从事空气调节工作的技术人员或相关工作人员参考。

由于作者水平有限,书中如有不妥和错误之处,恳请批评指正。

作　者
2024 年 4 月

目　　录

第1章 空调系统设计基础

1.1 空调系统设计概述

一项空调工程能否成功运行,涉及到设计、施工、运行及维护管理等很多环节,而正确的设计是诸多环节中最重要、最基础的一个部分。空调工程种类繁多,每一个工程都有其自身的特点,即使设计者具有丰富的设计经验,对新的工程也不能马虎大意,空调工程设计是一项严肃认真的工作,其设计的质量决定着空调工程的投资大小、运维能耗的高低。对于设计者而言,在设计前应了解设计对象对空调的要求,并收集相关资料,熟悉有关规范和技术标准,准备好必要的设计资料,这些是确定设计方案、保证设计质量、加快设计速度、保证设计具有一定的先进性的前提条件。

空调设计过程是一个不断由粗到细、由整体到部分且不断深入和完善的过程。空调工程的设计过程通常分为方案设计、初步设计和施工图设计三个阶段,是一个不断由粗到细,由整体到部分,逐步深入和完善的过程。大型和重要的民用建筑空调系统工程设计,在初步设计之前,一般要进行方案设计并优选;小型和技术要求简单的建筑空调系统工程设计,经有关主管部门同意,并且合同中有不做初步设计的约定,可在方案设计审批后直接进入施工图设计阶段。

1.1.1 空调工程现行设计规范和标准

设计质量决定着空调工程投资大小、空调系统的性能好坏和能耗高低。为了使空调工程设计能与社会、经济发展水平相适应,达到经济效益、社会效益和环境效益相统一的目标,在设计时应做到:既要设计合理,又要经济适用;既要把握设计标准,又要满足建设方要求;既要积极采用先进技术、先进设备和新型材料,又要注意节能和环保。

各阶段设计文件要完整,内容和深度要符合国家住房和城乡建设部颁布的《建筑工程设计文件编制深度规定》的要求,文字说明和图样要准确、规范、清晰,无错、漏等。

国家和政府部门颁布的设计规范和技术标准是设计工作必须遵循的准则,其规定的原则、技术数据以及设计方法,既是设计的重要依据,也是评价设计文件的主要标准。设计规范集中反映了本专业技术、经济方面的重要问题,同时也贯彻了政府部门有关国家现行经济、能源、安全、环保等方面的政策。规范和技术标准所提供的结论和数据,既是实践经验和科研成果的高度概括与浓缩,同时也集中反映了国家和政府部门在经济、能源、安全、环保等方面的现行政策,具有权威性和约束性。

工程建设标准(规范)是工程设计的重要法律依据,有国家标准(GB)、行业标准(JGJ)、地方标准(DB)、协会及企业标准之分。为了适应国家经济建设和社会发展的需要,标准(规范)将不定期地进行内容修订;因此,在进行工程设计时,一定要注意采用最新版本的规范标准。

设计规范条文在执行过程中,一般有两种情况:一种是必须执行的条文,又称为强制性条文,如对人民生命财产安全有重要影响的条文,应该坚决执行。如果遇到特殊情况,在条文执行过程中确实存在困难或严重不合理而不能执行时,应该提出新的技术可靠的措施,而且应该通过上级主管职能部门审批同意后方可采用,如"高层民用建筑设计防火规范""工业企业卫生标准"等。另一种是原则上应该执行的条文,如一般的技术数据、布置形式等。如果遇到特殊情况不能按规范和标准规定执行,或在执行中与规范规定有冲突时,应在把握规范和标准规定有关条文精神实质的基础上,事先提出解决方案,经技术会议研究、单位主管部门审定同意后方可进行设计。

在规范和技术标准中,除了国家颁布的标准(编号用 GB、GBJ、GB/T 表示,其中 GB 表示国家标准,GBJ 表示国家建议标准,GB/T 表示国家推荐标准)以外,由于行业之间的特点,还制定了许多专业性的行业规范和标准,以及一些地方性的法规,设计中可以参考执行。即便是在不能套用的特殊情况下,也应尽量与之接近。下面是暖通空调工程部分常用的设计规范和标准。

1) 专业类设计规范:

① GB 50019—2015《工业建筑供暖通风与空气调节设计规范》;

② GB 50189—2015《公共建筑节能设计标准》;

③ GB 50736—2012《民用建筑供暖通风与空气调节设计规范》;

④ GB 50176—2016《民用建筑热工设计规范》;

⑤ GB 50189—2015《公共建筑节能设计标准》;

⑥ GB 50264—2013《工业设备及管道绝热工程设计规范》;

⑦ GB 50041—2020《锅炉房设计规范》;

⑧ GB 1576—2018《工业锅炉水质》。

2) 防火类设计规范:

① GB 55037—2022《建筑防火通用规范》;

② GB 50045—95《高层民用建筑设计防火规范》(2005 年版);

③ GB 50016—2014《建筑设计防火规范》;

④ GB 50067—2014《汽车库、修车库、停车场设计防火规范》;

⑤ GB 50098—2009《人民防空工程设计防火规范》。

3) 环保类设计规范:

① GB 50118—2010《民用建筑隔声设计规范》;

② GB/T 50087—2013《工业企业噪声控制设计规范》。

4) 工程质量、施工及验收类规范:

① GB 50243—2016《通风与空调工程施工质量验收规范》;

② GB 50274—2010《制冷设备、空气分离设备安装工程施工及验收规范》;

③ GB 50275—2010《压缩机、风机、泵安装工程施工及验收规范》;

④ GB 50243—2016《通风与空调工程施工质量验收规范》。

由于国家和政府部门还制定有各种类型建筑的专门建筑设计规范,如(JGJ/T 67—2019)《办公建筑设计标准》、《商店建筑设计规范》(JGJ 48—2014)等,因此在进行设计前还应了解相关建筑设计规范中对空调设计方面的规定和要求。具体详见专用设计规范。

5) 专用设计规范:

① JGJ 36—2016《宿舍建筑设计规范》;

② JGJ 62—2014《旅馆建筑设计规范》；

③ JGJ 48—2014《商店建筑设计规范》；

④《2007 全国民用建筑工程设计技术措施节能专篇　暖通空调·动力》；

⑤《2009 全国民用建筑工程设计技术措施　暖通空调·动力》；

⑥ GB 50072—2021《冷库设计规范》。

除了以上有关规范和技术标准外，在进行空调工程设计时还要用到以下专业设计资料，也应事先准备好专业设计手册、技术措施及相关参考书籍等。

6）专用设计标准图集：

① GB/T 50114《暖通空调制图标准》，中国建筑工业出版社；

②《暖通空调设计选用手册》（上、下册）。

1.1.2　空调工程设计前期准备工作

1. 熟悉有关设计规范与标准

空调工程的设计应符合暖通专业有关的设计规范、施工验收规范、设计技术措施、制图标准及当地的有关技术规定及法规，在着手设计前应收集相关技术资料并熟悉其中的主要内容。

2. 收集有关的产品样本

空调工程（含冷、热站、防排烟、通风）的设计一般会用到以下主要设备和附件：制冷机组，包括压缩式（活塞式、离心式、螺杆式）和吸收式（单、双效式，直燃式）、水冷式和风冷式、单制冷机和冷热水热泵等；空气处理机，包括组合式机组、变风量机组、新风机组、风机盘管机组、单元式空调机组等；冷却塔，热交换器，燃油、燃气锅炉，分集水器，除污器，循环水泵，风机，自动排气阀，风量调节阀，防火阀，送回风口，保温材料，消声器，水过滤器，减压阀，蒸汽调节阀等。以上这些设备部件应在设计开始前准备好相关样本资料。

3. 准备有关设计手册及标准图集

除了有关规范和技术标准以外，在进行空调工程设计时还要用到有关的设计资料，也应事先准备好。

① 专业设计手册、技术措施、参考书籍（可参见本书参考文献）。也可以在设计前与各设计院资料室或书店联系购买。

② 空调工程的设计会用到以下标准图集 T1～T9：膨胀水箱、分集水器、除污器、风机安装、水泵安装、风管保温、水管保温、风管水管支吊架等。

③ 冷热源设备、空调设备、辅助设备、有关装置等的产品选型资料，包括生产厂家、品种规格、产品质量、市场使用情况及价格等。

④ 若干相同或类似工程的设计资料（如图纸）以及有关文字资料（如工程设计总结、技术报告、论文等）。

4. 熟悉本工程的有关原始资料

① 开始设计前必须对自己在本设计中的任务了如指掌，包括了解各建筑的位置、朝向、房屋使用功能、建筑物的性质、档次、运行的班次、围护结构材料、门窗结构层次、房间布置、室内人员分布、照明、空调制冷、通风、防排烟的要求及范围等，了解冷热媒、热源和冷源的种类及位置，以及甲方的基本情况（包括资金情况）等，并充分了解甲方在设计委托中对该系统的要求。

如果有问题,应在设计之前沟通并确定下来。

② 假如其他专业设计没有同步进行,则应该注意与这些专业的设计人员进行沟通;如果有些图纸已经出来,应该仔细看图。

③ 收集同类型建筑的空调设计资料,吸取国内外好的经验及做法。

④ 如果是改造项目,还应该到现场勘察,进行拍照,量取实际尺寸,了解现在系统运行状态等。

5. 收集室外气象资料

室外气象资料主要包括:当地冬、夏季室外空调计算干球温度、湿球温度、相对湿度、室外风速、主导风向、日照率和当地大气压等。

1.2　空调系统设计要求

1.2.1　空调工程设计内容

1. 初步设计内容

初步设计阶段应将本专业内容的设计方案或重大技术问题的解决方案进行综合技术经济分析,讨论技术上的先进性、适应性和经济上的合理性。

(1) 设计说明书

1) 设计依据

a. 摘录设计总说明书所列批准文件和依据性资料中与本专业设计有关的内容。

b. 室外空气计算参数及房间室内设计计算参数。

c. 遵循的规程、规范。

2) 设计范围

根据设计任务要求和有关设计资料,说明本专业设计的内容及有关专业的设计分工。

3) 暖通空调设计计算部分

a. 论述冷热源方案的选择、冷热媒参数的确定。

b. 水系统形式、划分压力分布及承压情况。

c. 暖通空调冷热负荷。

d. 暖通空调系统的形式及区域划分,空气处理或净化方式,气流组织及控制方法。

e. 新风系统形式、新风量及处理方式。

f. 主要设备选型。

g. 防排烟系统划分、设计方案及设备选型。

h. 防排烟系统构件的选型。

i. 防排烟系统的控制方式。

j. 设备消声、隔振措施及环境保护。

k. 余热回收及节能措施。

l. 其他需要说明的问题。

(2) 设计图纸

复杂的暖通空调工程初步设计应给出设计图纸(规模较小、内容简单的工程可以不出图),

图纸内容可视工程繁简及技术复杂程度确定。设计图纸一般包括图例、系统流程图、主要平面图。各种管道可用单线绘制。

1) 通风、空调平面图：绘出设备位置、管道和风道走向、系统分区、编号及风口等位置；多联式空调系统应绘制平面图，标示出冷媒管和冷凝水管走向，必要时应标注风管的主要标高。

2) 冷热源机房平面图：标示设备的位置、主要管道布置及走向，交叉复杂处还需绘制局部剖面图、标注设备编号等，标注控制设备管道安装高度。

3) 系统流程图：系统流程图包括冷热源系统、空调水系统、通风及空调风路系统、防排烟等系统的流程。应标示系统服务区域名称，标注设备编号、主要风道尺寸和水管管径，标示系统主要附件、建筑楼层编号及标高。

4) 防排烟平面、系统图：标示设备的布置、管道走向、管道尺寸、风口形式、防火阀门型号等。

(3) 设备表

设备表中应列出主要设备的名称、型号、规格、数量等。大型工程选用设备规格，数量多时应按专业内容分项列表。

(4) 概　算

概算在暖通工程初步设计阶段，在投资估算的控制下，根据初步设计、综合预算定额、取费标准、设备材料预算价格等资料，编制确定暖通工程项目从筹建至竣工交付生产或使用所需全部费用的经济文件，包括单位工程中分项工程或扩大分项工程的项目名称、概算定额单价，单位直接工程费总和，单位工程直接费、间接费和税金，单位工程概算造价，单位建筑工程经济技术指标。

(5) 计算书(供内部使用)

与暖通空调有关的冷负荷、热负荷、风量、冷冻水量、冷却水量、主要风道尺寸、管径及主要设备的选择等，可简化计算或按经验指标估算确定。

2. 施工图设计内容

(1) 图纸目录

图纸目录中先列新绘制图纸，后列选用的标准图或重复利用图。

(2) 首　页

首页内容包括设计概况、设计说明，以及施工安装说明、图例、设备表等。

大型复杂工程，可按采暖通风和空调不同内容各设首页；简单工程，首页内容少，可合并在底层平面图上。设计概况和说明应该有以下内容：暖通空调室内外设计参数，冷源和热源情况，冷媒和热媒参数；暖通空调冷负荷和热负荷；系统形式和控制方法；消声和隔振措施；防腐和保温要求；防排烟系统的组成；主要设计数据；设备和构件的选型和控制方法等；安装要求及遵循的施工及验收规范等需要说明的问题。

(3) 平面图

① 绘出建筑轮廓、主要轴线号、轴线尺寸、室内外地面标高、房间名称，在底层平面图右上角绘出指北针。

② 二层以上的多层或高层建筑，其建筑平面及专业内容相同的层次，可合用一张图纸，散热器数量应分层标注。

③ 通风、空调平面图用双线绘出风管，按设备外形或图例绘出设备图形，复杂的平面应标

出气流方向。标注风道尺寸(圆形风管标管径,矩形风管标宽和高)、主要风道定位尺寸、标高及风口尺寸,各种设备及风口安装的定位尺寸和编号,风机盘管、风柜等空调设备的定位尺寸及其关系尺寸,标注设备编号、消声器、调节阀、防火阀、管件过滤器、软接管等各部件的位置。标注风口设计风量。

④ 风道平面应标示出防火分区,排烟风道平面还应标示出防烟分区。

⑤ 空调管道平面单线绘出空调冷热水、冷媒、冷凝水等管道,绘出立管位置和编号,绘出管道的阀门、放气、泄水、固定支架、伸缩器等,注明管道管径、标高及主要定位尺寸。

⑥ 多联式空调系统应绘制冷媒管和冷凝水管。

⑦ 需另做二次装修的房间或区域,可按常规进行设计,宜按房间或区域标出设计风量。风道可绘制单线图,不标注详细定位尺寸,须注明按配合装修设计图施工。

(4) 通风、空调、制冷机房平面图和剖面图

① 机房图应根据需要增大比例,绘出通风、空调、制冷设备的轮廓位置及编号,注明设备外形尺寸和基础距离墙或轴线的尺寸。

② 绘出连接设备的风道、管道及走向,注明尺寸和定位尺寸、管径、标高,并绘制管道附件。

③ 当平面图不能表达复杂管道、风道相对关系及竖向位置时,应绘制剖面图。

④ 剖面图应绘出对应于机房平面图的设备、管道和附件,注明设备和附件编号以及详图索引编号,当平面图设备、风道、管道等尺寸和定位尺寸标注不清时,应在剖面图上标注。

(5) 通风、空调剖面图和详图

① 风道或管道与设备连接交叉复杂的部位,应绘出剖面图或局部剖面图。

② 绘出风道、管道、风口、设备等与建筑梁、板、柱、地面的尺寸关系。

③ 注明风道、管道、风口等的尺寸和标高,气流方向及详图索引编号。

④ 通风、空调、制冷系统的各种设备及零部件施工安装,应注明采用的标准图、通用图的图名图号。凡无现成图纸可选,且需要交代设计意图的,均需绘制详图。

(6) 系统图

① 冷热源系统、空调水系统及复杂的或平面表达不清的风系统,应绘制系统流程图。空调冷热水系统、冷却水系统、凝结水系统的管道可按 45°或 30°轴侧投影绘制,冷水机组、风机盘管、风柜、热交换器、冷热水泵及冷却塔等设备用图例表示,或用细实线绘出外形轮廓,绘出整个系统的管道及阀门等全部部件、配件;所有管道应标注管径坡度、坡向、标高及设备编号。

② 空调冷热水分支水路采用竖向输送时,应绘制立管图并编号,注明管径、标高及所接设备编号。

③ 空调冷热水立管图应标注伸缩器、固定支架的位置。

④ 空调、通风、制冷系统有自动监控要求时,宜绘制控制原理图,图中以图例绘出设备、传感器及执行器位置;说明控制要求和必要的控制参数。

⑤ 大型空调、制冷系统设备管道复杂,可绘制系统流程图,按设备管道所在层数绘出设备阀门、仪表、部件、介质流向,管径上设备编号、设备和管道相同的楼层可适当简化,流程图可不按比例绘制。

⑥ 二层以上的多层或高层建筑,其建筑平面图及部分内容相同的层次,可只绘出其中一层,其他层次省略,用附注说明。

⑦ 图中相同管道和构件非常多,标注很困难时,可用附注加以说明,例如"风机盘管供、回水支管管径均为 DN20"。

(7) 制造图

① 简单的设备、支架,当无定型产品,又无标准图、通用图可利用时,应绘制制造图,如水箱、设备支架等。

② 绘出单体设备的构造图形,标注设备,附上尺寸和要求,并说明使用材料类型规格。

(8) 安装图

① 安装图是指在安装过程中指导安装的图纸,配有设备、构件与建筑物的安装方法与关系,并给出安装所用的材料。

② 安装图应标注所安装设备与安装有关的建筑物之间的关系尺寸。

(9) 计算书

空调工程应配有以下计算:建筑围护结构传热量计算,人体、照明、设备散热量及散湿量等形成的冷、热、湿负荷计算;送/回风量、新风量计算;冷水机组、冷冻水泵、冷却水泵、冷却塔、组合式空调机组、新风机组、风机盘管机组、消声、隔振装置等设备的选择计算;气流组织计算,风道尺寸及阻力计算,水系统管径及水力计算。

1.2.2　空调工程设计步骤

1. 方案设计阶段

方案设计阶段应在建筑专业方案设计阶段中进行,配合建筑方案一起完成。对于现代建筑来说,建筑功能日益复杂,设备投资比重日益增大,因此在建筑方案阶段就应充分考虑设备所需占用的空间位置、中央空调风道的敷设路线及竖井位置等。也就是说,一个完美的建筑必须是建筑设计和设备紧密配合且协调一致的产物。为此,空调工程师应配合建筑专业完成方案设计,方案设计是空调设计中的重要部分,为后面的设计奠定坚实的基础。总而言之,空调方案设计阶段主要是建筑设计方案优选、暖通空调专业进行配合设计的阶段。方案设计文件的编制深度要满足初步设计文件和控制概算的需要。另外,对于投标方案,设计文件的编制深度还应满足标书的要求。

(1) 方案设计阶段的内容

1) 选择空调系统。根据建筑物的性质、规模、结构特点、内部功能划分、空调负荷特性、设计参数要求、同期使用情况、设备管道的布置安装和调节控制的难易等因素综合考虑,经过技术经济比较后确定空调系统形式。在满足使用要求的前提下,尽量做到一次投资省、系统运行经济而且能耗少。

2) 确定冷热源机房位置。在建筑方案设计过程中,暖通专业根据建设项目内容、规模及选定的空调系统形式,确定匹配的冷热源方案,粗略估算冷热负荷和冷热水机组数量,计算冷水机房和热水机房及其辅助设备布置所需的面积、冷却塔布置所需的面积,配合建筑专业确定冷水机组房、热水机组房、冷却塔的位置和建筑面积。

3) 确定管井位置。根据建筑布置和使用功能,初步考虑系统划分,委托建筑设计专业在适合位置设计管道井(包括冷水、冷却水、凝结水、新风井等),并确定管井大小。

4) 确定防排烟风道井位置。根据建筑专业平面布置,确定需要设置防排烟的位置,要求建筑在合适的地方留出机械加压送风和机械排烟的竖风道或风道井。

5）确定烟囱位置。

6）估算本工程暖通总耗电功率、耗水量，并提供给相关专业的设计部门，以便进行设计工作。

（2）方案设计的原则

应根据建筑物的用途、规模、使用特点、负荷变化情况与参数要求、所在地区气象条件与能源状况等，通过技术经济比较确定方案。设计方案技术经济性比较正在成为影响暖通空调设计质量和效率的一项重要工作。在对暖通空调设计方案比较中应注意以下问题。

1）可行性和可靠性问题

能够满足使用要求，这是方案可行性应考虑的主要问题。设计方案应符合国家和当地政府有关法规和规范的要求，包括有关环境保护的要求；设计方案应能满足有关方面的要求（如供电、供气、供水、供热等），并应特别顾及这些条件的期限、变化情况。

满足使用功能是设计方案应具备的首要条件。设计人员应该把握两个方面的因素：一个是与项目相关的外部因素，一个是项目内部因素。其中外部因素包括：设计方案不能与国家规范、地区行业规程相冲突；满足相关环境指标要求；切合地区气象参数实际；与地区供电、供热现状相适应；与当地水文地质资料不矛盾等。内部因素包括：仔细研究房间的使用功能和负荷运行特性，确定合理并且符合规范的设计参数；计算准确、清晰并且格式规范；设备选型安全、可靠并考虑节能因素；图面表达清楚、准确，深度到位；专业配合合理、流畅、不遗漏；对因故障检修影响系统运行或者造成较大经济效益或社会效益影响的设备，要考虑设计备用设备等。

2）经济性比较问题

经济性应包含初投资、运行费用、设备折旧和系统使用寿命等。经济性比较是目前暖通空调方案比较中考虑最多的一个问题。进行经济性比较时，首先应注意比较基准必须一致。应采用相同的设计要求、使用情况、设备档次、能源价格、舒适状况、美观情况等基准条件进行比较，这样才能保证方案比较结果的科学性、合理性。如果对采用名牌设备和采用低档设备的方案进行经济性比较，显然是不合理的；如果不考虑舒适性的区别，只对有新风供应和没有新风供应的方案进行经济性比较，显然不可能做出正确的选择；如果不考虑美观性和舒适性进行经济性比较，对集中式空调方案显然是不公平的。

一次投资是投资方最为关注的一个参数，在计算投资时应全面准确、不能漏项。暖通空调设计方案的一次投资不仅包括各种设备、管道、材料的投资，而且应包括各种相关收费（如热力入网费、用电设备增容费、天然气的气源费等），相应的安装、调试费用，相关的工程管理等各种费用，相关水处理和配电与控制投资，机房土建投资与相应室外管线的费用，而这些在实际设计工作中容易被遗漏。

运行能耗和运行费用是暖通空调设计方案技术经济性比较必须考虑的重要参数。运行能耗除了应计算暖通空调主机（锅炉和制冷机等）的能耗外，还应计算其他辅助设备（如风机和水泵等）的能耗。不能简单按照设备铭牌功率和运行时间的乘积来计算能耗，而应考虑在全年季节变化的情况下，建筑物实际负荷的变化，同时还应考虑设备在非标准状态下的效率。

进行经济性比较时，切忌图省事直接采用有关厂家给出的比较数据和结果。在进行设计方案经济性比较时，应综合考虑投资、运行费用以及设备的使用寿命，以相同的使用周期为基准，进行综合经济性的计算比较，而不能简单地根据设备报价进行比较。对于同时有供暖和制冷要求的项目，应考虑冬季和夏季设备综合利用问题，进行冬夏季综合经济性比较。对于可以兼供生活热水的工程，应综合考虑生活热水供应的投资和能耗。

3）调节性和可操作性问题

暖通空调系统的容量通常是按接近全年最不利的气象条件确定的,因此系统应有较好的调节性能,以适应全年负荷的变化。调节性能好的系统方案,如 VAV 空调系统和 VRV 变频空调系统的方案,其一次投资通常较高,但运行能耗较低,在经济性计算和比较时应综合考虑这些因素。对于部分时间使用的办公建筑、写字楼和教学楼,设计方案应能满足其夜间不工作时的调节要求。

设计方案的管理操作方便性是用户十分关心的问题。空调系统自动化水平的提高,可以减少管理人员数量和劳动强度,从而减少人工费,但使一次投资增加,对操作人员技术水平的要求提高。空调系统是否采用自动控制,应根据实际情况和要求,经技术经济性比较来确定。

4）安全性问题

暖通空调系统的安全性主要包括易燃易爆环境安全、防火安全、人员环境安全、重要设备物品环境安全、系统设备运行安全 5 个方面的问题。

5）环保性与持续发展性问题

暖通空调设计人员既要有环境保护的责任感,同时也要考虑建设方和用户的经济承受能力,不要盲目冒进,以免给建设方和用户增加不必要的经济负担。在对设计方案进行经济性比较分析时,还应综合考虑暖通空调设备的废气、废水、废渣和噪声等污染治理的费用。

持续发展性是指所设计方案不仅适用于当前,也应满足今后若干年正常运行的要求。这就要求设计师用科学的发展观来指导方案设计。

2. 初步设计

初步设计阶段应将本专业内容的设计方案或重大技术问题的解决方案,进行综合技术经济分析,论证技术上的先进性、适应性和经济上的合理性,并将其主要内容写进初步设计说明书中。初步设计文件的编制深度应满足下列要求:

① 能据以确定工程造价。

② 能据以编制施工招标文件。

③ 能据以进行主要设备订货。

④ 能据以编制施工图设计文件。

⑤ 能据以进行施工准备。

初步设计的基本内容如下:

① 根据建筑专业提供的建筑平面图、剖面图、文字资料以及其他专业提出的设计任务资料,详细了解房间使用功能、使用特点和对暖通专业设计所提出的要求。

② 冷、热负荷计算。以空调房间为单元,确定空调室内空气设计参数,计算房间空调冷、热负荷,内容包括:建筑传热量、人体散热量、照明散热量、设备散热量及新风负荷。

③ 水系统设计:

a. 根据建筑总高度和设备的承压能力,确定水系统是否需要进行竖向分区;对水系统进行水压分布分析,确定膨胀水箱设置位置、冷水泵选择压出式还是吸入式。

b. 根据房间的功能、空调使用时间、使用性质及特点,确定水系统供水区域的划分。

c. 确定水系统形式,如双管或四管、开式或闭式、水平式或垂直式、同程式或异程式。

d. 确定供、回水温度。

e. 确定供水方式,如变流量或定流量、一级泵或二级泵系统。

　　f. 确定水系统控制方式。

　　④ 新风系统设计：

　　a. 按标准和要求确定新风量、新风处理终状态参数。

　　b. 确定新风系统的划分和组成。

　　c. 对新风系统风量、阻力进行计算，选择新风机组。

　　⑤ 排风系统设计。

　　⑥ 空气处理设备的计算和选择：

　　a. 根据空调房间的特点、使用要求及安装条件，确定空气处理类型，如风机盘管、风柜、组合式空调机。

　　b. 根据房间的热、湿负荷及系统的组成，选择空气处理设备的规格、型号。

　　⑦ 空调冷源系统：

　　a. 计算出建筑最大负荷时的冷负荷(考虑同期使用系数、安全系数)，考虑到负荷特点、调节性能，经过技术经济比较确定冷水机组的类型、数量及规格型号。

　　b. 计算冷冻水量、水系统阻力，并根据运行特点选择冷冻水泵的机型、规格、型号及数量。

　　c. 计算冷却水量、冷却水系统阻力，并根据运行特点选择冷却水泵的机型、规格、型号及数量。

　　d. 计算并选择附属设备。

　　⑧ 冷却塔计算及选择。根据冷却水量、冷却水系统计算阻力、冷却水温度及进出水温差、环境噪声要求，计算、选择冷却塔的类型、规格、型号及数量。

　　⑨ 空调热源系统：

　　a. 计算出建筑最大负荷时的热负荷(考虑同期使用参数、安全系数)，考虑到负荷特点及调节性能，经过技术经济比较选择热源设备(蒸汽锅炉、无压热水锅炉、真空热水锅炉等)的类型、数量、规格及型号。

　　b. 附属设备的计算和选择。

　　⑩ 防排烟系统设计方案及设备选型：

　　a. 根据高层民用建筑防火设计规范要求，确定建筑防排烟设计部位。

　　b. 计算防排烟风量及风道阻力，选择机械加压送风机和排烟风机。

　　c. 选择进风口、排烟口及防火阀等部件。

　　d. 确定防排烟系统的控制方法。

　　设计计算和设备选择完毕后，需要向有关专业提出设计要求：

　　a. 土建专业：冷水机站、热水机站、冷却塔、大型空调设备安装位置和占用建筑面积、水管井和竖向风道井等。

　　b. 电力：暖通专业总耗电量。

　　c. 水道：暖通专业总耗水量。

　　d. 弱电：防排烟系统控制要求。

　　⑪ 绘制图纸：

　　a. 冷水机站平(剖)面图、工艺流程图。

　　b. 热水机站平(剖)面图、工艺流程图。

　　c. 主要楼层空调平面图。

d. 防排烟系统平面图、系统图。

⑫ 编制设备表。

⑬ 编制概算书。

最后,编制初步设计说明书。

3. 施工图设计

(1) 施工图设计注意事项

施工图设计应根据已批准的初步设计进行编制,除非初步设计存在重大的原则性问题或建设方的使用要求有变化等重大原因,否则在进行施工图设计时不宜对初步设计所确定的基本方案及原则进行大的修改。施工图设计毕竟是与初步设计不同的设计阶段,在这一设计阶段中,对初步设计作一些变更是完全正常的,应是对初步设计的补充和完善。施工图设计内容以图样为主。

(2) 施工图设计文件的编制要求

① 能据以编制施工图预算。

② 能据以采购设备、材料。

③ 能据以安排非标准设备或装置的制作。

④ 能据以进行施工。

⑤ 能据以进行工程验收。

由于工程施工是以施工图样为依据的,因此对施工图样的基本要求是消除错、漏、碰、缺,表达完整、准确、清晰、无误,以保证施工方能够正确地理解图样所表达的内容,并能按图施工。

(3) 施工图设计程序

1) 根据初步设计审批意见、建筑专业提供的平(剖)面图和文字资料,以及其他专业提出的设计要求,对初步设计计算和设备选择进行详细计算。如果设计条件改变,则根据变更条件修正设计方案和设备选择。

2) 绘制暖通空调平面图、剖面图。

3) 编制除图样外的其他设计文件。

4) 向相关专业提出设计要求。

① 土建专业:核实初步设计阶段所提出的资料、设备基础(包括基础外形尺寸、预埋件位置、设备重量等)以及墙和墙上孔洞等;核实机房尺寸,管道井、竖向风道井位置及尺寸,有关场所要求的设置管道或空调设备的空间高度,以及新风口和排风口的位置和尺寸。

② 结构专业:核实剪力墙、楼板及穿梁的较大的洞口位置及尺寸,机房地面及顶层的荷载,设备基础的外形尺寸、预埋件位置等。

③ 电力专业:以设备为单位提出耗电量和供电位置;核实各种用电设备的位置、数量、容量和电压。

④ 给水排水专业:核实各种用水设备的位置、数量、用水量、供水压力,有设备排水的位置和排水量。

⑤ 弱电专业:防排烟系统的控制要求。

5) 绘制暖通空调剖面图、水系统图、安装图等施工图纸。

6) 编制设备表、材料表。

7) 编制工程预算。

8) 施工图设计完成后,提交各级审核。

9) 施工图会审。参加设计的有关专业会审图纸,会审内容,一般包括互相委托的设计要求是否完成,各专业设计内容是否协调,如是否相互碰撞等,然后进行会签。

10) 资料整理、归档。

(4) 施工图设计文件

在施工图设计阶段,设计文件应包括图纸目录、设计与施工说明、设备表、设计图纸、计算书等,具体如下:

1) 图纸目录:先列新绘图纸,后列选用的标准图或重复利用图。

2) 设计与施工说明

① 设计说明:应介绍设计概况和暖通空调室内外设计参数;热源、冷源情况;热媒、冷媒参数;采暖热负荷、耗热量指标及系统总阻力;空调冷热负荷、冷热量指标,系统形式和控制方法,必要时,需说明系统的使用操作要点,例如空调系统季节转换,防排烟系统的风路转换等。

② 施工说明:应说明设计中使用的材料和附件,系统工程压力和试压要求;施工安装要求及注意事项。采暖系统还应该说明散热型号。

③ 图例。

④ 当本专业的设计内容分别由两个或两个以上的单位承担设计时,应明确交接配合的设计分工范围。

3) 设备表:施工图阶段,型号、规格栏应注明详细的技术数据。

4) 设计图纸:平(剖)面图、详图等。

① 平面图:

a. 绘出建筑轮廓、主要轴线号、轴线尺寸、室内外地面标高、房间名称,在底层平面图右上角绘出指北针。

b. 采暖平面绘出散热器位置,注明片数或长度,采暖干管及立管位置、编号;注明管道的阀门、放气、泄水、固定支架、伸缩器、入口装置、减压装置、疏水器、管沟;检查入孔位置;注明干管管径及标高。

c. 二层以上的多层建筑,其建筑平面相同的,采暖平面二层至顶层可合用一张图纸,散热器数量应分层标注。

d. 通风、空调平面,用双线绘出风管,用单线绘出空调冷热水、凝结水等管道。标注风管尺寸、标高及风口尺寸(圆形风管标注管径,矩形风管标注宽和高),水管管径及标高;各种设备及风口安装的定位尺寸和编号,消声器、调节阀、防火阀等各种部件的位置及风管、风口的气流方向。

e. 建筑装修未确定前,风管和水管可先画出单线走向示意图,注明房间送、回风量或风机盘管数量、规格;建筑装修确定后,应按规定要求绘制平面图。

② 通风、空调管路剖面图:

a. 风管或管道与设备连接交叉复杂的部位,应绘出剖面图或局部剖面。

b. 绘出风管、水管、风口、设备等与建筑梁、板、柱及地面的尺寸关系。

c. 注明风管、风口、水管等的尺寸和标高,气流方向及详图索引编号。

③ 通风、空调、制冷机房平面图:

a. 机房图应根据需要增大比例,绘出通风、空调、制冷设备(如冷水机组、新风机组、空调器、冷热水泵、冷却水泵、通风机、消声器、水箱等)的轮廓位置及编号,注明设备和基础距离墙或轴线的尺寸。

b. 绘出连接设备的风管、水管位置及走向,注明尺寸、管径、标高。

c. 标注机房内所有设备、管道附件(各种仪表、阀门、柔性短管、过滤器等)的位置。

④ 通风、空调、制冷机房剖面图:

a. 当其他图纸不能表达复杂管道相对关系及竖向位置时,应绘制剖面图。

b. 剖面图应绘出对应于机房平面图的设备、设备基础、管道和附件的竖向位置、竖向尺寸和标高,标注连接设备的管道位置尺寸,注明设备和附件编号以及详图索引编号。

⑤ 系统图、立管图:

a. 分户热计量的户内采暖系统或小型采暖系统,当平面图不能表示清楚时应绘制透视图,比例宜与平面图一致,按 45°或 30°轴侧摄影绘制;多层、高层建筑的集中采暖系统,应绘制采暖立管图,并编号。上述图纸应注明管径、坡向、标高、散热器型号和数量。

b. 热力、制冷、空调冷热水系统及复杂的风系统,应绘制系统流程图。系统流程图应绘出设备、阀门、控制仪表、配件,标注介质流向、管径及设备编号。流程图可以不按比例绘制,但管路分支应与平面图相符。

c. 空调的供冷、供热分支水路采用竖向输送时,应有控制原理图,并编号,注明管径、坡向、标高及空调器的型号。

d. 空调、制冷系统有监测与控制时,应有控制原理图,图中以图例绘出设备、传感器及控制元件位置;说明控制要求和必要的控制参数。

⑥ 详图:

a. 通风、空调、制冷系统的各种设备及零部件施工安装,应注明采用的标准图、通用图的图名图号。凡无现成图纸可选,且需要交代设计意图的,均需绘制详图。

b. 简单一些的详图,可就图引出,绘局部详图;制作详图或安装复杂的详图,应单独绘制。

5) 计算书(供内部使用):

① 计算书内容视工程繁简程度,按照国家有关规定、规范及本单位技术措施进行计算。

② 采用计算机计算时,计算书应注明软件名称,附上相应的简图及输入数据。

1.2.3 空调工程设计文件的编写整理

1. 初步设计文件的编写

在初步设计阶段,采暖、通风与空气调节设计文件应有设计说明书,除小型、简单工程外,初步设计还应包括设计图纸、设备表及计算书。

(1) 设计说明书

1) 设计依据:

① 与本专业有关的批准文件和建设单位提出的符合有关法规、标准的要求。

② 本专业设计所执行的主要法规和所采用的主要标准(包括标准的名称、编号、年号和版本号)。

③ 其他专业提供的设计资料等。

2) 简述工程建设地点、规模、使用功能、层数、建筑高度等。

3) 设计范围。根据设计任务书和有关设计资料,说明本专业设计的内容、范围以及与有关专业的设计分工。

　　4）设计计算参数：室外空气计算参数和室内空气设计参数。

　　5）空调工程设计：

　　① 空调冷负荷、热负荷及湿负荷；

　　② 空调系统冷源及冷媒的选择，冷热水、冷却水的参数；

　　③ 空调系统热源供给方式及参数；

　　④ 说明各空调区域的空调方式，简述空调风系统，说明必要的气流组织；

　　⑤ 确定空调水系统设备配置形式和水系统方式，系统平衡、调节手段；

　　⑥ 洁净空调注明净化级别；

　　⑦ 简述监测与控制；

　　⑧ 选择管道材料及保温材料。

　　6）通风：

　　① 设置通风的区域及通风系统形式；

　　② 通风量或换气次数；

　　③ 通风系统设备选择和风量平衡。

　　7）防排烟及暖通空调系统的防火措施：

　　① 简述设置防排烟的区域及方式；

　　② 确定防排烟系统风量；

　　③ 配置防排烟系统及设施；

　　④ 简述控制方式；

　　⑤ 制定暖通空调系统的防火措施。

　　8）节能设计。按节能设计要求采用的各项节能措施：

　　① 节能措施包括计量，调节装置的配备、调节全空气空调系统新风比数据、热回收装置的设置、选用的制冷和供热设备的性能系数或热效率（不低于节能标准要求）、变风量或变水量设计等。

　　② 节能设计除满足现行国家节能标准的要求外，还应满足工程所在省、市现行地方节能标准的要求。

　　9）废气排放处理和降噪、减震等环保措施。

　　10）需提请在设计审批时解决或确定的主要问题。

　　(2) 设备表

　　列出主要设备的名称、性能参数、数量等。

　　(3) 设计图纸

　　① 通风与空气调节初步设计图纸一般包括图例、系统流程图及主要平面图，各种管道、风道可绘单线图。

　　② 系统流程图包括冷热源系统、空调水系统、通风及空调风管路系统、防排烟等系统的流程。图中应标注系统服务区域名称、设备和主要管道、风道所在的区域和楼层，标注设备编号、主要风道尺寸和水管干管管径，标注系统主要附件、建筑楼层编号及标高。

　　注：当通风及空调风道系统、防排烟等系统跨越楼层不多，系统简单且在平面图中可较完整地表示系统时，可只绘制平面图，不绘制系统流程图。

　　③ 通风、空调、防排烟平面图，应绘出设备位置，风道和管道走向，风口位置，大型复杂工

程还应标注出主要干管控制标高和管径,管道交叉复杂处需绘制局部剖面。

④ 冷热源机房平面图,应绘出主要设备位置、管道走向,标注设备编号等。

(4) 计算书

对于通风与空调工程的冷负荷、热负荷、湿负荷、风量、空调冷热水量、冷却水量及主要设备的选择,应做初步计算。

2. 施工图设计文件的编写

在施工图设计阶段,采暖通风与空气调节专业设计文件应包括图纸目录、设计与施工说明、设备表、设计图纸及计算书。

(1) 图纸目录

图纸目录应先列新绘图纸,后列选用的标准图或重复利用图。

(2) 设计与施工说明

1) 设计说明。施工图设计说明是对施工图设计的总体描述和设计解释,以便建设方和施工方有一个整体概念。其主要内容包括:

① 简述工程建设地点、规模、使用功能、层数及建筑高度等。

② 列出设计依据,说明设计范围。

③ 暖通空调室内外设计参数。

④ 热源、冷源设置情况,热媒、冷媒及冷却水参数,空调冷热负荷、折合冷热量指标,系统水处理方式、补水定压方式、定比值(气压罐定压时注明工作压力值)等。

注:气压罐定压时工作压力值指补水泵启泵压力、补水泵停泵压力、电磁阀开启压力和安全阀开启压力。

⑤ 各空调区域的空调方式,空调风系统及必要的气流组织说明。空调水系统设备配置形式和水系统制式、系统平衡、调节手段,洁净空调净化级别,监测与控制要求;有自动监控时,确定各系统自动监控原则(就地或集中监控),说明系统的使用操作要点等。

⑥ 通风系统形式,通风量或换气次数,通风系统风量平衡等。

⑦ 设置防排烟的区域及其方式,防排烟系统及其设施配置、风量确定、控制方式,暖通空调系统的防火措施。

⑧ 设备降噪、减震要求,管道和风道减震做法要求,废气排放处理等环保措施。

⑨ 在节能设计条款中阐述设计采用的节能措施,包括有关节能标准、规范中强制性条文和以"必须""应"等规范用语规定的非强制性条文提出的要求。

2) 施工说明。施工要求的总则是国家标准《通风与空调工程施工质量验收规范》,此部分说明仅是设计者就一些施工中需特别注意的事项及特殊要求向施工方做出的说明,施工说明应包括以下内容:

① 设计中使用的管道、风道、保温等材料选型及做法。

② 设备表和图例没有列出或没有标明性能参数的仪表、管道附件等的选型。

③ 系统工作压力和试压要求。

④ 图中尺寸、标高的标注方法。

⑤ 施工安装要求及注意事项,大型设备及管道的安装要求。

⑥ 采用的标准图集、施工及验收依据。

⑦ 设备调试与系统运行要求。

(3) 设备表

在施工图阶段,型号、规格栏应详细列出设备的主要技术数据,具体如下:

1) 冷水机组:制冷量及其工作条件、使用冷媒种类、机组耗电量限制、机组外形尺寸限制、蒸发器及冷凝器水阻力限制、水侧工作压力要求、使用电源规格等。

2) 水泵:形式、流量及扬程、电机功率、电机转速、设计点效率、工作压力、电源规格等。

3) 风机盘管:形式、风量、冷(热)量、余压及工作条件、电机功率、噪声限制、接管管径及方向等。

4) 空气处理机组:形式、出风口位置、水管接管方向、冷(热)量、加湿量、风量、机外余压、电机功率、机外噪声及出风口噪声限制、组合式机组功能段要求、盘管水阻力限制、机组外形尺寸限制等。

5) 热交换器:形式、一次及二次热媒的性质及温度、换热量,一次及二次热媒水阻力限制及工作压力要求、外形尺寸等。

6) 风机:形式、风量、风压、电机功率、转速、噪声。

7) 冷却塔:形式、处理水量及工作参数、风机功率、外形尺寸限制、噪声要求等。

(4) 设计图纸

1) 平面图:

① 绘出建筑轮廓、主要轴线号、轴线尺寸、室内外地面标高、房间名称,在底层平面图上绘出指北针。

② 通风、空调、防排烟风道平面,用双线绘出风道,标注风道尺寸(圆形风道注明管径,矩形风道注明宽和高)、主要风道定位尺寸、标高及风口尺寸;标注各种设备及风口安装的定位尺寸和编号,消声器、调节阀、防火阀等各种部件位置;标注风口设计风量(当区域内各风口设计风量相同时,也可按区域标注设计风量)。

③ 风道平面,应标示出防火分区;排烟风道平面还应标示出防烟分区。

④ 空调管道平面,用单线绘出空调冷热水、冷媒、冷凝水等管道,标注立管位置和编号,绘出管道的阀门、放气、泄水、固定支架、伸缩器等,注明管道管径、标高及主要定位尺寸。

⑤ 需另做二次装修的房间或区域,可按常规进行设计,风道可绘制单线图,不标注详细定位尺寸,并注明按配合装修设计图施工。

2) 通风、空调、制冷机房平面图和剖面图:

① 机房应根据需要增大比例,绘出通风、空调、制冷设备(如冷水机组、新风机组、空调器、冷热水泵、冷却水泵、通风机,消声器、水箱等)的轮廓位置及编号,注明设备外形尺寸和基础距离墙或轴线的尺寸。

② 绘出连接设备的风道、管道及走向,注明尺寸和定位尺寸、管径、标高,并绘制管道附件(各种仪表、阀门、柔性短管、过滤器等)。

③ 当平面图不能表达复杂管道、风道相对关系及竖向位置时,应绘制剖面图。

④ 剖面图应绘出对应于机房平面图的设备、设备基础、管道和附件,注明设备和附件编号以及详图索引编号,备注竖向尺寸和标高;当平面图设备、风道、管道等尺寸和定位尺寸标注不清时,应在剖面图标注。

3) 系统图、立管或竖风道图:

① 冷热源系统、空调水系统及复杂的或平面表达不清的风系统,应绘制系统流程图。系

统流程图应绘出设备、阀门、计量和现场观测仪表、配件,标注介质流向、管径及设备编号。流程图可不按比例绘制,但管路分支及与设备的连接顺序应与平面图相符。

② 空调冷热水分支水路采用竖向输送时,应绘制立管并编号,注明管径、标高及所接设备编号。

③空调冷热水立管应标注伸缩器、固定支架的位置。

④ 空调、制冷系统有自动监控时,宜绘制控制原理图,图中以图例绘出设备、传感器及执行器位置;说明控制要求和必要的控制参数。

⑤ 对于层数较多、分段加压、分段排烟的防排烟系统,或平面图表达不清竖向关系的风系统,应绘制系统示意或风道图。

4) 通风、空调剖面图和详图:

① 风道或管道与设备连接交叉复杂的部位,应绘剖面图。

② 绘出风道、管道、风门、设备等与建筑梁、板、柱,以及与地面的尺寸关系。

③ 注明风道、管道、风口等的尺寸和标高,气流方向及详图索引编号。

④ 通风、空调、制冷系统的各种设备及零部件施工安装,应注明采用的标准图、通用图的图名、图号。凡没有现成图纸可选,且需要交代设计意图的,均需绘制详图。简单的详图,可就图引出,绘制局部详图。

(5) 计算书

计算内容视工程繁简程度,按国家有关规定、规范及本单位技术措施进行计算。具体如下:

1) 采用计算程序计算时,计算书应注明软件名称,打印出相应的简图、输入数据和计算结果。

2) 通风、防排烟设计计算应包括以下内容:

① 通风、防排烟风量计算;

② 通风、防排烟系统阻力计算;

③ 通风、防排烟系统设备选型计算。

3) 空调设计计算应包括以下内容:

① 空调冷、热、湿负荷的计算(冷负荷按逐项逐时计算)。

② 送风量、回风量与新风量的计算。

③ 空调系统末端设备及附件(包括空气处理机组、新风机组、风机盘管、变制冷剂流量室内机、变风量末端装置、空气热回收装置、消声器等)的选择计算。

④ 空调冷热水、冷却水系统的水力计算。

⑤ 风系统的阻力计算。

⑥ 必要的气流组织设计与计算。

⑦ 空调系统的冷(热)水机组、冷(热)水泵、冷却水泵、定压补水设备、冷却塔、水箱、水池等设备的选择计算,消声、隔振装置的选型计算;必须有满足工程所在省、市有关部门要求的节能设计计算内容。

施工图设计完成后,设计人员应进行技术交底,并配合施工。具体如下:

① 参加施工交底会,向建设方和施工方介绍设计方案、施工要点和特殊要求,对施工方提出的问题进行解释或修改设计。

② 在整个施工过程中,密切配合施工,及时解决设计中存在的问题和施工中出现的问题,发出设计变更通知,会签施工洽商记录单。

第 2 章　某商场空调系统设计实例

随着城市化的不断推进及人们对生活品质要求的提高,商场已经成为了现代都市生活中不可或缺的一部分,同时也是人们购物消费的主要场所。在商场中,我们可以购买各种商品、享受美食、感受时尚潮流,同时也能够享受到舒适的室内环境,而在这个室内环境中,空调系统则发挥了不可替代的作用。这就需要我们不断改进空调系统的设计及运行以满足人们对购物环境的要求。空调系统作为保障商场室内适宜空气品质的主要设施,受到人们的高度重视,它不仅可以创造吸引顾客入内的舒适冷、暖环境,从而增进顾客的购物欲望;同时,良好的商场室内温湿度,既可防止室内商品(衣服、家具等)质量变劣,也可为商场职工提供舒适的工作环境。

商场作为公共建筑,人流量大,如果不对商场内部温度进行调节,则容易导致室内温度过高,影响人们的购物体验。尤其是在夏季高温时,商场空调的重要性不言而喻。下面结合具体建筑,对其中的商场部分进行空调系统设计,从中掌握大型公共建筑空调系统的设计步骤,进一步了解有关空气调节技术方面的知识。

2.1　原始资料

1. 建筑概况

西安市某商贸综合大楼,一层商场层高为 5.4 m,二层、三层为 4.5 m,四层至十二层为 3.6 m。单层建筑面积约 1 300 m²。一层商场建筑平面图如图 2.1 所示,要求设计本商场夏季和冬季中央空调系统和通风系统,从而为整个建筑提供一个舒适的购物、工作环境。因篇幅所限,这里只对大楼一层商场夏季供冷用中央空调系统的设计过程进行介绍。

2. 室外气象参数

西安市室外气象参数由附录中的附表 1 查得:
① 夏季室外空气调节干球温度 35.2 ℃。
② 夏季室外空气调节湿球温度 26.0 ℃。
③ 夏季室外空气调节日平均温度 30.7 ℃。
④ 夏季大气压力 95.920 kPa。

3. 室内设计参数

大楼空调室内参数根据其用途查规范可得:
① 室内设计计算干球温度 t_n＝26 ℃。
② 夏季室内设计计算相对湿度 φ_n＝60%。

4. 土建条件

① 平面尺寸:如图 2.1 所示。
② 层高:商场首层层高为 5.4 m。

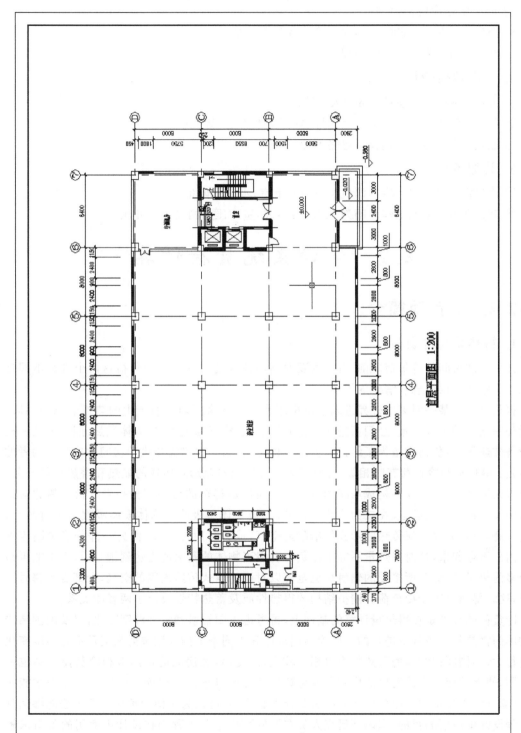

图2.1　西安某商贸大楼首层商场建筑平面图

③ 外墙：砖墙，厚度为 240 mm，结构由外向内依次为砖墙、泡沫混凝土、木丝板、白灰粉刷，外表面涂中色涂料，属Ⅱ型。

④ 外窗：高度为 1 800 mm，单层 3 mm 透明玻璃。

⑤ 外门：高度为 2 800 mm，单层 3 mm 玻璃门。

5. 室内负荷条件

① 人员：室内人数按照 3 m²/人计算。

② 照明：商场首层采用明装荧光灯照明，功率为 30 W/m²。

③ 散热设备：室内散热设备忽略不计。

6. 其他条件

① 冷热源条件：空调冷热源机房位于地下室，水电已配备。

② 其他条件：空调工作时间为 9:00—21:00，室内压力稍高于室外压力。

2.2　空调系统负荷计算

2.2.1　负荷简介

1. 得热量与冷负荷

计算空调房间的冷负荷之前，首先需要对商场建筑的得热量和冷负荷这两个含义不同但又互相关联的术语概念有清楚的了解。

得热量是指某一时刻由外界进入空调房间和在空调房间内部所产生的热量的总和，具体包括外围结构的传入热量、经门窗进入的太阳辐射热、空气渗透的热、人体散热、照明散热和机器设备散热等；冷负荷是指为了维持室内温度恒定，在某一时刻需要供给房间的冷量。两者的关系是：得热量和冷负荷有时相等，有时不等。其中以对流形式传递的显热和潜热得热部分，直接进入室内空气中，立刻构成房间的冷负荷。而显热得热的另一部分是先以辐射热的形式投射到室内物体的表面上，在成为冷负荷之前，先被物体所吸收。物体表面吸收了辐射热后，温度升高，一部分以对流传热的形式传给附近空气，成为瞬时冷负荷；而另一部分热量则流入物体内部蓄存起来，这时得热量不等于冷负荷。但当物体的蓄热能力达到饱和后，即不能再蓄存更多的热量时，这时所接受的辐射热就全部以对流的方式传给周围的空气，全部变为瞬时冷负荷，这时得热量等于冷负荷。围护结构的得热性质及蓄热特性决定了两者的关系。

冷负荷的计算是在得热量计算的基础上，再考虑太阳辐射和室外温度变化，以及围护结构等物体的蓄热特性条件下进行的。因为不同地区和不同季节的太阳辐射强度及室外温度变化差别很大，不同围护结构的蓄热能力也相差较大，因此，各类房间的得热量和冷负荷关系也不尽相同，使得即使一个最简单的房间负荷计算也需要通过求解一组庞大的偏微分方程才能完成，计算过程十分烦琐。围护结构的冷负荷计算有许多方法，为了使冷负荷计算方法能够达到在工程设计中应用的目的，国内外研究人员在开发可供空调工程师在设计中使用的负荷求解方法方面，进行了不懈的努力。我国从 20 世纪 70 年代末就开展新计算方法的研究，1982 年在原城乡建设环境保护部主持下通过了两种新的冷负荷计算法，即谐波反应法和冷负荷系数法。这些方法针对我国的建筑物特点推出一批典型围护结构的冷负荷计算温度以及冷负荷系数,为我国暖通空调设计人员提供了实用的设计工具。

2. 商场负荷的特点

商场建筑作为公共建筑,其空调负荷特点如下:

① 商场内人员密度(包括顾客和营业员)在一天内变化很大,这取决于商场客流量,而商场客流量与时间、平日、节假日、季节、所在地区(闹市区或郊区),以及商场特色和层次等因素有关。

② 商场建筑的空调冷负荷中,除建筑传热和日射等外部负荷以外,还有人体、照明、自动扶梯和陈列橱窗等负荷。

③ 商场作为公共建筑,人流量大,人体负荷和新风负荷是主要的,所以合理确定人体负荷至关重要。

④ 商场的建筑传热负荷远小于人体、新风、照明负荷,一般占总负荷的 1%～7%。

⑤ 新风负荷在商场建筑中,空调系统的最小新风量是根据人的卫生标准确定的。它与人们在空调环境中所处的状态、停留的时间,以及是否允许吸烟等条件有关。

2.2.2　冷负荷计算

基于以上商场空调负荷的特点,本商场冷负荷计算采用冷负荷系数法。该方法是在传递函数法的基础上,为了方便在工程中手算而建立起来的一种简化计算方法。由于传递函数法在计算由墙体、屋面、玻璃门窗、照明、人体和设备的得热量或冷负荷时需要知道计算时刻 τ 之前的得热量或冷负荷,所以这是一个递推的计算过程,需要用计算机计算。为了便于手算,引入了瞬时冷负荷计算温度和冷负荷系数来简化房间冷负荷的计算,因此,当计算某建筑物空调冷负荷时,可按照相应条件查出冷负荷计算温度和冷负荷系数,进而计算各得热方式形成的冷负荷。其中,瞬时冷负荷计算温度是用于计算墙体、屋面或外窗瞬变传热所引起的瞬时冷负荷的,其计算式定义如下:

$$t_{L,\tau} = \frac{L_{q0,\tau}}{K} \tag{2-1}$$

式中:$t_{L,\tau}$——墙体、屋面或外窗的瞬时冷负荷计算温度,℃,参见附表 2～附表 4。

$L_{q0,\tau}$——室内温度为零时单位面积墙体、屋面或外窗的传热所形成的逐时冷负荷,W/m^2。

K——相应围护结构的传热系数,W/(m^2·K)。

因此,任一时刻单位面积墙体、屋面或外窗的传热形成的瞬时冷负荷可按照以下稳定传热公式进行计算:

$$L_{q,\tau} = K(t_{L,\tau} - t_n) \quad (W/m^2) \tag{2-2}$$

式中:t_n——空调房间室内空气温度,℃。

接下来,介绍使用冷负荷计算温度分别计算外围护结构传热形成的冷负荷。

首先,了解一下关于墙体和屋面的分类。上述的冷负荷计算温度 $t_{L,\tau}$ 是针对某一特定的墙体和屋面而言的,因为不同材料构成的墙体或屋面,它们的 Z 传递函数系数是不同的。因此,为了简化计算,把墙体或屋面的构造分为六类,可按照不同结构的类型(详见附表 5、附表 6)来选定它们的瞬时冷负荷计算温度。

其次,要对冷负荷计算温度 $t_{L,\tau}$ 进行修正。附表2~附表4中列出的瞬时冷负荷计算温度 $t_{L,\tau}$,是在下列特定条件下确定的:

- 地区:北京市,北纬39°48′;
- 时间:七月份;
- 室外气温:日平均温度29 ℃,最高气温33.5 ℃,日气温波幅9.6 ℃;
- 围护结构外表面换热系数:$\alpha_w = 18.6$ W/(m² · K);
- 围护结构内表面换热系数:$\alpha_n = 8.72$ W/(m² · K);
- 围护结构外表面吸收系数:$\rho = 0.9$;
- 房间的Z传递函数系数:$V_0 = 0.618$,$W_1 = -0.87$。

为了使上述特定条件下的瞬时冷负荷计算温度适用于其他地区和条件,需要对 $t_{L,\tau}$ 进行如下修正:

$$t'_{L,\tau} = K_\alpha K_\rho (t_{L,\tau} + t_d) \tag{2-3}$$

式中:K_α——围护结构外表面换热系数修正值,如表2.1所列。

表 2.1 外表面换热系数修正值

$\alpha_w / [\text{W} \cdot (\text{m}^2 \cdot \text{K})^{-1}]$	14	16.3	18.6	20.9	23.3	25.6	27.9	30.2
K_α	1.06	1.03	1.0	0.98	0.97	0.95	0.94	0.93

K_ρ——围护结构外表面吸收系数修正值。计算墙体时,浅色 $K_\rho = 0.94$,中色 $K_\rho = 0.97$;计算屋面时,浅色 $K_\rho = 0.88$,中色 $K_\rho = 0.94$。

$t'_{L,\tau}$——修正后的墙体、屋面或外窗的瞬时冷负荷计算温度,℃。

t_d——地点修正值,详见附表7。

采用修正后的冷负荷计算温度后,单位面积墙体或屋面形成的瞬时冷负荷可用下式计算:

$$L_{q,\tau} = K(t'_{L,\tau} - t_n) \tag{2-4}$$

1. 商场外墙瞬变传热引起的冷负荷

商场外墙瞬变传热引起的冷负荷计算式:

$$L_{q,\tau} = FKK_\alpha K_\rho [(t_{L,\tau} + t_d) - t_n]$$

式中:F——外墙的面积,m²;其尺寸见图2.1标注,外墙长48 m、宽26.6 m、高5.4 m。

K——外墙的传热系数,查附表5中序号3的外墙构造,取 $K = 0.90$ W/(m² · K)。

K_α——外表面换热系数修正值,查表2.1,取 $K_\alpha = 1.0$。

K_ρ——外表面吸收系数修正值,中色墙体取 $K_\rho = 0.97$。

$t_{L,\tau}$——外墙冷负荷计算温度的逐时值,℃,查附表2中Ⅱ型外墙。由于工作时间是 9:00—21:00,而最大冷负荷也应出现在此范围内,所以计算负荷时间段取 9:00—21:00。

t_d——地点修正值,℃,查附表7,取西安市东、西、南、北四个方位的修正值。

t_n——室内计算温度,℃,取26 ℃。

商场外墙瞬变传热引起的冷负荷计算结果如表2.2~表2.5所列。表2.6所列为首层外墙瞬变传热引起的总冷负荷计算结果。

表 2.2　东外墙瞬变传热引起的冷负荷

时　刻	9:00	10:00	11:00	12:00	13:00	14:00	15:00	16:00	17:00	18:00	19:00	20:00	21:00
$t_{L,\tau}$/℃	35.5	35.2	35	35	35.2	35.6	36.1	36.6	37.1	37.5	37.9	38.2	38.4
t_d/℃							0.9						
K_α							1.0						
K_ρ							0.97						
t_n/℃							26						
$K/[\mathrm{W}\cdot(\mathrm{m}^2\cdot\mathrm{K})^{-1}]$							0.90						
F/m^2							135.54						
$L_{QC,\tau}/\mathrm{W}$	1 135.45	1 099.95	1 076.28	1 076.28	1 099.95	1 147.28	1 206.44	1 265.60	1 324.77	1 372.10	1 419.43	1 454.93	1 478.59

表 2.3　西外墙瞬变传热引起的冷负荷

时　刻	9:00	10:00	11:00	12:00	13:00	14:00	15:00	16:00	17:00	18:00	19:00	20:00	21:00
$t_{L,\tau}$/℃	37.30	36.80	36.30	35.90	35.50	35.20	34.90	34.80	34.80	34.90	35.30	35.80	36.50
t_d/℃							0.9						
K_α							1.0						
K_ρ							0.97						
t_n/℃							26						
$K/[\mathrm{W}\cdot(\mathrm{m}^2\cdot\mathrm{K})^{-1}]$							0.90						
F/m^2							143.64						
$L_{QC,\tau}/\mathrm{W}$	1 429.02	1 366.32	1 303.62	1 253.46	1 203.30	1 165.68	1 128.06	1 115.52	1 115.52	1 128.06	1 178.22	1 240.92	1 328.70

表 2.4　南外墙瞬变传热引起的冷负荷

时　刻	9:00	10:00	11:00	12:00	13:00	14:00	15:00	16:00	17:00	18:00	19:00	20:00	21:00
$t_{L,\tau}$/℃	34.20	33.90	33.50	33.20	32.90	32.80	32.90	33.10	33.40	33.90	34.40	34.90	35.30
t_d/℃							0.5						
K_a							1.0						
K_ρ							0.97						
t_n/℃							26						
K/[W·(m²·K)⁻¹]							0.90						
F/m²							181.44						
$L_{QC,\tau}$/W	1 250.68	1 203.16	1 139.81	1 092.29	1 044.77	1 028.93	1 044.77	1 076.45	1 123.97	1 203.16	1 282.36	1 361.56	1 424.92

表 2.5　北外墙瞬变传热引起的冷负荷

时　刻	9:00	10:00	11:00	12:00	13:00	14:00	15:00	16:00	17:00	18:00	19:00	20:00	21:00
$t_{L,\tau}$/℃	32.10	31.80	31.60	31.40	31.30	31.20	31.20	31.30	31.40	31.60	31.80	32.10	32.40
t_d/℃							1.8						
K_a							1.0						
K_ρ							0.97						
t_n/℃							26						
K/[W·(m²·K)⁻¹]							0.90						
F/m²							216						
$L_{QC,\tau}$/W	1 338.06	1 281.48	1 243.77	1 206.06	1 187.20	1 168.34	1 168.34	1 187.20	1 206.06	1 243.77	1 281.48	1 338.06	1 394.63

表 2.6　首层外墙传热总冷负荷　　　　W

时　刻	9:00	10:00	11:00	12:00	13:00	14:00	15:00
东外墙	1 135.45	1 099.95	1 076.28	1 076.28	1 099.95	1 147.28	1 206.44
西外墙	1 429.02	1 366.32	1 303.62	1 253.46	1 203.30	1 165.68	1 128.06
南外墙	1 250.68	1 203.16	1 139.81	1 092.29	1 044.77	1 028.93	1 044.77
北外墙	1 338.06	1 281.48	1 243.77	1 206.06	1 187.20	1 168.34	1 168.34
总冷负荷	5 153.21	4 950.92	4 763.48	4 628.08	4 535.22	4 510.23	4 547.61
时　刻	16:00	17:00	18:00	19:00	20:00	21:00	
东外墙	1 265.60	1 324.77	1 372.10	1 419.43	1 454.93	1 478.59	
西外墙	1 115.52	1 115.52	1 128.06	1 178.22	1 240.92	1 328.70	
南外墙	1 076.45	1 123.97	1 203.16	1 282.36	1 361.56	1 424.92	
北外墙	1 187.20	1 206.06	1 243.77	1 281.48	1 338.06	1 394.63	
总冷负荷	4 644.77	4 770.32	4 947.10	5 161.50	5 395.47	5 626.84	

2. 商场外玻璃门窗温差瞬变传热引起的冷负荷

由商场外玻璃门窗温差传热引起的瞬时冷负荷计算式与式(2-4)相同,即

$$L_{q,\tau} = K(t'_{L,\tau} - t_n)$$

式中:$L_{q,\tau}$——单位面积玻璃门窗的传热引起的瞬时冷负荷,W/m²,总瞬时冷负荷应按窗口面积 F 计算。

K——玻璃门窗的传热系数,见附表8和附表9。当窗框情况不同时,按表2.7修正,有内遮阳时,单层玻璃门窗的传热系数应减小25%,双层玻璃门窗的传热系数应减小15%。

表 2.7　玻璃窗的传热系数修正值

窗框类型	单层窗	双层窗	窗框类型	单层窗	双层窗
全部玻璃	1.00	1.00	木窗框,60%玻璃	0.80	0.85
木窗框,80%玻璃	0.90	0.95	金属窗框,80%玻璃	1.00	1.20

$t'_{L,\tau}$——修正后玻璃门窗的瞬时冷负荷计算温度,℃,可用下式计算:

$$t'_{L,\tau} = K_\alpha(t_{L,\tau} + t_d) \tag{2-5}$$

由于首层门窗均为单层玻璃,在这里放到一起计算:

$$L_{Q,\tau} = FK[K_\alpha(t_{L,\tau} + t_d) - t_n]$$

式中:F——门窗面积,m²,尺寸见图2.1标注。

K——玻璃门窗的传热系数,见附表8和附表9,在基准条件 $\alpha_w = 18.6$ W/(m²·K),$\alpha_n = 8.726$ W/(m²·K)下,单层玻璃门窗的传热系数 $K = 5.94$ W/(m²·K),因为根据设计要求,商场窗户有内遮阳,故系数 K 减少25%,则 $K = 5.94$ W/(m²·K)×(1-25%)=4.455 W/(m²·K)。

K_α——外表面换热系数修正值,查表2.1,$\alpha_w = 18.6$ W/(m²·K)时,取值 $K_\alpha = 1.0$。

$t_{L,\tau}$——外玻璃门窗的冷负荷温度的逐时值,℃,由表2.8查得。

t_d——玻璃门窗的地点修正值,℃,见附表10,取值 $t_d = 2$ ℃。

外玻璃门窗温差瞬变传热引起的冷负荷计算结果如表2.9所列。

表 2.8　玻璃窗的瞬时冷负荷计算温度 $t_{L,\tau}$

时　刻	0:00	1:00	2:00	3:00	4:00	5:00	6:00	7:00
$t_{L,\tau}$/℃	27.2	26.7	26.2	25.8	25.5	25.3	25.4	26.0
时　刻	8:00	9:00	10:00	11:00	12:00	13:00	14:00	15:00
$t_{L,\tau}$/℃	26.9	27.9	29.0	29.9	30.8	31.5	31.9	32.2
时　刻	16:00	17:00	18:00	19:00	20:00	21:00	22:00	23:00
$t_{L,\tau}$/℃	32.2	32.0	31.6	30.8	29.9	29.1	28.4	27.8

表 2.9　玻璃门窗温差瞬变传热引起的冷负荷

时　刻	9:00	10:00	11:00	12:00	13:00	14:00	15:00	16:00	17:00	18:00	19:00	20:00	21:00
$t_{L,\tau}$/℃	26	26.9	27.9	29	29.9	30.8	31.5	31.9	32.2	32.2	32	31.6	30.8
t_d/℃							2						
K_α							1.0						
t_n							26						
K/[W·(m²·K)⁻¹]							4.455						
东 F/m²							8.1						
南 F/m²							77.76						
北 F/m²							43.2						
$L_{QC,\tau}$/W	1 149.92	1 667.39	2 242.35	2 874.81	3 392.28	3 909.74	4 312.22	4 542.20	4 714.69	4 714.69	4 599.70	4 369.71	3 909.74

3. 商场外玻璃门窗日射得热引起的冷负荷

由于商场外玻璃窗日射得热引起的冷负荷计算中涉及到辐射热,所以需要引入冷负荷系数进行计算。冷负荷系数是用于计算由外窗日射得热引起的瞬时冷负荷,以及由室内照明、设备和人体得热引起的瞬时冷负荷。冷负荷系数的定义为

$$C_L = L_q / D_{j,max} \qquad (2-6)$$

式中：C_L——冷负荷系数,以北纬 $27°30'$ 为界,分为南、北两区,详见附表 11~附表 14；

L_q——某月通过单位面积无遮阳标准玻璃日射得热引起的瞬时冷负荷,W/m^2；

$D_{j,max}$——不同纬度带各朝向七月份日射得热因数最大值,W/m^2,见表 2.10。

表 2.10　七月份各纬度带的日射得热因数最大值

W/m^2

纬度/(°)	S	SE	E	NE	N	NW	W	SW	水　平
20	130	311	541	465	130	465	541	311	876
25	146	332	509	421	134	421	509	332	834
30	174	374	539	415	115	415	539	374	833
35	251	436	575	430	122	430	575	436	844
40	302	477	599	442	114	442	599	477	842
45	368	508	598	432	109	432	598	508	811

根据事先求得的冷负荷系数,可按下面的简化公式计算出瞬时冷负荷。

(1) 无外遮阳设施

无外遮阳设施玻璃窗日射得热引起的瞬时冷负荷：

$$L_{Qf,\tau} = F C_a C_s C_n D_{j,max} C_L \qquad (2-7)$$

式中：$L_{Qf,\tau}$——透过玻璃窗的日射得热引起的瞬时冷负荷,W；

F——玻璃窗的面积,m^2；

C_a——玻璃窗的有效面积系数,见表 2.11；

C_s——窗玻璃的遮阳系数,见表 2.12；

C_n——窗内遮阳设施的遮阳系数,见表 2.13。

表 2.11　玻璃窗的有效面积系数

窗类别	C_a
单层钢窗	0.85
单层木窗	0.7
双层钢窗	0.75
双层木窗	0.6

表 2.12　窗玻璃的遮阳系数

玻璃类型	C_s
标准玻璃(3 mm)	1.00
5 mm 普通玻璃	0.93
6 mm 普通玻璃	0.89
3mm 吸热玻璃	0.96
5 mm 吸热玻璃	0.88
6 mm 吸热玻璃	0.83
双层 3 mm 普通玻璃	0.86
双层 5 mm 普通玻璃	0.78
双层 6 mm 普通玻璃	0.74

表 2.13　窗内遮阳设施的遮阳系数

窗内遮阳类型	颜　色	C_n
白布帘	浅色	0.50
浅蓝布帘	中间色	0.60
浅黄、紫红、深绿布帘	深色	0.65
活动百叶帘	中间色	0.60

(2) 有外遮阳设施

有外遮阳设施时,日射得热引起的瞬时冷负荷由两部分组成:

$$L_{Qf,\tau} = L_{Qfs,\tau} + L_{Qfr,\tau} \tag{2-8}$$

$L_{Qfs,\tau}$ 是玻璃窗阴影部分的日射冷负荷,计算式如下:

$$L_{Qfs,\tau} = F_s C_s C_n [D_{j,max}]_n [C_L]_n \tag{2-9}$$

$L_{Qfr,\tau}$ 是玻璃窗阳光照射部分的日射冷负荷,计算式如下:

$$L_{Qfr,\tau} = F_r C_s C_n D_{j,max} \tag{2-10}$$

式中:F_s——玻璃窗的阴影面积,m^2;

$\quad\quad F_r$——玻璃窗的阳光面积,m^2;

$\quad\quad [D_{j,max}]_n$——北向日射得热因数最大值,W/m^2;

$\quad\quad [C_L]_n$——北向玻璃窗的冷负荷系数,详见附表11~附表14。

首层门窗透过玻璃的日射得热引起的冷负荷计算如下:

$$L_{Qf,\tau} = F C_a C_s C_n D_{j,max} \cdot C_L$$

式中:C_L——门窗玻璃冷负荷系数,无因次,西安市北纬34°18′窗内有遮阳,查附表11~附表14。

$\quad\quad D_{j,max}$——日射得热因数最大值,查表2.10得西安市东、南、北的日射得热因数最大值;

$\quad\quad C_a$——面积系数,查表2.11得 $C_a=0.85$;

$\quad\quad C_s$——窗玻璃的遮阳系数,查表2.12得 $C_s=1.00$;

$\quad\quad C_n$——窗内遮阳设施的遮阳系数,查表2.13得 $C_n=0.60$;

$\quad\quad F$——窗口面积,m^2,尺寸见图2.1标注。

透过门窗玻璃的日射得热引起的冷负荷计算结果如表2.14~表2.16所列。

首层外门窗玻璃的日射得热引起的总冷负荷结果如表2.17所列。

4. 照明得热引起的瞬时冷负荷

(1) 照明得热量

商场照明设备消耗的电能,一部分被转化为光能,而另一部分被转化为热能,这部分热能通过对流和辐射换热的方式传给室内空气。其中的辐射热部分不能直接被空气所吸收,而是先被室内的墙壁和物体表面所吸收,这些表面吸收热量后,温度升高,再以对流换热的方式将所吸收的辐射热量传给室内空气。

根据照明灯具类型和安装方式的不同,其得热量计算也不同。

白炽灯:

$$Q = N \tag{2-11}$$

荧光灯:

$$Q = n_1 n_2 N \tag{2-12}$$

式中:Q——照明灯具的得热量,W。

$\quad\quad N$——照明灯具的功率,W。

$\quad\quad n_1$——镇流器消耗功率系数。当荧光灯镇流器明装时,$n_1=1.2$;当暗装在顶棚内时, $n_1=1.0$。

$\quad\quad n_2$——灯罩隔热系数。当荧光灯罩上部穿有小孔时,可通过自然通风散热至顶棚,$n_2=0.5~0.6$;当灯罩无通风小孔时,视为顶棚内通风情况,$n_2=0.6~0.8$。

表 2.14　东外窗日射得热引起的冷负荷

时刻	9:00	10:00	11:00	12:00	13:00	14:00	15:00	16:00	17:00	18:00	19:00	20:00	21:00
C_L	0.79	0.59	0.38	0.24	0.24	0.23	0.21	0.18	0.15	0.11	0.08	0.07	0.07
$D_{j,max}/(\text{W}\cdot\text{m}^{-2})$							599						
C_a							0.85						
C_s							1.00						
C_n							0.60						
F/m^2							8.1						
$L_{QF,\tau}/\text{W}$	1 954.83	1 459.94	940.30	593.87	593.87	569.13	519.64	445.40	371.17	272.19	197.96	173.21	173.21

表 2.15　南外门窗日射得热引起的冷负荷

时刻	9:00	10:00	11:00	12:00	13:00	14:00	15:00	16:00	17:00	18:00	19:00	20:00	21:00
C_L	0.4	0.58	0.72	0.84	0.8	0.62	0.45	0.32	0.24	0.16	0.1	0.09	0.09
$D_{j,max}/(\text{W}\cdot\text{m}^{-2})$							302						
C_a							0.85						
C_s							1.00						
C_n							0.60						
F/m^2							77.76						
$L_{QF,\tau}/\text{W}$	4 790.64	6 946.43	8 623.15	10 060.34	9 581.28	7 425.49	5 389.47	3 832.51	2 874.38	1 916.26	1 197.66	1 077.89	1 077.89

表 2.16　北外窗日射得热引起的冷负荷

时　刻	9:00	10:00	11:00	12:00	13:00	14:00	15:00	16:00	17:00	18:00	19:00	20:00	21:00
C_L	0.65	0.75	0.81	0.83	0.83	0.79	0.71	0.6	0.61	0.68	0.17	0.16	0.15
$D_{j,max}/(W \cdot m^{-2})$							114						
C_a							0.85						
C_s							1.00						
C_n							0.60						
F/m^2							43.2						
$L_{QF,\tau}/W$	1 632.57	1 883.74	2 034.43	2 084.67	2 084.67	1 984.20	1 783.27	1 506.99	1 532.11	1 707.92	426.98	401.86	376.75

表 2.17　首层门窗玻璃日射得热引起的总冷负荷

W

时　刻	9:00	10:00	11:00	12:00	13:00	14:00	15:00	16:00	17:00	18:00	19:00	20:00	21:00
东外窗	1 954.83	1 459.94	940.30	593.87	593.87	569.13	519.64	445.40	371.17	272.19	197.96	173.21	173.21
南外窗	4 790.64	6 946.43	8 623.15	10 060.34	9 581.28	7 425.49	5 389.47	3 832.51	2 874.38	1 916.26	1 197.66	1 077.89	1 077.89
北外窗	1 632.57	1 883.74	2 034.43	2 084.67	2 084.67	1 984.20	1 783.27	1 506.99	1 532.11	1 707.92	426.98	401.86	376.75
总冷负荷	8 378.04	10 290.10	11 597.88	12 738.88	12 259.82	9 978.82	7 692.38	5 784.90	4 777.66	3 896.37	1 822.60	1 652.97	1 627.85

（2）照明得热引起的瞬时冷负荷

照明得热引起的瞬时冷负荷可通过下式计算：

荧光灯：

$$L_{Q,\tau} = n_1 n_2 N C_L$$

式中：N——照明灯具所需功率，W；$N = 30 \text{ W/m}^2 \times (48 \times 26.6 - 8.4 \times 2.6)\text{m}^2 = 37\,648.8 \text{ W}$。

n_1——镇流器消耗功率系数，明装荧光灯，$n_1 = 1.2$。

n_2——灯罩隔热系数，$n_2 = 1.0$。

C_L——照明散热冷负荷系数，查附表 15，空调工作时间为 12 h。

照明得热引起的瞬时冷负荷计算结果如表 2.18 所列。

表 2.18　照明得热引起的瞬时冷负荷

时　刻	9:00	10:00	11:00	12:00	13:00	14:00	15:00	16:00	17:00	18:00	19:00	20:00
C_L	0.63	0.90	0.91	0.93	0.93	0.94	0.95	0.95	0.95	0.96	0.96	0.37
n_1	1.2											
n_2	1.0											
N/W	37 648.8											
$L_{Q,\tau}/\text{W}$	28 462	40 660	41 112	42 016	42 016	42 467	42 919	42 919	42 919	43 371	43 371	16 716

5. 人体散热量及引起的瞬时冷负荷

（1）人体散热量

人体散热量的大小与性别、年龄、劳动强度、衣着情况和环境条件（温、湿度）等多种因素有关。从性别和年龄上看，成年女子和儿童的散热量可分别按成年男子的 85% 和 75% 计算。

不同性质的空调房间会有不同比例的成年男子、女子和儿童数量，而成年女子和儿童的散热量要低于成年男子，为了实际计算方便，可以成年男子为基础，乘以各类人员组成比例的系数，即群集系数。则空调房间内人体的散热量常用下式计算：

$$Q_s = n_1 n_2 q_s \tag{2-13}$$

$$Q_r = n_1 n_2 q_r \tag{2-14}$$

式中：Q_s、Q_r——人体的显热散热量、潜热散热量，W；

n_1——室内人数；

n_2——群集系数，见表 2.19；

q_s、q_r——不同室温和活动强度情况下，成年男子的显热散热量、潜热散热量，W，见表 2.20。

表 2.19　不同空调房间人员的群集系数

工作场所	群集系数 n_2	工作场所	群集系数 n_2
影剧院	0.89	图书阅览室	0.96
百货商店（售货）	0.89	工厂轻劳动	0.90
旅馆	0.93	银行	1.00
体育馆	0.92	工厂重劳动	1.00

表 2.20 不同室温和活动强度情况下成年男子的散热散湿量

体力活动性质		热湿量	室内温度/℃										
			20	21	22	23	24	25	26	27	28	29	30
静坐	影剧院 会堂 阅览室	显热/W	84	81	78	74	71	67	63	58	53	48	43
		潜热/W	26	27	30	34	37	41	45	50	55	60	65
		全热/W	110	108	108	108	108	108	108	108	108	108	108
		湿量/ (g·h⁻¹)	38	40	45	45	50	61	68	75	82	90	97
极 轻 劳 动	旅馆 体育馆 手表装配 电子元件	显热/W	90	85	79	75	70	65	61	57	51	45	41
		潜热/W	47	51	56	59	64	69	73	77	83	89	93
		全热/W	137	135	135	134	134	134	134	134	134	134	134
		湿量/ (g·h⁻¹)	69	76	83	89	96	102	109	115	123	132	139
轻 度 劳 动	百货商店 化学实验室 计算机房	显热/W	93	87	81	76	70	64	58	51	47	40	35
		潜热/W	90	94	100	106	112	117	123	130	135	142	147
		全热/W	183	181	181	182	182	181	181	181	182	182	182
		湿量/ (g·h⁻¹)	134	140	150	158	167	175	184	194	203	212	220
中 等 劳 动	纺织车间 印刷车间 机加工车间	显热/W	117	112	104	97	88	83	74	67	61	52	45
		潜热/W	118	123	131	138	147	152	161	168	174	183	190
		全热/W	235	235	235	235	235	235	235	235	235	235	235
		湿量/ (g·h⁻¹)	175	184	.196	207	219	227	240	250	260	273	283
重 度 劳 动	炼钢车间 铸造车间 排练厅 室内运动场	显热/W	169	163	157	151	145	140	134	128	122	116	110
		潜热/W	238	244	250	256	262	267	273	279	285	291	297
		全热/W	407	407	407	407	407	407	407	407	407	407	407
		湿量/ (g·h⁻¹)	356	365	373	382	391	400	408	417	425	434	443

(2) 人体散热引起的瞬时冷负荷

在人体的散热方式中，辐射散热约占总散热量的 40%，对流散热约占 20%，潜热约占 40%。人体的潜热和对流散热部分直接放散到室内空气中，立刻成为瞬时冷负荷，而辐射散热与日射等辐射传热情况类似，释放到空气中的热量存在滞后现象。人体散热引起的瞬时冷负荷可按下式计算：

$$L_{Q,\tau} = Q_s C_L + Q_r \tag{2-15}$$

式中：Q_s、Q_r——人体的显热散热量、潜热散热量，W；

C_L——人体的冷负荷系数，详见附表 18。

人体的冷负荷系数与人员在室内的停留时间,以及从室外进入室内时刻到计算时刻的时间长短有关。

示例：计算商场一层的人体散热形成的冷负荷。

① 人体的显热散热量：

$$Q_s = n_1 n_2 q_s = 21\ 680.4\ \text{W}$$

式中：q_s——不同室温和活动强度下,成年男子的显热散热量,查表 2.20 得 $q_s = 58$ W。

　　　　n_1——室内全部人数；室内人数按照 3 m²/人计算,取 $n_1 = 420$ 人。

　　　　n_2——群集系数,查表 2.19 得 $n_2 = 0.89$。

② 人体的潜热散热量：

$$Q_r = n_1 n_2 q_r = 45\ 977.4\ \text{W}$$

式中：q_r——不同室温和活动强度下,成年男子的潜热散热量,查表 2.20 得 $q_r = 123$ W。

③ 人体散热引起的瞬时冷负荷：

$$L_{Q,\tau} = Q_s C_L + Q_r$$

式中：C_L——人体的冷负荷系数,查附表 18,可得人体散热量及引起的瞬时冷负荷计算结果,如表 2.21 所列。

6. 设备散热得热量及引起的瞬时冷负荷

由于室内散热设备忽略不计,所以设备散热得热量及引起的瞬时冷负荷为零。

7. 夏季空调冷负荷计算结果汇总

夏季空调冷负荷计算结果汇总如表 2.22 所列。

由表 2.22 可见,最大冷负荷出现在 13:00 点,其冷负荷为 124 441.1 W。

2.2.3　湿负荷计算

空调房间室内空气的散湿量来源于室内湿源散发的湿量和室外空气渗入带进的湿量两部分,主要包括以下几项：

① 室内人员的散湿量,包括呼吸和汗液蒸发向空气散发的湿量；

② 室外空气渗入带进的湿量；

③ 室内各种潮湿表面、液面或液流的散湿量；

④ 室内化学反应过程产生的湿量；

⑤ 食品或其他物料的散湿量；

⑥ 室内设备散湿量。

对于大多数空调房间来说,以上湿源的散湿量并不一定都有,但人体的散湿量和敞开水槽表面的散湿量是一般空调房间主要的散湿量来源。由于在商场一层没有设置敞开水槽,故而仅考虑人体散湿形成的湿负荷。人体的散湿量与性别、年龄、劳动强度、衣着情况和室内环境条件等因素有关。从表 2.20 可查出成年男子在不同体力劳动性质及室内温度下的散湿量。和人体散热量的计算类似,成年女子和儿童可分别按成年男子散湿量的 85% 和 75% 进行计算。人体的散湿量可按下式计算：

$$W = n_1 n_2 w$$

表 2.21　人体散热及引起的瞬时冷负荷

时刻	9:00	10:00	11:00	12:00	13:00	14:00	15:00	16:00	17:00	18:00	19:00	20:00	21:00
C_L	0.08	0.55	0.64	0.70	0.75	0.79	0.81	0.84	0.86	0.88	0.89	0.91	0.92
Q_s/W							21 680.4						
Q_τ/W							45 977.4						
$L_{Q,\tau}$/W	47 711.83	57 901.62	59 852.86	61 153.68	62 237.70	63 104.92	63 538.52	64 188.94	64 622.54	65 056.15	65 272.96	65 706.56	65 923.37

表 2.22　夏季空调冷负荷计算结果汇总　　　　　　W

时刻	9:00	10:00	11:00	12:00	13:00	14:00	15:00	16:00	17:00	18:00	19:00	20:00	21:00
外墙	5 153.21	4 950.92	4 763.48	4 628.08	4 535.22	4 510.23	4 547.61	4 644.77	4 770.32	4 947.10	5 161.50	5 395.47	5 626.84
门窗	1 149.92	1 667.39	2 242.35	2 874.81	3 392.28	3 909.74	4 312.22	4 542.20	4 714.69	4 714.69	4 599.70	4 369.71	3 909.74
日射	8 378.04	10 290.10	11 597.88	12 738.88	12 259.82	9 978.82	7 692.38	5 784.90	4 777.66	3 896.37	1 822.61	1 652.97	1 627.85
照明	28 462.49	40 660.70	41 112.49	42 016.06	42 016.06	42 467.85	42 919.63	42 919.63	42 919.63	43 371.42	43 371.42	16 716.07	0.00
人体	47 711.83	57 901.62	59 852.86	61 153.68	62 237.70	63 104.92	63 538.52	64 188.94	64 622.54	65 056.15	65 272.96	65 706.56	65 923.37
总计	90 855.5	115 470.7	119 569.1	123 411.5	124 441.1	123 971.6	123 010.4	122 080.4	121 804.8	121 985.7	120 228.2	93 840.8	77 087.8

式中：w——成年男子每小时的散湿量，g/h，查表 2.20 得 $w=184$ g/h（室温 26 ℃）；

　　　　n_1——室内全部人数；室内人数按照 3 m²/人计算，取 $n_1=420$ 人；

　　　　n_2——群集系数，查表 2.19 得 $n_2=0.89$。

综上可知，商场中的散湿量为

$$W=n_1 n_2 w=420 \times 0.89 \times 184 \text{ g/h}=68\,779.2 \text{ g/h}=19.11 \text{ g/s}$$

2.2.4　热负荷计算

在冬季，室内空气温度是由房间得热量与失热量的相对大小来决定的。当房间的得热量大于失热量时，房间内空气温度会升高，反之则降低。当温度低于设计值时，为保证室内的空气温度，系统向房间加入的热量称为空调房间的热负荷。通常，空调冬季运行的经济性对空调系统的影响要比夏季小，因此，空调系统热负荷的计算一般是按稳定传热理论来执行的。其计算方法与供暖系统热负荷的计算方法基本一样，所以不再重复计算市场冬季热负荷。

但在进行空调房间热负荷的计算时，应注意以下几点：

① 在计算围护结构的基本耗热量时，围护结构的传热系数应选用冬季传热系数；室外计算温度应选用冬季空调室外计算干球温度。

② 空调建筑的室内空气通常保持为正压状态，因而一般不计算由门窗缝隙渗入室内的冷空气，以及由门、孔洞等侵入室内的冷空气引起的热负荷。

③ 室内灯光、设备和人员产生的热量会抵消房间的部分热负荷，设计时如何扣除这部分室内得热量要进行实际分析。有的文献资料推荐：当室内发热量较大时（如办公建筑及室内灯光发热量为 30 W/m² 以上），可以扣除该发热量的 50%，用来抵消房间的部分热负荷。

④ 建筑物内区的空调热负荷过去都被视作零来考虑。但随着现代建筑内部热量的不断增加，使得建筑内区在冬季仍有余热，因此，该建筑内区需要空调系统常年供冷。

2.3　空调系统方案及处理过程

空调系统是实现空气调节目的的"硬件"保证，它一般是由空气处理设备和空气输送管道以及空气分配装置所组成的。空调系统虽然只有三大部分，但是却可以根据需要组成许多不同形式的系统。

2.3.1　空调系统方案确定

1. 空调系统分类

由于系统的主要组成部件不同以及其负担室内负荷所用介质种类的不同，空调系统的类型很多。其中按空气处理设备的位置不同，可分为集中式、分散式、半集中式空调系统。

集中式空调系统又称中央空调，该系统的所有空气处理设备，如过滤器、加湿器、加热器、冷却器、风机等设备全部设置在一个集中的空调机房内，经过处理的空气通过送风管分送到各空调区域。大多数空调系统采用回风进行节能，回风可通过回风管道返回至空调机房。集中式系统的本质是空气集中处理，在空调房间内不再有二次空气处理设备。集中式空调系统按照空气来源不同，分为全新风系统、全回风系统及新回风混合式系统三种形式。除了少数全部采用室外新风及无法或无须使用室外新风的特殊工程采用直流式和封闭式外，大都采用新回风混合系统。这样既保证了室内卫生要求，又能最大限度地保证节能。在处理空气时，集中式空调系统为了最大可能地满足节能要求，大多数场合都要利用相当量的回风，根据回风引用次数不同，集中式空调系统可分为一次回风和二次回风两种形式。集中式系统也就是全空气系统，通常应用于空气处理要求比较高的科研、生产场合以及民用建筑内的高大空间。

集中式空调系统因为采用了由不同功能段组合而成的空调机组，所以可以根据需要实现对空气完善的处理。集中式空调系统的优点是：处理空气量大，有集中的冷、热源，运行可靠，便于管理和维修；在空调区域没有冷冻水及冷凝水管道，避免了可能发生的漏水、滴水问题；由于其室内没有湿表面，不易滋生细菌，所以卫生条件比较好。其缺点是：需要空调机房，需要较高的建筑层高以布置送（回）风管；当处理风量比较大时，对建筑、结构及其他设备专业的要求比较高；由于采用回风，所以不同空调区域的空气会通过回风相混合，存在交叉污染的可能；当一个系统服务于多个要求不同的空调区域时，在分区域调节控制方面比较复杂，甚至会难以达到控制要求。

半集中式空调系统又称为混合式空调系统，既有集中也有分散的空气处理设备。它是发挥集中式和分散式空调系统的优点，并克服两者缺点的一种空调系统形式。其中集中设置在空调机房的空气处理设备，一般仅处理新鲜空气，并将集中处理的新风分送到各空调区域；而分散在各房间末端的设置，独立处理各自区域的空气，而末端装置大多数属于冷热交换设备（亦称二次盘管），它们或对室内空气进行就地处理，或对来自集中处理设备的空气进行补充再处理，其主要功能是处理室内循环空气以减轻集中式新风机组的负担。带有集中新风处理系统的多联机系统也属此列。半集中式空调系统的空气处理设备所需的冷热量，需要由另外专门配备的冷热源（如冷水机组或锅炉房）供给。

分散式空调系统又称作局部机组式系统。它是将空气处理设备（通常为风机盘管、室内机等）分散设置在各空调区域内，独立地对该区域的空气进行处理，处理过程所需的冷热工质可以是集中供给的。分散式空调系统不设集中空调机房，而是把冷热源、空气处理设备及输送设备等集中设置在一个箱体中，形成一个紧凑的空调系统（即空调机组），并根据需要将其设置在空调室内或空调室相邻的房间里直接负担室内负荷。分散式系统有布置灵活、调节方便、节省空间等优点，但也存在空气处理标准与能力较低、湿度控制不佳、设备噪声大、凝结水排放及与建筑装修配合等问题。因此，它适用于空调面积较小的房间，或建筑物中仅个别房间需要安装空调的情况。

只有全面深入地了解以上各种空调系统的构成与特点，并掌握其设计方法，才能为建筑室内或房间设计出最合适的空调系统。

2. 方案确定

因为本建筑属于商场建筑，它的特点是空间大，人员密集，热湿负荷大，新风需求量大，为达到以上要求，可采用集中式全空气系统。集中式空调系统，除了少数全部采用室外新风和无法或无须使用室外新风的特殊工程采用直流式和封闭式外，通常大都采用新风和回风相混合的方式。而新回风混合式根据回风引用次数的不同，又可分为一次回风和二次回风两种形式。工程实践证明，全空气一次回风系统是商场最适合的空调方式。根据商场的特点，本工程实例选择"一次回风的定风量全空气系统"处理方案，为节约能源和初投资，本系统采用露点进行送风。

2.3.2　空气处理过程

考虑到本商场东北角设有专用的空调机房,所以将组合式空气处理机组安装于此。具体的空气处理过程如下:商场室内空气状态点 N 与室外新风状态点 W 混合后,达到混合状态点 C;混合后的空气状态点 C 经表冷器进行冷却、去湿到达机器露点 L;考虑到处理后的露点空气 L 须经长距离风管输送才能到达指定房间,可能存在能量损失,所以在输送过程中 L 点空气会有管道或风机温升到送风状态点 O,然后送入房间;O 点的冷空气送入被调房间后,吸收房间内的余热、余湿后,变为室内空气状态点 N,一部分空气由卫生间排风系统排到室外,另一部分则由回风系统返回到空调机组与新风混合。其字母流程如下:

$$W \atop N \searrow \xrightarrow{\text{混合}} C \xrightarrow{\text{冷却去湿}} L \xrightarrow{\text{加热}} O \overset{\varepsilon}{\leadsto} N$$

具体处理过程在焓湿图上的表示,如图 2.2 所示。

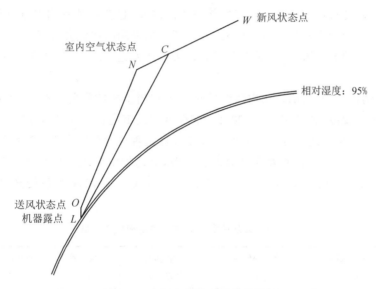

图 2.2　商场空气处理过程焓湿图

2.4　空调系统风量确定

在空调冷、热、湿负荷计算的基础上,为了满足室内的舒适性要求,需要向空调房间送入维持室内空气设计参数所需要的送风状态和送风量,以消除室内余热、余湿。

2.4.1　送风量确定

1. 送风状态点的确定

对于特定的空调房间,其 Q 和 W 是已知的,室内空气状态点 N 在图 2.3 上的位置也已确定,因此,只要经 N 点作出 $\varepsilon=Q/W$ 的过程线,并且在该线上确定 O 点,进而就能算出所需的空气量 G。从图 2.3 中可见,凡是位于 N 点以下在该过程线上的任意一点,均可作为送风状

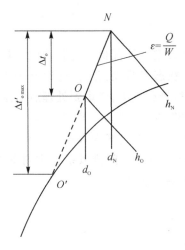

图 2.3　送入空气状态变化过程线

态 O 点。O 点的选取决定了送风量 G_S 的大小,很明显,O 点距 N 点越近,送风焓差(或温差)就越小,则送风量就越大;反之,送风温差会越大,则送风量会越小。

通常,室内空气状态 N 点与送风状态 O 点之间的温度差被称为"送风温差",即 $\Delta t_O = t_N - t_O$。空调送风温差的大小直接关系到空调工程的初投资和运行费用的大小,同时关系到室内温、湿度分布的均匀性和稳定性。在保证既定技术要求的前提下,加大送风温差具有突出的经济意义,送风温差增大一倍,送风量可以减小一半,空调系统的材料消耗和投资约减少 40%,动力消耗约减少 50%;送风温差在 4~8 ℃ 之间,每增加 1 ℃,送风量可减少 10%~15%。但送风温差过大,送风量过小时,可能会使室内人员感受到冷气流作用的不舒适感,甚至引起疾病,还很容易在送风口产生结露滴水现象,也会导致室内温度和湿度分布的均匀性和稳定性受到影响。此外,送风温差的选取还与拟采用的送风方式有很大关系,因为不同的送风方式具有不同的送风温差,对混合式通风可以加大送风温差,但对置换通风就不宜加大送风温差。

因此,在空调设计中,正确选用送风温差是一个相当重要的问题。按照《民用建筑供暖通风与空气调节设计规范》(GB 50736—2012)和《公共建筑节能设计标准》(GB 50189—2015)规定,应根据送风口类型、安装高度、气流射程长度以及是否贴附等因素确定送风温差,在满足舒适性和工艺要求的条件下,宜加大送风温差。一般,舒适性空调送风口高度≤5 m 时,5 ℃≤ Δt_O≤10 ℃;送风口高度>5 m 时,10 ℃≤ Δt_O≤15 ℃。工艺性空调的送风温差要求如表 2.23 所列。

表 2.23　工艺性空调的送风温差和换气次数

室温允许波动范围/℃	送风温差 Δt_O/℃	每小时换气次数/(次·h^{-1})	室温允许波动范围/℃	送风温差 Δt_O/℃	每小时换气次数/(次·h^{-1})
>±1.0	≤15		±0.5	3~6	8
±1.0	6~9	5(高大空间除外)	±0.1~0.2	2~3	12(工作时间不送风的除外)

针对商场建筑的具体特征,结合当地的室外状态参数:$t_w = 35.2$ ℃,$t_{ws} = 26.0$ ℃;室内状态参数:$t_n = 26$ ℃,$\varphi_n = 60\%$,商场一层夏季室内总余热量为 124 441.1 W,总余湿量为 19.11 g/s,则热湿比为

$$\varepsilon = \frac{Q}{W} = \frac{124\ 441.1\ \text{W}}{19.11\ \text{g/s}} = 6\ 512\ \text{kJ/kg}$$

本工程采用露点送风,风机及管道温升设为 2 ℃。

在焓湿图上确定出室内状态点 N,过 N 点作出的热湿比 $\varepsilon = 6\ 512$ kJ/kg 的过程线,与 95% 的相对湿度等值线升温 2 ℃ 相交,其交点为送风状态点 O。

在焓湿图上查得：

- 送风状态点 O 参数：$h_O = 43$ kJ/kg，$d_O = 10.2$ g/kg；
- 室内状态点 N 参数：$h_N = 58$ kJ/kg，$d_N = 12.5$ g/kg；
- 室外状态点 W 参数：$h_W = 80$ kJ/kg，$d_W = 17.2$ g/kg；
- 机器露点 L 参数：$h_L = 41$ kJ/kg，$d_L = 10.2$ g/kg。

2. 总送风量的确定

① 按消除余热计算总送风量：

$$G_S = \frac{Q}{h_N - h_O} = \frac{124.441\ 1\ \text{kW}}{(58 - 43)\ \text{kJ/kg}} \approx 8.30\ \text{kg/s}$$

② 按消除余湿计算总送风量：

$$G_S = \frac{W}{d_N - d_O} = \frac{19.11\ \text{g/s}}{(12.5 - 10.2)\ \text{g/kg}} \approx 8.31\ \text{kg/s}$$

按消除余热和消除余湿求出的送风量基本相同，计算正确，则送风量可取值 8.3 kg/s。

查附表 1 得：西安市夏季室外空气密度为 $\rho = 1.161$ kg/m³（西安夏季室外日平均温度为 30.7 ℃）。

综上可知，商场首层的送风量为

$$G_S = \frac{8.3\ \text{kg/s} \times 3\ 600\ \text{s}}{1.161\ \text{kg/m}^3} = 25\ 736\ \text{m}^3/\text{h}$$

所以确定送风量为 26 000 m³/h。

2.4.2　新风量确定

一个完善的空调系统，除了满足对空调区温、湿度控制以外，还必须给房间提供足够的室外新鲜空气（简称新风）以保证房间的空气品质，因此一般情况下，空调送风空气由新风和回风组成，以改善室内空气品质。从改善室内空气品质角度考虑，新风量越大越好；而从空调系统对新风热、湿处理的能量消耗角度考虑，新风量越小就越经济。但是也不能无限制地减少新风量，因而在系统设计时，必须确定最小新风量。

1. 新风量确定原则

新风量的多少是影响空调负荷的重要因素之一，同时也是影响空调房间室内空气品质好坏的重要因素。新风量小了，会使室内卫生条件恶化，甚至成为"病态建筑"；而新风量大了，会使空调负荷加大，造成能量浪费。所以，合理地计算房间所需新风量对空调系统设计具有重要意义。通常确定空调房间最小新风量的依据有以下四个方面。

(1) 室内卫生要求

在人们长期停留的空调房间内，新鲜空气的多少对卫生健康有着直接的影响。长期以来，人们普遍认为"人"是室内仅有的污染源。因此，新风量的确定一直沿用每人每小时所需最小新风量这个概念，单位常用 m³/(h·人)。

在实际工程中，工业建筑一般可按规范确定：不论每人占房间体积多少，新风量均按≥30 m³/(h·人)选用；《公共建筑节能设计标准》(GB 50189—2015)关于公共建筑空调新风量的规定参见表 2.24 选取。

表 2.24　公共建筑新风量标准

建筑类型与房间名称			新风量/[m³·(h·人)⁻¹]
宾馆	客房	5 星级	50
		4 星级	40
		3 星级	30
	餐厅、宴会厅、多功能厅	5 星级	30
		4 星级	25
		3 星级	20
		2 星级	15
	大堂、四季厅	4~5 星级	10
	商业、服务	4~5 星级	20
		2~3 星级	10
	美容、美发、康乐设施		30
旅店	客房	1~3 级	30
		4 级	20
文化娱乐	影剧院、音乐厅、录像厅		20
	游艺厅、舞厅(包括卡拉 OK 歌厅)		30
	酒吧、茶座、咖啡厅		10
	体育馆		20
	商场(店)、书店		20
	饭馆(餐厅)		20
	办公		30
学校	教室	小学	11
		初中	14
		高中	17

(2) 补充局部排风量

如果建筑物内有燃气热水器、燃气灶和火锅等燃烧设备,则系统必须给空调区补充新风,以弥补燃烧所耗的空气,保证燃烧设备的正常工作。燃烧所需的空气量可从燃烧设备的产品样本中获得,也可以根据相关公式计算得到,请参考有关书籍。如果空调房间有排风设备,为了不使房间产生负压,至少应补充与局部排风量相等的室外新风。

(3) 保持室内正压所需的新风量

为了防止外界未经处理的环境空气渗入空调房间,干扰室内控制参数,有利于保证房间清洁度和室内参数少受外界干扰,需通过空调系统中的新风功能来保持房间的正压。也就是说,用增加一部分新风量的办法,使室内空气压力高于外界压力,然后再让这部分多余的空气从房间门缝隙等不严密处渗透出去。

舒适性空调室内的正压值不宜过小,也不宜过大,一般采用 5 Pa 的正压值就可以了。当室内的正压值为 10 Pa 时,保持室内正压所需的风量,每小时换气 1.0~1.5 次,舒适性空调的新风量一般都能满足此要求。室内正压值超过 50 Pa 时会使人感到不舒适,而且需加大新风量,增加能耗,同时开门也较困难。因此规定室内正压值不应大于 50 Pa。对于工艺性空调,因与其相通房间的压力差有特殊要求,其压差值应按工艺要求确定。

(4) 新风除湿所需新风量

随着空调技术的发展,温湿度独立控制系统等新型空调系统形式越来越广泛地应用到实际工程中。对于这些空调系统,新风需承担全部或部分室内湿负荷,如温湿度独立控制系统中的新风就需承担空调房间的全部湿负荷。在这些空调系统中,新风除了需满足室内卫生要求及风量平衡原则外,还需满足除湿的要求。

因此,根据上述空调房间最小新风量需满足的条件,可将其确定流程按图 2.4 执行。

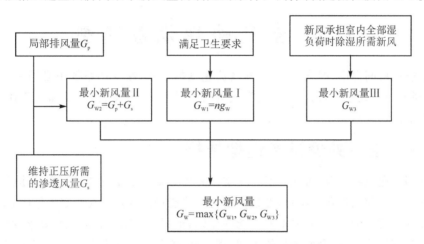

图 2.4　空调房间最小新风量的确定流程

在实际工程设计中,通常按照上述条件确定出新风量中的最大值作为系统的最小新风量。但是在全空气系统中,当按上述要求计算出来的新风量不足总送风量的 10% 时,将取送风量的 10% 作为最小新风量,以确保空调房间的卫生和安全。但温湿度波动范围要求很小或净化程度要求很高,以及房间换气次数特别大的系统不在此列。这是因为通常温湿度波动范围要求很小或洁净度要求很高的空调房间,送风量一般都很大,即使要求最小新风量达到送风量的 10%,新风量也很大,不仅不节能,大量的室外空气还会影响室内温湿度的稳定,增加过滤器的负担。一般舒适性空调系统,按人员和正压要求确定的新风量达不到 10% 时,如果室内人员较少,CO_2 浓度也较低(O_2 含量相对较高),则没必要加大新风量。

2. 商场新风量的确定

本商场新风量的确定按照《关于公共建筑空调新风量的规定》设计,查表 2.24 公共建筑新风量标准可知,新风量均按 20 $m^3/(h \cdot 人)$ 计算:

$$G_W = 20 \ m^3/(h \cdot 人) \times 420 人 = 8\ 400 \ m^3/h$$

校核新风占总送风量的百分比:

$$\frac{G_W}{G_S} \times 100\% = \frac{8\ 400}{26\ 000} \times 100\% = 32\%$$

则新风量计算满足要求。

3. 混合状态点 C 的确定

$$\frac{G_W}{G_S} \times 100\% = \frac{\overline{NC}}{\overline{NW}} \times 100\% = 32\%$$

计算可得混合状态点 C 参数：$h_C = 65\ kJ/kg, d_C = 14\ g/kg$。

4. 系统所需冷量的确定

依据公式 $L_Q = G_S(h_C - h_L)$，代入相关数据，可得系统所需冷量：

$$L_Q = 8.3\ kg/s \times (65 - 43)\ kJ/kg = 182.6\ kJ/s$$

2.5　空气处理设备选型

为满足空调房间温度、湿度、洁净度和气流速度的要求，在空调系统中必须采用相应的处理技术，选择相应的处理设备，以便能对空气进行各种温度、湿度、洁净度和气流速度处理，从而达到所要求的送风状态。

2.5.1　空气处理设备选型依据

为得到同一送风状态点，可能有不同的空气处理方案。至于究竟采用哪种途径，须结合各种空气处理方案及使用设备的特点，经过分析比较才能最后确定。在确定方案时，不能是随意定一个方案满足要求就行，而是要本着节能的原则，根据生产工艺和舒适性要求，结合冷源、热源、材料、设备等具体情况，全面地从效果、管理方便、投资和能力消耗等各个方面进行技术经济比较来确定最佳方案。

按照空气与进行热湿处理的冷、热媒流体间是否直接接触，可以将空气的热湿处理分成三大类，即直接接触式、间接接触式和混合式。所谓直接接触式，是指被处理的空气与进行热湿交换的冷、热媒流体彼此接触进行热湿交换。具体做法是让空气流过冷、热媒流体的表面或将冷、热媒流体直接喷淋到空气中。间接接触式则要求与空气进行热湿交换的冷、热媒流体并不与空气接触，而是通过设备的金属固体表面来进行热湿交换。用不同温度的水喷淋空气，使被处理的空气流过热湿交换介质表面，通过含有热湿交换介质的填料层；或者向空气中喷入低压水蒸气；或者用液体吸湿剂喷淋空气，形成具有各种分散度液滴的空间，使液滴与流过的空气直接接触。这些均属于直接接触式，常见的设备有喷水室、水加湿器、蒸汽加湿器。若换热介质（热水、水蒸气、冷水和制冷剂）在间壁式换热管内流动，被处理空气在管外流（掠）过，两者通过固体壁面进行热交换或热湿交换，则属于间接接触式，常见的设备有表面式冷却器（表冷器）、空气加热器、盘管、蒸发器和冷凝器等。如果空气处理设备兼有直接接触式和间接接触式两类设备的特点，则称之为混合式设备，如喷水式空气冷却器。当然还有一些空气处理设备的作用原理与上述两类热湿处理装置有所不同，如利用电热元件来加热空气的电加热器，以及利用某些固体吸附剂表面的大量细小孔隙形成的毛细管作用工作的固体吸附剂除湿机。

2.5.2　空气处理设备选型注意事项

空气处理是一个综合过程，往往需要达成对温度、湿度、洁净度等的综合控制，此时需要对各种空气处理设备进行组合从而达到处理的目的。由各种空气处理功能段组装而成的、具有综合处理功能的空调机组在工程中称为组合式空调机组,它是集中式水冷空调系统中的主要设备。组合式空调机组,其空气处理功能齐全,安装简便、省工,结构紧凑,调节灵活,因此广泛应用于空调系统中。

由以上空气处理方案可知本商场空气处理过程如下:

$$N \diagdown \begin{array}{c} \quad \\ \end{array} \xrightarrow{\text{混合}} C \xrightarrow[\text{冷却}]{\text{去湿}} L \longrightarrow O \xrightarrow{\varepsilon} N$$

因此空气处理过程及设备有:新、回风在混合室内混合,经过滤器净化后,由表冷器降温除湿或加热器和加湿器对空气进行加热、加湿,最后由风机引入送风管道。该商场可采用空调机组进行空气处理,在本设计中,参考某人工环境设备股份有限公司的产品样本来选取设备。

空调机组设计应注意:

① 处理空气应与冷冻水逆向流动;

② 风速较大时,表冷器后应设挡水板;

③ 表冷器下应设滴水盘和泄水管;

④ 选择表冷器时应考虑表面积灰、内壁结垢等因素,从而附加一定安全系数,增大传热面积,保证处理效果。

2.5.3　商场空气处理设备型号确定

商场空调机组的选择可根据前面计算空调系统所需的总风量 26 000 m³/h 和处理风量所需的冷量 182.6 kJ/s 来选择。查阅产品样本,可选择 ZK – 30 型空调机组,其结构如图 2.5 所示。

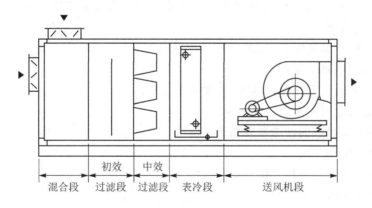

图 2.5　空调机组结构组成示意图

下面介绍机组各功能段及主要技术参数。

1. 结构组成及功能

混合段:配有新风、回风调节阀,用户可根据需要调节新风、回风比例。

排风、回风、新风调节段:适用于双风机机组,顶部设有排风阀和新风阀,内部有一个回风调节阀,使它们可以按一定比例调节。

板式初效过滤段：段内配有国际通用规格尺寸的无纺布的板式过滤器。

中效袋式过滤段：段内配有国际通用规格尺寸的无纺布多折袋式过滤器，过滤器容尘量大、阻力变化平缓，用户根据过滤要求选配合适的过滤器，过滤段选配压差指示仪表，用户根据压力差的大小及时清洗或更换过滤器。

表冷段：采用紫铜管套铝翅片的高效热交换器，进出水管、集管镀锌处理，表冷段凝结水盘采用不锈钢干式水盘。

消声段：采用超细离心玻璃棉和内贴玻璃布的穿孔板组成的片式消声器，具有消声效果好、耐高温、不怕潮、不起尘等特点；还可起到一定的均流作用。

风机段：风机采用高效节能型双进风离心式风机，叶片为前倾式，经严格动、静平衡试验，保证空调机组低噪声运行。

2. 空调机组主要技术参数

机组各功能段见图 2.5 标注。组合式空调机组的基本参数有额定风量、额定供冷量、额定供热量、机组余压等。对各基本参数简单说明如下：

① 额定风量：指机组在规定的运行工况下每小时所处理的空气量，一般应以标准状态下的空气体积流量表示，单位为 m^3/h。目前国内生产的卧式组合式空调机组风量范围一般在 2 000～200 000 m^3/h 之间。

② 额定供冷量：指机组在规定运行工况下的总除热量，其中包括显热除热量和潜热除热量，单位为 kW。

③ 额定供热量：指机组在规定运行工况下供给的总显热量，单位为 kW。

④ 机组余压：指机组克服自身阻力后在出风口处的动压和静压之和，单位为 Pa。

组合式空调机组的生产厂家在其产品样本中都会列出机组的基本性能参数表，以供空调系统设计人员进行设备选型，同时在样本中对性能参数表会给出相应运行工况的规定说明。一般运行工况规定如下：

① 冷盘管的进水温度为 7 ℃，进、出水温升为 5 ℃；

② 热盘管的进水温度为 60 ℃；

③ 蒸汽盘管的进气压力为 70 kPa，温度为 112 ℃；

④ 通过盘管的迎面风速为 2.5 m/s。

本工程所选空调机组的性能参数如下：

① 风量：30 000 m^3/h。

② 冷量：187.3 kW（采用 4 排冷却排管）。

③ 风压：1 050 Pa。

④ 电机功率：18.5 kW。

⑤ 噪声：81 dB(A)。

⑥ 阻力：初效过滤器为 150 Pa，中效过滤器为 150 Pa，4 排表冷器为 90 Pa，消声器为 35 Pa。

⑦ 表冷器水管：水流量为 28.77 吨/h，水阻力为 25.81 Pa，冷冻水进出温度为 7～12 ℃。

2.6　空调风系统设计

空调风系统作为集中式空调系统的风管输送和分配部分,其功能是将来自空气处理设备符合舒适及生产工艺过程的空气通过送风风管系统送入空调房间内,并使风量合理分配,同时从房间内抽回一定量的空气(即回风),经过回风风管系统送至空气处理设备前,其中少量的空气被排至室外,而大部分被重复利用。空调风系统包括通风机、送风管、回风管、风量调节阀、防火阀、消声器、风机减震器和空调房间内的送风散流器、回风口等组成。空调风系统设计的目的是在保证要求的风量分配前提下,合理确定风管和风口的布置、尺寸以及风机型号,使系统的初投资和运行费用综合最优。空调风系统设计包括风管系统设计和室内气流组织设计两大部分,下面分别介绍。

2.6.1　气流组织形式的确定

空调房间对工作区内的温度、相对湿度及气流速度等均有一定的精度要求。除了要求有均匀、稳定的温度场和速度场外,有时还要控制噪声和含尘浓度,而这些都直接受气流流动和分布状况影响。所谓气流组织,就是合理布置送风、排风口的位置,选用合理的风口形式,合理分配风量,以便用最小的通风量达到最佳的通风效果。气流组织的形式不同,房间内气流的流动状态、流速的分布状况,乃至空气的温度、湿度、含尘量的分布状况均不同。而气流的流动状态和分布状况又取决于送风口的构造形式、尺寸、送风温度、速度和气流方向、送风口的位置等。下面介绍气流组织的几种形式。

1. 上送下回

上送下回方式是最基本的气流组织形式。空调送风由位于房间上部的送风口送入室内,而回风口设在房间的下部。常用的送风口是散流器和孔板送风口,如图 2.6 所示。上送下回这种方式的优点是送风气流在进入工作区之前就已经与室内空气充分混合,易形成均匀的温度场和速度场;另外,如果采用侧送侧回方式,则送风射程较长,送风温差比较大,从而降低送风量。该气流组织形式适用于温湿度和洁净度要求较高的空调房间。

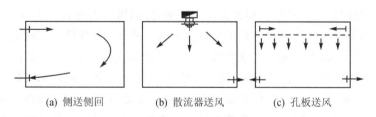

(a) 侧送侧回　　　(b) 散流器送风　　　(c) 孔板送风

图 2.6　上送下回方式

2. 上送上回

在工程中,有时采用下回风布置管路有一定的困难,故常采用上送上回方式。这种气流组织形式是把送风口和回风口叠在一起,布置在房间上部,气流从上部送风口送下,经过工作区后回流向上进入回风口,如图 2.7 所示。如果房间进深较大,可采用双侧上送上回;如果房间净高较高,还可以设置吊顶,管道暗装。上送上回方式特别适用于房间下部不宜布置回风口的场合,但应避免发生气流短路现象。这种布置比较适用于有一定美观要求的民用建筑。

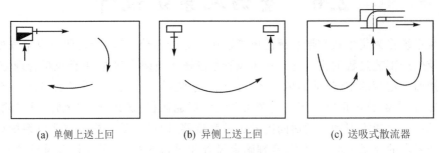

(a) 单侧上送上回　　　　　(b) 异侧上送上回　　　　　(c) 送吸式散流器

图 2.7　上送上回方式

3. 中送风

对于大空间来说,采用前述方式往往需要空调的送风量很大,耗热量大,房间上部和下部的温差也较大。一般将空间分为上、下两个区域,下部为工作区,上部为非工作区。若采用中间送风,上部和下部同时排风,则形成两个气流区,既可以保证下部工作区达到空调设计要求,上部气流区又可以负担排走非空调区的余热量,如图 2.8 所示。在满足工作区空调要求的前提下,采用中送下、上回的气流组织形式,具有明显的节能效果。

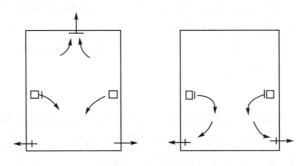

图 2.8　中送风方式

4. 下送上回

下送风气流组织形式的送风口布置在房间下部,而回风口则布置在上部。图 2.9(a)为地面均匀送风、上部集中排风。此种方式送风直接进入工作区,为满足生产或人的要求,送风温差必然远小于上送方式,因而加大了送风量。同时考虑到人的舒适条件,送风速度也不能大,一般不超过 0.5～0.7 m/s。这样一来,就必须增大送风口的面积或增加其数量,但这些给风口的布置带来了困难,而且地面容易积聚污物,下送风会影响送风的清洁度。优点是,下送方式具有一定的节能效果,同时有利于改善工作区的空气质量,能使新鲜空气首先通过工作区。由于是顶部排风,因而房间上部余热(照明散热、上部围护结构传热等)可以不进入工作区而直接排走。因此在夏季,从人的感觉来看,虽然要求送风温度较低(例如 2 ℃),却能起到温差较大的上送下回方式的效果,这就为提高送风温度,使用温度不太低的天然冷源如深井水、地道风等创造了条件。因而,下面均匀送风上面排风方式常用于空调精度不高、人暂时停留的场所,如会堂及影剧院等。在工厂中,可用于室内照度高和产生有害物的车间(由于产生有害物的车间空气易被污染,故送风一般都用空气分布器直接送到工作区)。

图 2.9(b)和(c)为送风口设于窗台下面,这样既可以保证在工作区有均匀的气流流动,同时还能阻挡通过窗户进入室内的冷热气流。工程中风机盘管和诱导系统常采用这种布置方式。

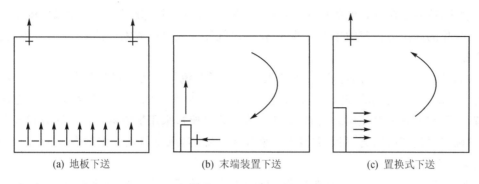

(a) 地板下送　　　　　　　　(b) 末端装置下送　　　　　　　(c) 置换式下送

图 2.9　下送上回方式

下送上回这种气流组织形式,其送风口布置在房间下部,而回风口则布置在上部。它特别适合空调房间余热量大和热源靠近顶棚的场合,如计算机房、广播电台的演播大厅等。

综合上述各气流组织形式的特点,本商场建筑因层高较高,所以可充分利用吊顶。在考虑满足舒适性,又不影响室内美观的前提下,本商场的设计在吊顶内布置风管,采用上送上回的气流组织方式。

2.6.2　风口选型及布置

送风口也称空气分布器,它的形式及其紊流系数大小,对射流的扩散及气流流型的形成有直接影响。根据空调精度、气流形式、送风口安装位置以及建筑装修的艺术配合等方面的要求,可以选用不同形式的送风口。送风口的形式有多种,通常需要根据房间的特点、对流型的要求、房间的空调精度、送风口安装位置以及建筑装修等方面的要求加以选用。

送风口的种类繁多,按送出气流形式不同可分为四种类型:轴向送风口、线形送风口、扩散型送风口和面形送风口。其中,轴向送风口是指气流沿送风口轴线方向送出,这类风口有格栅送风口、百叶送风口、喷口、条缝送风口等。这类送风口诱导室内空气的作用小、送风速度衰减慢、射程远。线形送风口是指气流从狭长的线状风口送出,如长宽比很大的条缝形送风口。扩散型送风口是指送出气流呈辐射状向四周扩散,如盘式散流器、片式散流器等。这类送风口具有较大的诱导室内空气的作用,送风温度衰减快、射程较短。面形送风口是指气流从大面积的平面上均匀送出,如孔板送风口。这类送风口送风温度和速度分布均匀、衰减快。除此之外,还有按送风口的安装位置不同将送风口分为顶棚送风口、侧墙送风口、窗下送风口及地面送风口等。实际工程中常常将安装在侧墙上或风管侧壁上的送风口,如格栅送风口、百叶送风口、条缝送风口等,统称为侧送风口。

散流器是一类安装在顶棚或暴露于风管底部作为下送风口使用的风口,造型美观,易与房间装饰要求配合,其射流方向沿表面呈辐射状流动。风口可以与顶棚下表面平齐,也可以在顶棚下表面以下。根据它的形状不同,可分为圆形、方形或矩形;根据其结构形式不同,可分为盘式、直片式和流线型;另外还有将送回风口做成一体的,称为送吸式散流器。圆形散流器有多层同心的平行导向叶片(也称为扩散圈),该叶片一般为流线型,叶片下部有一小翻边,因此又称为流线型散流器。方形或矩形散流器,送风气流为平送流型,可控制的范围较大,散流片的倾斜方向不同,各向散流片所占散流器的面积比例不同,还可以根据需要安排气流的方向及分配各向送风量的比例,以适应各种建筑平面形状及散流器位置的要求。盘式散流器的送风气流呈辐射状,适合于层高较低的房间,但冬季送热风易产生温度分层现象。片式散流器设有多层散流片,片的间距有固定的也有可调的,使送风气流呈辐射形或锥形扩散,可满足冬、夏季不同的需要。

考虑到以上各类风口的优缺点,本工程选择方形散流器作为送风口设备。方形散流器的特点是线条挺直,表面光洁,叶片角度采用固定式,整个叶片与边框采用分离式结构,方便安装和调节,并可与风阀配套使用。根据《空气调节设计手册》,采用散流器上送上回方式的空调房间,为了确保射流有必需的射程,并且不产生较大的噪声,风口风速应控制在 3~4 m/s 之间,最大风速不得超过 6 m/s。

初选 A4SD 型、铝制、四面吹散流器,共设 43 个散流器。商场首层面积约 1 255 m^2,则每个散流器服务面积约 30 m^2;商场首层总送风量 26 600 m^3/h,则每个散流器的送风量约为 620 m^3/h;商场首层层高 5.4 m,设吊顶 1 m,则散流器射程应达到 3 m 左右。

由此查阅产品样本书,选择 A4SD - 22×22 型散流器。其技术参数如下:

- 颈部风速为 4 m/s;
- 全压损为 35 Pa;
- 送风区域半径为 3.7 m;
- 风量为 716;
- 射程为 3.4 m;
- 出口面积为 0.049 7 m^2。

校核:经过计算,风口风速为 3.5 m/s,满足要求,可以使用。

2.6.3 风系统管路设计

随着我国人民生活水平的不断提高,通风空调工程在建筑工程中的地位越来越重要。风管是中央空调系统的通风管道,它常常被忽视,但却是空调系统的重要组成部分,市场对通风管道材质的要求越来越高,空调通风管道的种类从原来比较单一的镀锌钢板风管向多样性方面发展,消声、节能、环保、重量轻、防火性能高的材料逐渐成为空调通风管道的主导材料。由于各种工程对空调通风管道有着不同的要求,各种材质的通风管道应运而生,而相应的施工方法也在实践中逐步完善。

1. 风管材料选择

可做风管的材料很多,应根据使用要求和就地取材的原则选用。金属(即镀锌铁皮)是风管常用材料,适用于各种空调系统。砖、混凝土风道适用于地沟风道或利用建筑、构筑物的空间组合成风道,用于通风量大的场合。塑料、玻璃钢适用于制作腐蚀环境下的风管或空调系统。对于民用舒适型空调,风管材料一般采用薄钢板涂漆或镀锌薄钢板。本商场空调风管设计采用镀锌薄钢板,该种材料做成的风管使用寿命长,摩擦阻力小,风道制作快速方便,通常可在工厂预制后送至工地,也可在施工现场临时制作。矩形风管具有占用空间较小、易于布置、明装较美观的特点。

2. 风管断面形状选择

① 圆形风管：对于等用量的钢板而言，圆形风管通风量最大，阻力最小，强度大，易加工，保温方便。一般适用于排风及工业厂房管道。该圆形风管强度大、阻力小、消耗材料少，但加工工艺比较复杂，占用空间多，布置时难以与建筑、结构配合，常用于高速送风的通风空调系统。

② 矩形风管：对于公共、民用建筑，为了利用建筑空间，降低建筑高度，使建筑空间既协调又美观，通常采用方形或矩形风管。该类风管易加工、好布置，能充分利用建筑空间，弯头、三通等部件的尺寸较圆形风管小。为了节省建筑空间，布置美观，一般民用建筑空调系统送、回风管道的断面形状均以矩形为宜，但当矩形风管的断面积一定且宽高比大于 8∶1 时，风管比摩阻增大，因此矩形风管的宽高比一般不大于 4∶1，最多取到 6∶1。

考虑到本商场的性质及其建筑特点，所以本工程的空调风管设计采用镀锌铁皮制作的"矩形风管"，而且矩形风管的宽高比控制在 2.5∶1 以下。

3. 送风管路系统布置

一个好的空调风管系统设计应该布置合理，占用空间少，风机能耗小，噪声水平低，总体造价低。为此，在进行空调风管系统设计时应把握以下几个原则：

(1) 风管系统要简单、灵活、可靠

在平面布置上，能不用风管的场所就不用风管，必须使用风管的地方，风管长度要尽可能短，尽量走直线，分支管和管件要尽可能少，避免使用复杂的管件，以减少系统管道局部阻力损失，便于安装、调节与维修。

(2) 风管的断面形状要因建筑空间制宜

在不影响生产工艺操作的情况下，充分利用建筑空间组合成风管。风管的断面形状要和建筑结构相配合，使其达到巧妙、完美与统一。

(3) 风管断面尺寸要标准化

为了最大限度地利用板材，使风管设计简便，实现风管设计、制作、施工标准化、机械化和工厂化，风管的断面尺寸(直径或边长)应采用国家标准 GB 50243—2016《通风与空调工程施工质量验收规范》中规定的规格来下料。

(4) 正确选用风速，是设计好风管的关键

选用风速时要综合考虑建筑空间、风机能耗、噪声、初投资和运行费用等因素。如果风速选得高，虽然风管断面小，管材耗用少，占用建筑空间小，初投资省，但是空气流动阻力大，风机能耗高，运行费用增加，而且风机噪声、气流噪声、振动噪声也会增大；如果风速选得低，虽然运行费用低，各种噪声低，但风管断面大，占用空间大，初投资也大。因此，必须通过全面技术经济比较来确定管内风速数值，具体可参考表 2.25 和表 2.26 选取。

表 2.25　按室内噪声要求推荐风管内的风速

室内允许噪声级/dB(A)	主管风速/(m·s⁻¹)	支管风速/(m·s⁻¹)	新风入口风速/(m·s⁻¹)
25～35	3～4	≤2	3
35～50	4～7	2～3	3.5
50～65	6～9	3～5	4～4.5
65～80	8～12	5～8	5

表 2.26　按风管所处位置不同推荐风管内的风速　　　　　　m/s

部　位	低速风管风速						高速风管风速	
	推　荐			最　大			推　荐	最　大
	居　住	公　共	工　业	居　住	公　共	工　业	一般建筑	
新风入口	2.5	2.5	2.5	4.0	4.5	6	3	5
风机入口	3.5	4.0	5.0	4.5	5.0	7.0	8.5	16.5
风机出口	5~8	6.5~10	8~12	8.5	7.5~11	8.5~14	12.5	25
主风管	3.5~4.5	5~6.5	6~9	4~6	5.5~8	6.5~11	12.5	30
水平支风管	3.0	3.0~4.5	4~5	3.5~4.0	4.0~6.5	5~9	10	22.5
垂直支风管	2.5	3.0~3.5	4.0	3.25~4.0	4.0~6.0	5~8	10	22.5
送风口	1~2	1.5~3.5	3~4.0	2.0~3.0	3.0~5.0	3~5	4	—

本商场风管采用镀锌钢板制作,用带玻璃布铝箔防潮层的离心玻璃棉板材(容量为 48 kg/m³)保温,保温层厚度 δ=30 mm。按房间的空间结构布置送风管的走向,并计算各管段的风量。吊顶中留给空调的高度约为 700 mm。根据室内允许噪声的要求,风管干管流速取 5~6.5 m/s、支管流速 3~4.5 m/s 来确定管径。

4. 回风、排风系统布置

由于回风口对室内气流组织和区域温差影响较小,但对回风口所在局部区域仍有较大影响,因此对其设置问题需要符合下列要求:

① 回风口宜邻近室内冷、热、湿源,不应设在射流区内和人员长时间或经常停留的地点,还应注意尽量避免造成射流短路和产生"死区"等现象。

② 采用侧送风时,回风口宜设在送风口的同侧;采用散流器和孔板下送风时,回风口宜设在房间下部。回风口设在房间下部时,其下边缘离地面不小于 0.15 m。

③ 如果冬季要送热风,回风口不能设在房间上部。

④ 条件允许时,可采用集中回风或走廊回风。

对于室温允许波动范围≥1 ℃,且室内控制参数相同或相近的多房间共用空调系统,可采用走廊回风,此时各房间与走廊的隔墙或门的下部,应开设百叶回风口。走廊断面风速应小于 0.25 m/s,且应保持走廊与非空调区之间的密封性。走廊通向室外的门也应有一定的严密性。

⑤ 对于吸烟多的会议室、休息室等房间,由于烟雾会滞留在顶棚下面,因此在采用侧回风时,除了设置侧墙回风口外还需设置顶棚排风口,使 10%~20% 的总回风量由顶棚排风口排出。

本商场回风口位置设在空调机房的上部,采用房间回风,回风选择单层百叶回风口。回风百叶风口风速取 4~5 m/s。排风设在卫生间,采用排风扇排出室内多余空气。

5. 风管路系统水力计算

空调风道的水力计算是在系统和设备布置,风管材料,各送、回风点的位置和风量均已确定的基础上进行的。空调风管系统设计计算(又称为阻力计算、水力计算)的目的是确定各管段的管径(或断面尺寸)和阻力,保证系统内达到要求的风量分配,最后确定风机的型号和动力消耗。具体是要确定风管各管段的断面尺寸和阻力,对各并联风管支路进行阻力设计平衡,计算出选择风机所需要的风压。

空调风管系统的阻力计算方法较多,主要有假定流速法、压损平均法和静压复得法。对于低速送风系统,大多采用假定流速法和压损平均法,而高速送风系统则采用静压复得法。下面分别介绍。

(1) 假定流速法

假定流速法也称为控制流速法,其特点是先按技术经济条件比较推荐的风速初选管段的流速(见表 2.25 和表 2.26),再根据管段的风量确定其断面尺寸,并计算风道的流速与阻力(进行不平衡率的检验),最后选定合适的风机。这是低速送风系统目前最常用的一种计算方法。

(2) 压损平均法

压损平均法也称为当量阻力法,是以单位长度风管具有相等的阻力为前提的,这种方法的特点是在已知总风压的情况下,将总风压按干管长度平均分配给每一管段,再根据每一管段的风量和分配到的风压计算风管断面尺寸,并结合各环路间的压力损失的平衡进行调节,以保证各环路间压力损失的差值小于 15%。在风管系统所用的风机风压已定以及进行分支管路压损平衡时,采用该方法比较方便。

(3) 静压复得法

当流体的全压一定时,流速降低则静压增加。利用这部分"复得"的静压来克服下一段主干管道的阻力,以确定管道尺寸,从而保持各分支前的静压都相等,这就是静压复得法。静压复得法就是利用这种管段内静压和动压的相互转换,由风管每一分支处复得的静压来克服下游管段的阻力,并据此来确定风管的断面尺寸。此方法适用于高速空调系统的水力计算。

西安某商场首层的风管布置见图 2.10,风管路水力计算采用假定流速法,从而确定风管的尺寸和系统阻力。具体如下:

① 对各管段进行编号,选定最不利环路 1—2—3—4—5—6—7—8—9—10—11—12。

② 初选各管段风速:根据风管设计原则,初步选定各管段风速,风管干管流速取 6 m/s,支管取 4 m/s。

③ 确定各风管断面尺寸,根据风量和风速,计算管道断面尺寸,使其符合通风管道统一规格,再利用规格化了的断面尺寸及风量算出管道内的实际风速。计算结果如表 2.27 所列。

表 2.27　风管水力计算结果

编　　号	风量/ (m³·h⁻¹)	管长/ m	风管尺寸/ (mm×mm)	实际风速/ (m·s⁻¹)	ΔP_d/ Pa	R_m/ (Pa·m⁻¹)	ΔP_1/ Pa	局部阻力 系数 ζ	Z/ Pa	ΔP/ Pa
管段 1-2	30 000	5.4	2 700×500	6.2	22.86	0.3	1.62	2.1	48.01	49.63
管段 2-3	20 200	5.2	2 400×400	5.8	20.50	0.3	1.56	2.1	43.05	44.61
管段 3-4	11 800	10.8	2 000×400	4.1	10.07	0.17	1.84	0.45	4.53	6.37
管段 4-5	9 800	3.3	1 500×320	5.7	19.30	0.4	1.32	2.1	40.53	41.85
管段 5-6	8 400	4.8	1 500×320	4.9	14.18	0.34	1.63	0.05	0.71	2.34
管段 6-7	7 000	4.8	1 500×320	4.1	9.85	0.25	1.20	0.05	0.49	1.69

编　号	风量/ (m³·h⁻¹)	管长/ m	风管尺寸/ (mm×mm)	实际风速 (m·s⁻¹)	ΔP_d/ Pa	R_m/ (Pa·m⁻¹)	ΔP_1/ Pa	局部阻力 系数 ζ	Z/ Pa	ΔP/ Pa
管段 7-8	5 600	5.4	1 250×320	3.9	9.07	0.22	1.19	0.15	1.36	2.55
管段 8-9	4 200	5.4	1 250×320	2.9	5.10	0.13	0.70	0.05	0.26	0.96
管段 9-10	2 800	4.8	1 250×320	1.9	2.27	0.05	0.24	0.15	0.34	0.58
管段 10-11	1 400	4.8	1 000×200	1.9	2.27	0.1	0.48	0.25	0.57	1.05
管段 11-12	700	2.4	500×150	2.6	4.03	0.38	0.91	35.21	142.00	142.91
当前最不利环路的阻力损失										294.53

④ 对各管段进行阻力计算。根据风量和管道断面尺寸,采用图表法,查得单位长度摩擦阻力 R_m(采用镀锌薄钢板,粗糙度为 0.15),计算各管段的沿程阻力,再利用局部阻力计算公式计算出局部阻力。

⑤ 汇总各管路总阻力,并使各并联管路之间的不平衡率不超过 15%。在本工程中借助风阀调节各管路之间的风量。

⑥ 风路系统总阻力包括设备阻力,所有这些阻力均由空调机组配的风机提供动力来完成,根据总阻力计算结果与风机动力进行校核,前面所选风机满足要求。

2.7　消声减震措施

空调系统的消声和减震是空调设计中的重要一环,它对于减小噪声和振动、提高人们的舒适感和工作效率、延长建筑物的使用年限有着极其重要的意义。

噪声的控制方法主要有隔声、吸声和消声三种。本商场空调系统噪声主要是风道系统中气流噪声和空调设备产生的。隔声是减少噪声对其他室内干扰的方法,一个房间隔声效果的好坏取决于整个房间的隔墙、楼板及门窗的综合处理,所以,凡是管道穿过空调房间的围护结构,其孔洞四周的缝隙必须用弹性材料填充密实。

2.7.1　空调系统消声设计

空调工程中主要的噪声来源包括:通风机、制冷机和机械通风冷却塔等设备,以及空调送、排风系统。空调送、排风系统中的噪声,主要是由通风机在运转时产生的,它由空气动力噪声、机械噪声、电磁噪声等组成,其中以空气动力噪声为主,可经过风道直接传入室内。空调系统降低噪声应注意声源、传声途径和工作场所的吸声处理三个方面,但以在声源处将噪声降低最为有效。

为了降低通风机的噪声,第一,要选用高效率、低噪声的风机,尽可能采用叶片后向型的离心式风机,使其工作点位于或接近于风机的最高效率点,此时风机产生的噪声功率级最小;第二,当系统风量一定时,选用风机压头安全系数不宜过大,必要时选用送风机和回风机共同负担系统的总阻力;第三,通风机进、出口处的管道不得急剧转弯,通风机与电动机尽量采用直联或联轴器传动;第四,通风机进、出口处的管道应装设柔性接管,其长度一般为 100 ～ 150 mm,且不宜超过 150 mm。

为了进一步降低空调系统的噪声,在设计空调系统的送风道、回风道时,每个送、回风系统的总风量和阻力不宜过大。必要时可以把大风量系统分成几个小系统,尽可能加大送风温差,以降低风机风量,从而降低风机叶轮外周的线速度,降低风机的噪声。同时还应尽可能避免管道急剧转弯产生涡流而引起再生噪声。风道上的调节阀不仅会增加阻力,也会增加噪声,应尽可能少装。从通风机到空调房间,其风道内流速应逐渐降低。消声器后面的流速不能大于消声器之前的流速。必要时,弯头和三通支管等处应装设导流片。

当采取上述措施并考虑了管道系统的自然衰减作用后,如还不能满足空调房间对噪声的要求,应考虑采用消声器消声。空调系统所用的消声器有多种形式,但根据消声原理的不同可分为阻性和抗性两大类。阻性消声器是借助装置在送、回风管道内壁或管道中按一定方式排列的吸声材料或吸声结构的吸声作用,使沿管道传播的声能部分地转化为热能而消耗掉,达到消声的目的。抗性消声器并不直接吸收声能,它的消声原理是借助管道截面的突然扩张或收缩,或者旁接共振腔,使沿管道传播的某些特定频率或频段的噪声,在突变处向声源反射回去而不再向前传播,从而达到消声的目的。

本项目中空调系统中的具体消声措施如下:

① 由于风管内存在气流流速和压力的变化以及对管壁和障碍物的作用而引起的气流噪声,设计中相应考虑风速选择,总干管风速 6 m/s,支管风速 4 m/s,新风管风速 < 3 m/s,从而降低气流噪声。

② 在机组和风管接头及吸风口处都采用软管连接,同时管道的支架、吊架均采用橡胶减震。

③ 空调机组和新风机组静压箱内贴有 5 mm 厚的软质海绵吸声材料。

④ 风机盘管、空调处理机组均吊装于吊顶内,可适当降低噪声。另外,风机盘管带回风箱亦可降低噪声。

⑤ 将风冷式冷热水机组置于屋面上,可大大降低其对各空调房间的噪声影响。

空调系统的噪声除了通过空气传播到室内外,还可以通过建筑物的结构和基础进行传播,即所谓的固体声。可以采用非刚性连接的方法来达到削弱由机器传给基础的振动,即在振源和基础之间设减震装置。

2.7.2　空调系统减震设计

空调装置产生的振动,除了以噪声形式通过空气传播到空调房间,还可能通过建筑物的结构和基础进行传播。例如运转中的通风机所产生的振动可能传给基础,再以弹性波的形式从通风机基础沿房屋结构传入其他房间,又以噪声的形式把能量传给了空气,这种噪声被称为固体声。如果在振源和它的基础之间安装弹性构件,则可以减轻通过基础传出的振动力,被称为积极隔振;也可以在仪器和它的基础之间安装弹性构件,来减轻外界振动对仪器的影响,被称为消极隔振。

在设计和选用减震器时,应注意以下几个问题:

① 当设备转速 $n > 1\ 500$ r/min 时,宜选用橡胶、软木等弹性材料垫块或橡胶减震器;当设备转速 $n \leqslant 1\ 500$ r/min 时,宜选用弹簧减震器。

② 减震器承受的荷载应大于允许工作荷载的 5%～10%,但不应超过允许工作荷载。

③ 选择橡胶减震器时,应考虑环境温度对减震器压缩变形量的影响,计算压缩变形量宜按制造厂提供的极限压缩的 1/3～1/2 采用。设备的振动频率 f 与橡胶减震器垂直方向的固有频率 f_0 之比应大于或等于 3.0。橡胶减震器应尽量避免太阳直射或与油类接触。

④ 选择弹簧减震器时,设备的振动频率 f 与弹簧减震器垂直方向的固有频率 f_0 之比应大于或等于 2.0。当其共振的振幅较大时,宜与阻尼比大的材料联合使用。

⑤ 使用减震器时,设备重心不宜太高,否则容易发生摇晃。当设备重心偏高时,或者设备重心偏离几何中心较大且不易调整时,或者减震要求严格时,宜加大减震台座的质量及尺寸,使系统重心下降,确保机器运转平稳。

⑥ 支撑点数目不应少于 4 个;机器质量或尺寸较大时,可用 6～8 个。

⑦ 为了减少设备的振动通过管道的传递量,通风机和水泵的进出口宜通过隔振软管与管道相连。

⑧ 自行设计减震器时,为了保证稳定,弹簧减震器的弹簧应尽量做得短胖些。一般来说,对于压缩性荷载,弹簧的自由高度不应大于直径的 2 倍。橡胶、软木类的减震垫,其静态压缩量不能过大,一般在 10 mm 以内;这些材料的厚度也不宜过大,一般在几十毫米以内。

本项目空调系统中的具体减震措施如下:

① 空调机组和新风机组风机进出口与风管间的软管采用帆布材料制作,软管的长度为 200～250 mm。

② 管道敷设时,在管道支架、吊卡、穿墙处应做隔振处理。管道与支吊、吊卡间应有弹性材料作为垫层,管道穿过围护结构处,其周围的缝隙应用弹性材料填充。

③ 水泵和风冷螺杆式冷水机组应固定在隔振基座上。隔振基座应由钢筋混凝土板加工而成。

④ 水泵的进、出口应采用橡胶柔性接头同水管连接。

⑤ 水泵、冷水机组、风机盘管、空调机组等设备供回水管应使用橡胶或不锈钢柔性软管连接,避免设备的振动传递给管路。

2.8　设计图纸部分

西安某商场首层空调系统设计图纸如图 2.10～图 2.12 所示。

图 2.10 所示为西安某商场首层空调系统设计平面图。

图 2.11 所示为西安某商场首层空调系统设计系统图。

图 2.12 所示为西安某商场首层空调机房平面图及剖面图。

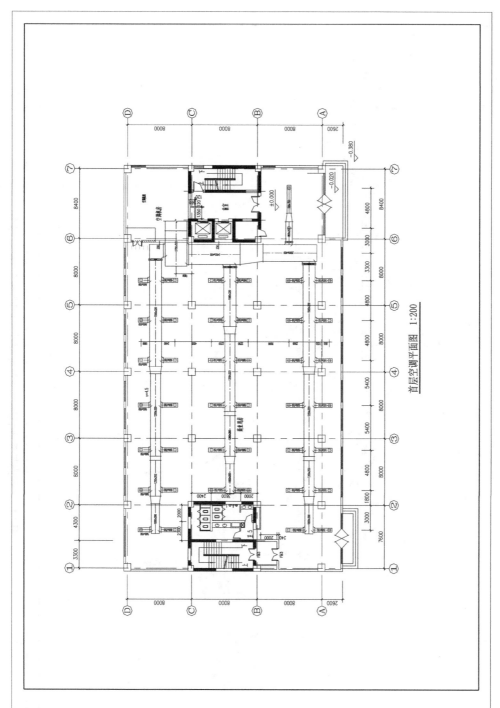

首层空调平面图　1:200

图2.10　西安某商场首层空调系统设计平面图(按3号图纸出图)

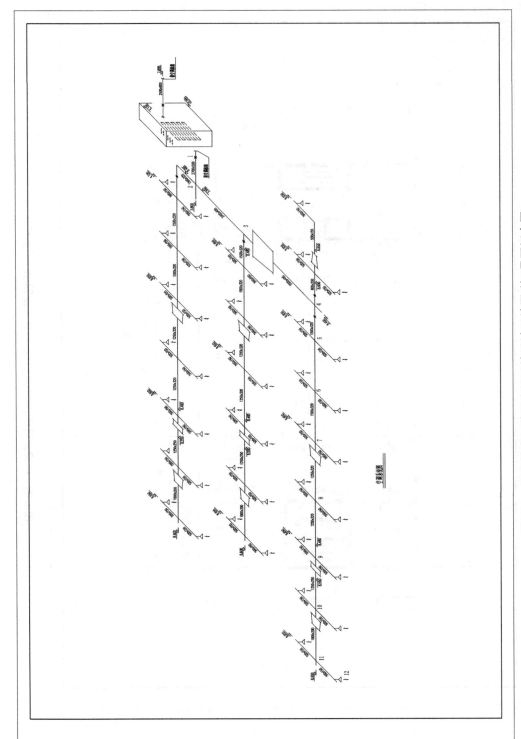

图2.11　西安某商场首层空调系统设计系统图(按3号图纸出图)

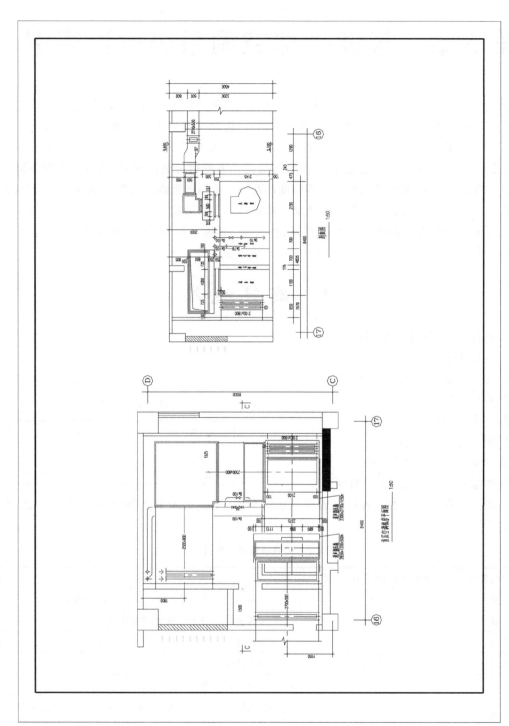

图2.12 西安某商场首层空调机房平面图及剖面图(按3号图纸出图)

第3章 某健身房空调系统设计实例

随着人们生活水平的提高,饮食中摄入高糖高脂类的食物增多,及生活的不规律,人们的健康问题日益显现,因此,关注健康的人也越来越多,运动逐渐成为了生活中不可或缺的一部分,健身成为时尚,而打造一个舒适、健康的运动环境则成为了重点。健身房是一个需要保持适宜温度的场所,无论是冬天还是夏天,都需要给运动者提供舒适的环境,这就需要配备能够提供均匀的温度分布,确保整个健身房的温度都在一个舒适的范围内的中央空调系统,可以为运动者提供清新的空气,提高运动的舒适度。本设计建筑物为杭州市汇城健身房,建筑面积约为 15 504 m²,使用功能区域主要为停车场、办公室、锻炼区域等,地上建筑有 3 层,地下有1 层,地上每层层高为 3.6 m,总层高为 10.8 m,地下层高为 4.2 m。

3.1 建筑概况

1) 设计工程所在地:杭州市。

2) 设计参数:

① 建设单位:杭州市汇城健身房;

② 建筑工程等级:二级;

③ 耐火使用年限:50 年;

④ 耐火等级:一级;

⑤ 建筑总面积:15 504 m²。

3) 各层功能说明如表 3.1 所列。

表 3.1　建筑各层功能说明

楼　层	各层功能
地下一层	停车场、空调机房
地上一至三层	办公室、活动区

4) 围护结构热工参数:根据暖通规范查阅资料,确定健身房围护结构的热工参数,如表 3.2 所列。

表 3.2　围护结构热工参数

围护结构名称	传热系数 $K/[\mathrm{W} \cdot (\mathrm{m}^2 \cdot \mathrm{K})^{-1}]$	结构构造
外墙	0.97	160 mm 烧结多孔承重砖墙 + 40 mm 聚苯粒保温抹面
外窗	2.44	PVC 框 + Low - E 中空玻璃,带有遮阳类型
外门	3.02	节能外门
内门	2.50	木框夹板门
地面	0.66	120 mm 钢筋混凝土
屋面	0.49	钢筋混凝土(35 mm) + 水泥砂浆(20 mm) + 隔气层(5 mm) + 珍珠岩(200 mm) + 卷材防(5 mm)
玻璃幕墙	3.5	铝合金竖条隐框玻璃幕墙

3.2　室内外计算参数

3.2.1　室外设计参数确定

杭州市空调室外设计参数如表 3.3 所列。

表 3.3　杭州市空调室外设计参数

夏季气象参数		冬季气象参数	
空调室外干球计算温度/℃	35.6	室外采暖计算温度/℃	0
空调室外湿球计算温度/℃	27.9	室外空调计算温度/℃	−2.4
空调日平均温度/℃	31.6	室外通风计算温度/℃	4.3
空调通风计算温度/℃	32.3	最冷月平均相对湿度/%	76
最热月平均相对湿度/%	64	平均风速/(m·s⁻¹)	2.3
风速/(m·s⁻¹)	2.4	最多风向平均风速/(m·s⁻¹)	3.3
大气压力/Pa	100 090	大气压力/Pa	102 110

注：杭州市地理位置，经度 120°1′，纬度 30°14′。

3.2.2　室内设计参数确定

关于杭州市汇城健身房的空调设计，空调房间多为搏击馆、动感单车室、瑜伽室等活动强度大的房间，还有办公室等不同功能的房间，因此根据《民用建筑供暖通风与空气调节设计规范》确定各个房间的最小新风量，查阅《公共建筑节能设计标准》确定房间参数，如表 3.4 所列。

表 3.4　杭州市汇城健身房空调房间室内设计参数

房间名称	夏　季		冬　季		新风量/ [m³·(h·人)⁻¹]	人员密度/ (人·m⁻²)	照明功率/ (W·m⁻²)	劳动强度
	温度/℃	相对湿度/%	温度/℃	相对湿度/%				
会议室	26	50	23	40	20	0.4	8	静坐
意大利西餐厅	26	50	18	30	25	0.25	8	静坐
咖啡馆	26	50	22	30	13	0.25	8	静坐
儿童游乐区	26	50	20	30	30	0.4	8	重劳动
奶茶店	25	55	22	30	13	0.15	5	静坐
搏击馆	26	50	20	30	40	0.4	6	重劳动
舞蹈室	26	50	20	30	40	0.4	8	重劳动
保龄球室	26	50	20	30	26	0.4	8	重劳动
VIP 洽谈室	25	55	20	40	30	0.15	8	静坐
体测室	26	60	20	30	30	0.20	8	轻劳动
公共区	25	55	18	30	13	0.02	5	静坐
办公室	25	55	20	40	30	0.15	8	静坐

房间名称	夏　季		冬　季		新风量/ [m³·(h·人)⁻¹]	人员密度/ (人·m⁻²)	照明功率/ (W·m⁻²)	劳动强度
	温度/℃	相对湿度/%	温度/℃	相对湿度/%				
健美操室	26	50	20	30	30	0.40	8	中等劳动
动感单车室	26	50	20	30	40	0.40	8	重劳动
有氧训练室	26	50	20	30	40	0.40	8	重劳动
哑铃训练区	26	50	20	30	40	0.40	8	重劳动
瑜伽室	26	50	20	30	40	0.40	8	中等劳动
跑步机区	26	50	20	30	40	0.40	8	重劳动
体能训练室	26	50	20	30	40	0.40	8	重劳动
理疗室	25	55	18	30	40	0.15	8	静坐
乒乓球室	26	50	20	30	40	0.40	8	重劳动
餐厅	26	60	18	30	25	0.40	8	静坐
宿舍	25	55	22	30	30	0.15	6	静坐
桌球室	26	50	20	30	40	0.40	8	重劳动
单功能区	26	50	20	30	40	0.40	8	重劳动

3.3　空调负荷计算

　　该设计的空调负荷计算方法采用的是冷负荷系数法,设计内容的参数及计算公式详见第 2 章相关内容,或通过查阅《民用建筑供暖通风与空气调节设计规范》(GB 50736—2012)和《实用供热空调设计手册(第二版)》获得。

　　健身房空调冷负荷计算内容包括:照明、人体、室内用电设备散热形成的室内冷负荷以及透过玻璃窗进入房间日射量、经过玻璃窗的温差传热形式的冷负荷两部分。

　　由于非空调房间与空调房间温度相差不大于 3 ℃,所以内墙、内窗、楼板的冷负荷不需要考虑。

3.3.1　冷负荷计算

　　冷负荷计算公式参考本书第 2 章公式(2-1)至公式(2-15),具体计算根据建筑功能特点,将各个空调房间区域进行分区,查阅《民用建筑供暖通风与空气调节设计规范》得到所需的参数,利用软件对房间进行编号和面积计算。下面以一层保龄球室(1009)为例进行负荷计算,健身房的空调运行时间为 10:00—22:00,如图 3.1 所示。

　　已知条件:

　　① 保龄球室面积:7 206.8 m²;

　　② 房间高度:3.5 m;

　　③ 东外墙:120 mm 岩烧结多孔承重空心砖墙加上 40 mm 聚苯保温抹面,属于 I 型,$\delta = 200$ mm,传热系数 $K = 0.97$ W/(m²·K);

　　④ 内墙:不考虑温差传热;

　　⑤ 室内照明:荧光灯明装,功率为 200 W,开灯时间为 10:00—22:00;

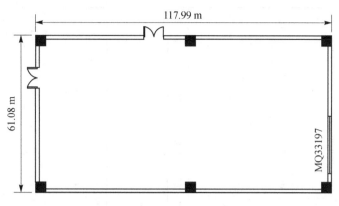

图 3.1　保龄球室(1009)平面图

⑥ 室内压力稍高于室外大气压;

⑦ 保龄球室内计算参数:夏季,室内空气的干球温度为 26 ℃,室内空气相对湿度为 50%;新风量选取 26 m^3/(h·人)。

根据以上参数,保龄球室分项计算如下:

1. 东外墙的冷负荷

参考第 2 章外墙冷负荷计算实例,Ⅰ型外墙冷负荷计算结果如表 3.5 所列。

2. 东外窗瞬时传热引起的冷负荷

根据 α_n=8.7 W/(m^2·K)、α_w=18.62 W/(m^2·K),查《民用建筑供暖通风与空气调节设计规范》(GB 50736—2012)可得传热系数 2.60 W/(m^2·K),并且查得玻璃冷负荷计算温度 $t_{c(\tau)}$,计算东外窗瞬时传热冷负荷,结果如表 3.6 所列。

3. 东外窗日射得热引起的冷负荷

查 GB 50736—2012 可知,单层玻璃的有效面积系数 C_a=0.85,故窗的有效面积 F=6.5 m^2×0.85=5.525 m^2,遮挡系数 C_s=0.96,遮阳系数 C_i=0.5。根据杭州的纬度,东向日射得热因数最大值 $D_{j,max}$=539 W/m^2。计算逐时进入玻璃日射得热的冷负荷,数据如表 3.7 所列。

4. 人体散热形成的冷负荷

查 GB 50736—2012 可知,保龄球室中的运动属于重劳动,当室温为 26 ℃时,每人散发的显热为 134 W,潜热为 273 W。群集系数为 0.90,计算人体散热的冷负荷,数据如表 3.8 所列。

5. 设备散热形成的冷负荷

健身房室内设备均为电热设备,包括计算机、打印机等,这些设备散热将会形成冷负荷,计算结果如表 3.9 所列。

6. 照明散热形成的冷负荷

保龄球室内是明装荧光灯,镇流器装在室内,故镇流器消耗功率系数 n_1 取 1.2。利用自然通风散热于顶棚内时,灯罩隔热系数 n_2 取 0.6。照明散热的冷负荷计算结果如表 3.10 所列。

表 3.5　东外墙的冷负荷计算结果

时　刻	10:00	11:00	12:00	13:00	14:00	15:00	16:00	17:00	18:00	19:00	20:00	21:00	22:00
$t_{c,\tau}/℃$	36.8	36.6	36.9	36.2	36.1	36.1	36.2	36.3	36.4	36.6	36.8	37.0	37.2
$t_d/℃$							1.0						
K_a							1.0						
K_ρ							0.94						
$t'_{c,\tau}/℃$	35.53	35.34	35.63	34.97	34.87	34.87	34.97	35.06	35.16	34.40	35.53	35.72	35.91
$t_n/℃$							26						
$\Delta t/℃$	9.53	9.34	9.63	8.97	8.87	8.87	8.97	9.06	9.16	8.40	9.53	9.72	9.91
$K/[W\cdot(m^2\cdot K)^{-1}]$							0.97						
A/m^2							31.50						
$L_{Q_c,\tau}/W$	143.50	140.94	139.66	138.38	137.10	137.10	137.10	137.10	138.38	139.66	142.22	143.05	144.78

表 3.6　东外窗瞬时传热引起的冷负荷计算结果

时　刻	10:00	11:00	12:00	13:00	14:00	15:00	16:00	17:00	18:00	19:00	20:00	21:00	22:00
$t_{c,\tau}/℃$	29	29.9	30.8	31.5	31.9	32.2	32.2	32.0	31.6	30.8	29.9	29.1	28
$t_d/℃$							3						
$t'_{c,\tau}/℃$	32	32.9	33.8	34.5	34.9	35.2	35.2	35.0	34.6	33.8	32.9	32.1	31
$t_n/℃$							26						
$\Delta t/℃$	6.0	6.9	6.8	8.5	8.9	9.2	9.2	9.0	8.6	7.8	6.9	6.1	5.4
$K/[W\cdot(m^2\cdot K)^{-1}]$							2.6						
A/m^2							6.5						
$L_{Q_c,\tau}/W$	1363.7	606.06	364.46	368.06	353.50	329.48	282.96	235.64	181.18	131.82	116.61	103.09	91.26

表 3.7　东外窗日射得热引起的冷负荷计算结果

时　刻	10:00	11:00	12:00	13:00	14:00	15:00	16:00	17:00	18:00	19:00	20:00	21:00	22:00
C_L	0.6	0.4	0.27	0.27	0.25	0.23	0.20	0.15	0.10	0.08	0.07	0.07	0.07
$D_{j,max}/(W \cdot m^{-2})$							539						
C_s							0.48						
F/m^2							5.53						
$L_{Q_c,\tau}/W$	901.40	586.59	386.29	386.29	357.68	329.06	286.14	214.61	143.07	114.46	100.15	100.15	100.15

表 3.8　人体散热形成的冷负荷计算结果

时　刻	10:00	11:00	12:00	13:00	14:00	15:00	16:00	17:00	18:00	19:00	20:00	21:00	22:00
C_L	0.18	0.15	0.13	0.11	0.10	0.08	0.07	0.06	0.06	0.05	0.04	0.04	0.03
q_s/W							134						
$n_1/人$							15						
n_2							0.90						
$Q_{c,\tau}/W$	325.62	271.35	235.17	198.99	180.90	144.72	126.63	108.54	108.54	90.45	72.36	72.36	54.27
q_r/W							273						
$L_{Q_c,\tau}/W$							3 685.5						
合计/W	4 011.12	4 282.47	4 517.64	4 716.63	4 897.53	3 830.22	3 812.13	3 794.04	3 794.04	3 775.95	3 758.10	3 758.10	3 739.77

表 3.9　设备散热形成的冷负荷计算结果

时　刻	10:00	11:00	12:00	13:00	14:00	15:00	16:00	17:00	18:00	19:00	20:00	21:00	22:00
C_L	0.36	0.49	0.58	0.64	0.69	0.74	0.77	0.80	0.82	0.85	0.87	0.88	0.64
Q_m/W							1 950						
$L_{Q_{c,\tau}}/W$	702.0	1 833	1 131	1 248	1 345.5	1 443	1 501.5	1 560	1 599	1 657.5	1 696.5	1 716	1 248

表 3.10　照明散热形成的冷负荷计算结果

时　刻	10:00	11:00	12:00	13:00	14:00	15:00	16:00	17:00	18:00	19:00	20:00	21:00	22:00
C_L	0.37	0.67	0.71	0.74	0.76	0.79	0.81	0.83	0.84	0.86	0.87	0.89	0.90
n_1							1.2						
n_2							0.6						
N/W							902						
$L_{Q_{e,\tau}}/W$	240.29	435.12	461.10	480.59	493.57	513.06	526.05	539.04	545.53	558.52	565.01	578.00	584.49

7. 各项逐时冷负荷汇总

各项逐时冷负荷汇总结果如表 3.11 所列。

表 3.11　各项逐时冷负荷汇总表

W

时　刻	10:00	11:00	12:00	13:00	14:00	15:00	16:00	17:00	18:00	19:00	20:00	21:00	22:00
外墙负荷	143.50	140.94	139.66	138.38	137.10	137.10	137.10	137.10	138.38	139.66	142.22	143.05	144.78
外窗负荷	1 363.7	606.06	364.46	368.06	353.50	329.48	282.96	235.64	181.18	131.82	116.61	103.09	91.26
窗日射负荷	901.40	586.59	386.29	386.29	357.68	329.06	286.14	214.61	143.07	114.46	100.15	100.15	100.15
人员负荷	4 011.1	4 282.4	4 517.6	4 716.6	4 897.5	3 830.2	3 812.1	3 794.0	3 794.0	3 775.9	3 758.1	3 758.1	3 739.7
照明负荷	240.29	435.12	461.10	480.59	493.57	513.06	526.05	539.04	545.53	558.52	565.01	578.00	584.49
设备负荷	702.0	1 833	1 131	1 248	1 345.5	1 443	1 501.5	1 560	1 599	1 657.5	1 696.5	1 716.4	1 248.3
总　计	7 362.0	7 884.1	7 000.1	7 337.9	7 584.8	6 581.9	6 545.8	6 480.4	6 401.2	6 377.91	6 378.59	6 398.39	5 908.45

注：其他功能房间的负荷计算方法与保龄球室内相同，在此不再赘述。

3.3.2　湿负荷计算

湿负荷指的是空调房间内的湿源，包括人体散湿、敞开水池、表面散湿、地面积水、化学反应过程的散湿，食品或者其他物料的散湿，室外空气带入的湿量等向室内的散湿量，也就是说，为了保持室内含湿量恒定需从房间除去的湿量。对于健身会所，除了洗浴室外，其他房间都是以人体散湿为主的。因此以保龄球室(1009)为例计算人体散湿量，公式如下：

$$W = 0.278n\varphi w \times 10^{-6}$$

式中：W——人体的散湿量，kg/s；

w——成年男子每小时的散湿量，g/h；

φ——群集系数；

n——室内全部人数。

查表 2.20 可得成年男子在不同环境温度条件下的散热、散湿量，保龄球室内的成年男子的散湿量为 408 g/h，又有群集系数为 0.9，室内人数按实际取为 20 人，则 $W = 20 \times 0.9 \times 408$ g/h = 7 344 g/h = 2.04 kg/s。其他房间湿负荷计算同上。

3.4　空调系统方案确定

空调系统的组成一般均由空气处理设备、空气配送管道以及空气分配设备组成，根据要求不同，可以组成不同形式、不同功能的空调系统。在实际工程上结合建筑物的用途及性质、热湿负荷特点、温湿度调节，达到节能目的，从而选择合理的空调系统。空调系统方案的合理选择不仅可以节约初投资,还可以让室内的气流组织更加合理,增加房间的舒适度。

3.4.1　空调系统设计原则

① 根据杭州市的气象条件,保证室内要求的设计参数,包括在设计条件下和运行条件下均能保证达到室内温度、相对湿度及洁净度等要求;

② 所设计的初投资和后期运行费用综合起来应较为经济;

③ 从实际角度看,要减少一个系统内的各空调房间相互的影响;

④ 在工程应用上,尽量减少风管的长度、宽度,以及风管重叠,以便于施工、管理和测试;

⑤ 空调系统应尽量与建筑物分区保持一致;

⑥ 一般民用建筑中的空调系统选择不宜过大,不然工程中难以布置;系统最好也不要跨越楼层布置。

3.4.2　空调系统分区处理

根据中央空调系统所服务建筑物的不同区域,空调系统一般需要做分区处理。这样可以减少对空调机组的损耗。健身房作为普通公共性建筑,在考虑室内空气参数的调节方便和空调能耗水平高低时,查阅相关论文资料,将其划分为南北两个区。

3.4.3　空调系统方案比较

空调系统方案比较如表 3.12 所列。

表 3.12　全空气系统与空气-水系统比较

项 目	全空气系统	空气-水系统
特点	完全由空气来承担房间的冷、热负荷的系统	由空气和水共同承担空调房间的冷、热负荷的系统,除了向房间内送入经过处理的空气外,还在房间内设有以水做介质的末端设备对室内空气进行冷却或加热
温湿度控制	可以严格地控制室内温度和室内相对湿度	对室内温湿度控制要求严格时难以满足
设备布置于机房	① 空调与制冷设备可以集中布置; ② 机房面积较大,层高较高; ③ 有时可以布置到楼顶	① 只要新风空调机房,且机房面积小; ② 分散布置,其管线布置较麻烦; ③ 风机盘管可以布置到机房内
安装与维护运行	① 设备与分管的安装量大,周期长; ② 空调与制冷设备便于安装与维护	① 设备体积小,投产也快,便于安装; ② 布置分散,维护管理不方便,水系统布置不变,易漏水,容易产生冷凝水
消声与隔振	可以有效地采取消声和隔振措施	必须采用低噪声风机才能保证室内的要求
适用场合	适合服务面积大,热湿负荷较大且变化规律相近的场合,例如商场、展览馆等	适合房间面积小,需要独立控制的场合,例如办公室、客房等

3.4.4 空调系统方案确定

根据本工程的房间使用性质,并且考虑节能和房间的使用功能,对于地上一层到三层的大空间,需要划分为南、北两个区。南北两区均设有全空气系统(一次回风)和风机盘管+新风空调系统。

该项目主要以健身功能为主,对于动感单车室、保龄球室、搏击室等大空间,由于热湿产量大,运动人员多,为了更好地调节温湿度,让人感觉更舒适,可以采用一次回风系统。

对于小空间的办公室、商店和宿舍等环境,可以选用风机盘管+新风系统,因为风机盘管加新风系统的控制更加灵活,节能效果也好,可根据各室的负荷变化自动调节。系统只有新风管,很大程度降低了风管的横截面积,也满足了建筑物的空间需求,增加了房间的舒适度。采用此方式,各房间可独立调节室温,当房间没人时可方便地通过控制器关掉房间末端装置,而不影响其他房间,跟其他系统相比节省了运行费用;此外,房间之间空气互不串通,冷热量均可由用户根据实际情况进行调节。独立新风系统提高了该系统的调节和运转的灵活性,而且进入风机盘管的供水温度也可适当提高,水管的结露现象可得到改善。

3.5 风量确定及设备选型

3.5.1 最小新风量确定原则

从改善室内空气品质角度考虑,新风量多一些好;从节能角度考虑,新风量少一些好,因为送入室内的新风经过热、湿处理,需要消耗能量。在一次回风系统中,通常根据满足室内卫生要求及补充室内局部排风所计算出来的新风量中的最大值作为系统的最小新风量。如果计算所得新风量不足系统送风量的 10%,则取系统的送风量的 10%。

3.5.2 空调房间送风量确定

空调系统送风消除室内的余热、余湿,让室内保持人们所要求的舒适度。下面是送风量的计算公式:

$$G_S = \frac{L_Q}{h_N - h_O} = \frac{W}{d_N - d_O} = \frac{L_{Qx}}{c_p(t_N - t_O)} \quad (\text{kg/s}) \tag{3-1}$$

式中:L_Q——房间的冷负荷,W;

W——房间的湿量,kg/h;

L_{Qx}——房间的显热冷负荷,W;

h_N、h_O——室内状态点 N、O 的焓值,kJ/kg;

d_N、d_O——室内状态点 N、O 的含湿量,g/kg;

t_N、t_O——室内状态点 N、O 的温度,℃。

现以保龄球室为计算实例,相关数据如下:冷负荷为 14.17 kW,湿负荷为 0.003 3 kg/s,新风量为 1 352 m³/h(即 0.45 kg/s)。查阅《民用建筑供暖通风与空气调节设计规范》可知:

- 室内设计参数:$t_n = 26$ ℃,$\varphi_n = 50\%$,$h_N = 58.9$ kJ/kg。
- 室外设计参数:$t_w = 35.6$ ℃,$\varphi_w = 56.2\%$,$h_w = 89.8$ kJ/kg。

对于保龄球室,没有送风温差,采用一次回风露点温度送风,计算焓湿图如图 3.2 所示。

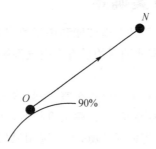

图 3.2 送风量计算焓湿图

计算步骤如下:

① 根据资料在焓湿图上确定室内外状态点 N、W。

② 确定热湿比:$\varepsilon = \dfrac{14.17 \text{ kW}}{0.003\ 3 \text{ kg/s}} = 4\ 293 \text{ kJ/kg}$。

③ 确定送风状态点 $O(L)$ 的焓值:热湿比线 ε 与 90% 的相对湿度线相交于点 O,可得 $h_{O(L)} = 42.3 \text{ kJ/kg}$。

④ 确定送风量:$G_S = \dfrac{14.17 \text{ kW}}{(58.9 - 42.3)\text{kJ/kg}} \approx 0.854 \text{ kg/s} = 2\ 560.8 \text{ m}^3/\text{h}$。

注意:由于保龄球室的新风量为 1 352 m³/h,其新风比 $\sigma = 1\ 352 \div 2\ 560.8 \approx 52.8\% > 15\%$,因此新风量 $G_W = 1\ 352 \text{ m}^3/\text{h}$ 可取。

利用同样的方法,其他房间也可计算出新风量和送风量;各房间的新风量和送风量如表 3.13 所列。

表 3.13 各空调房间的送风量和新风量

房间编号[名称]	冷负荷/kW	湿负荷/(kg·h⁻¹)	送风量/(m³·h⁻¹)	新风量/(m³·h⁻¹)
一层				
1005[公共区]	24.586	2.31	9 552.48	1 221.82
1006[舞蹈室]	24.002	28.64	4 729.62	3 019.90
1007[搏击馆]	15.599	13.14	3 945.38	1 891.50
1009[保龄球室]	14.176	14.86	2 560.80	1 352.00
总　计	48.588	58.95	20 788.28	6 293.64
二层				
2004[动感单车室]	24.606	22.82	3 339.28	6 410.67
2007[哑铃练习区]	13.471	11.68	2 187.86	1 336.48
2008[有氧训练区]	48.932	40.84	11 332.90	4 831.84
2010[健美操房]	30.485	25.70	7 701.39	3 026.40
2012[瑜伽室]	24.606	18.82	3 111.02	2 405.44
总　计	255.049	198.96	47 146.47	24 464.14

房间编号[名称]	冷负荷/kW	湿负荷/(kg·h⁻¹)	送风量/(m³·h⁻¹)	新风量/(m³·h⁻¹)
三层				
3006[自由力量区]	14.534	12.68	5 561.73	1 336.48
3010[理疗室]	10.468	4.29	2 436.55	1 513.20
3013[乒乓球室]	25.439	21.62	6 970.67	2 405.44
3016[插片器械区]	54.228	47.65	9 891.60	5 241.28
总　计	231.88	190.45	60 967.27	24 287.44

3.5.3　一次回风空调机组选型

对于运动量大的健身房空调房间,每一层分 2 个区,均采用一次回风系统。以南区为例,在焓湿图上计算出总送风量及所需冷量,如图 3.3 所示。

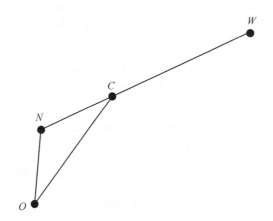

图 3.3　一次回风系统处理空气过程

计算步骤如下:

① 在焓湿图中根据室内要求的状态参数确定 N 点,根据室外干湿球温度确定 W 点,并将两点连成一条直线。

② 计算室内热湿比:$\varepsilon = \dfrac{25.47 \text{ kW}}{0.003\ 9 \text{ kg/s}} \approx 6\ 530 \text{ kJ/kg}$。

③ 热湿比线 ε 与 90% 的相对湿度线相交于点 O,即送风状态点 O。

④ 根据混合定律,确定出混合状态点 C。

⑤ 连接 O、C,即空气处理过程。

⑥ 此过程所需的冷量 $L_Q = G_S(h_C - h_O) = 1.444 \text{ kg/s} \times (72.0 - 41.2) \text{ kJ/kg} \approx 44.48 \text{ kW}$。

根据冷量及风量选择开利空调机组,型号为 39G106,其他楼层分区的设备选型如表 3.14 所列。

表 3.14　开利空调机组型号参数

层数及方向		实际送风量/($m^3 \cdot h^{-1}$)	实际制冷量/kW	型　号	理论风量/($m^3 \cdot h^{-1}$)	理论冷量/kW	功率/kW	水量/($kg \cdot h^{-1}$)
1	南	4 332.0	44.4	39G106	6 000	56.8	12	4.4
	北	5 758.30	86.6	39G109	9 000	61.3	13	5.0
2	南	12 682.17	216.6	39G116	16 000	96.9	16	6.8
	北	17 477.67	202.4	39G116	16 000	96.9	16	6.8
3	南	10 578.67	180.3	39G116	16 000	96.9	16	6.8
	北	5 999.50	121.7	39G109	9 000	61.3	13	5.0

3.5.4　风机盘管机组选型

　　下面以咖啡馆(1002)为例进行相关的计算,其中房间冷负荷为 21.604 kW,湿负荷为 8.03 kg/h(0.002 2 kg/s),新风量为 1 651.42 m^3/h(0.55 kg/s)。

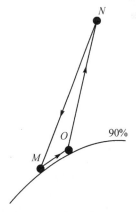

图 3.4　风机盘管加新风系统送风量计算焓湿图

　　查阅《民用建筑供暖通风与空气调节设计规范》确定以下数据:

　　室内设计参数:$t_n = 25$ ℃,$\varphi_n = 55\%$,$h_N = 53.3$ kJ/kg。

　　室外设计参数:$t_w = 35.6$ ℃,$\varphi_w = 56.2\%$,$h_W = 89.8$ kJ/kg。

　　在没有考虑送风温差的情况下,且新风处理到室内焓值,其室外空气处理的焓湿图如图 3.4 所示。

　　① 根据已知条件在焓湿图上确定室内外状态点 N、W。

　　② 计算室内热湿比:$\varepsilon = \dfrac{21.604 \text{ kW}}{0.002 2 \text{ kg/s}} = 9\ 820$ kJ/kg。

　　③ 在 ε 线确定送风状态点 O:过室内状态点 N 作热湿比线 ε,按最大温差送风与相对湿度 $\varphi = 90\%$ 相交点为 O,$h_O = 39.9$ kJ/kg。

　　④ 送风量 $G_S = \dfrac{21.640 \text{ kW}}{(53.3 - 39.9) \text{ kJ/kg}} = 1.61$ kg/s $= 4\ 836.7$ m^3/h。按规范可查得咖啡馆的新风量为 13 m^3/(h·人),则 $G_W = 13 \times 60 = 780$ m^3/h。

　　特别注意:新风比 $\sigma = 780/4\ 829.9 = 16.1\% > 15\%$,符合规定,所以新风量为 $G_W = 13 \times 60$ m^3/s $= 780$ m^3/s。

　　⑤ 风机盘管处理的风量:$G_F = G_S - G_W = (4\ 836.7 - 780)$ m^3/h $= 4\ 056.7$ m^3/h $= 1.35$ kg/s。

　　⑥ 风机盘管承担冷量:$L_F = G_F(h_N - h_M) = 1.35$ kg/s $\times (53.3 - 35.2)$ kW $= 18.09$ kW。

　　根据此数据并查风机盘管产品样本进行风机盘管选型,以满足冷量为准,因此选择 FP‑85,4 台末端装置就可以满足室内的冷量,其他房间按同样的方法进行风机盘管选型,如表 3.15 所列。

表 3.15　风机盘管选型表

房间编号 [名称]	室内冷 负荷/W	湿负荷/ (kg·h⁻¹)	新风量/ (m³·h⁻¹)	设备型号	风机盘管风量/ (m³·h⁻¹)	名义制 冷量/W	个 数
				一层			
1001 [经理办公室]	6 805.19	0.32	171.45	FP-68	680	3 720	2
1002 [咖啡馆]	21 604.48	8.03	780	FP-85	850	5 120	4
1003 [儿童游乐区]	5 826.82	5.57	819.30	FP-34	680	1 740	4
1008 [奶茶店]	4 054.01	0.10	13.00	FP-34	340	1 740	2
1009 [意大利餐厅]	3 952.0	1.30	618.23	FP-34	340	1 740	2
1010 [VIP 洽谈室]	323.02	0.08	37.80	FP-34	340	1 740	1
1012 [VIP 洽谈室]	311.48	0.07	36.45				1
1013 [体测室]	1 357.74	1.13	198.00	FP-51	510	2 030	2
				二层			
2001 [体育商品店]	6 317.97	0.33	114.30	CFP-68	680	3 890	2
2003 [私教办公室]	2 091.89	0.85	597.92	FP-34	340	1 800	2
2006 [办公室]	2 181.04	0.39	205.69	FP-34	340	1 982	2
2009 [办公室]	1 554.73	0.26	139.28				1
1010 [办公室]	1 643.58	0.23	130.68				1
2013 [办公室]	2 173.93	0.28	204.93				2
2018 [会议室]	8 77.62	0.07	123.75	FP-34	340	1 387	2

房间编号〔名称〕	室内冷负荷/W	湿负荷/(kg·h⁻¹)	新风量/(m³·h⁻¹)	设备型号	风机盘管风量/(m³·h⁻¹)	名义制冷量/W	个数
三层							
3001〔会籍办公室〕	6 641.93	0.32	171.45	CFP-68	680	3 890	2
3003〔私教办公室〕	1 683.28	0.32	168.16	CFP-51	510	2 696	1
3005〔女宿舍〕	1 119.02	0.36	189.00	FP-34	340	1 387	1
3009〔男宿舍〕	1 380.71	0.48	255.42				1
2010〔VIP洽谈室〕	341.63	0.07	36.45	FP-34	340	1 387	1
3018〔体测室〕	1 205.89	0.68	30.00	FP-34	340	1 387	1

3.5.5　新风机组选型

以一层(南区)为例,计算新风机组承担的冷负荷,空气处理过程如图 3.5 所示。

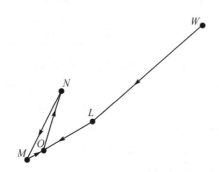

图 3.5　风机盘管加新风空气处理过程

则新风机组承担的冷负荷为

$$L_{Q0} = G_0(h_W - h_N)$$
$$= 0.65 \times (89.8 - 53.3) \text{ kW} = 23.85 \text{ kW}$$

每层楼(包括各个区)按上述同样的方法计算,选择合适的新风机组。现以一层计算的相关数据为例,新风量 1 495.47 m³/h,新风冷负荷 34.39 kW,根据新风冷量及风量选择合适的新风机组 HDK-03,额定新风量为 1 500 m³/h,额定冷量为 36.1 kW。风量和冷量均满足一层所有的空调房间,其他楼层新风机组选型如表 3.16 所列。

表 3.16　一至三层新风机组参数表

楼　层		型　号	理论风量/(m³·h⁻¹)	理论冷量/kW	水量/(kg·h⁻¹)
1	南区	HDK - 03	15 000	36.1	2 630
	北区	HDK - 06	6 000	62	9 750
2	南区	HDK - 11	15 000	220	12 300
	北区	HDK - 10	14 000	212	11 700
3	南区	HDK - 09	11 000	190	9 870
	北区	HDK - 06	6 000	62	9 750

3.6　气流组织设计

气流组织的合理布置,不仅可以使室内的气流分布更加均匀,能够达到人体舒适的要求,还可以将室内污染的空气、颗粒物等排出去,使室内空气品质更加良好。因此空调房间气流组织的任务就是使室内的气流合理地流动和分布,从而使空调房间的温度、湿度、气流速度和洁净度能够满足人们所需的舒适条件。

3.6.1　送风口形式确定

对于空调房间来说,风口是整个空调系统的末端装置,同时也是整个空调系统唯一可见的装置。它在整个系统中起着重要作用,一个房间风口选取的形式及数量不同将直接影响整个房间气流的混合程度、气流断面形状等通风效果。空调风口的形式对空调房间内气流及温度、湿度等空气参数的分布情况有很大影响,另外其外观还应与室内装饰相协调,从而使空调房间的美观性与实用性相统一。散流器是一类安装在顶棚或暴露于风管底部作为下送风口使用的风口,造型美观,易与房间装饰要求配合,其射流方向沿表面呈辐射状流动,可满足冬、夏季不同的需要。因此本工程选用散流器作为送风口形式。

3.6.2　散流器布置原则

① 散流器在布置时应考虑建筑结构,与后期的室内装修结合起来,如平送方向的风口应避开障碍物。

② 一般按对称或者梅花形布置。

③ 每个散流器所服务的区域一般为正方形。

④ 当服务区的长宽比大于 1.25 时,一般选用矩形的散流器进行布置。

⑤ 若采用顶棚式的回风形式,一定注意使回风口距离送风口远些,防止发生“短路”。

3.6.3　散流器设计计算

以咖啡厅(1002)为例,其 $L = 38.49$ m, $B = 13.2$ m,面积 $A = 508.13$ m²,净高 $H = 3.6$ m,送风量为 7 819.6 kg/h—2.172 m³/s。

① 布置散流器。采用对称布置的方式,若每个散流器承担 5 m×5 m 的送风区域,则咖啡厅需要 14 个散流器。

② 初选散流器。选用方形散流器,按颈部风速 2~5 m/s、最大不超过 6 m/s 选择散流器规格。本案例按 3 m/s 左右风速选风口。选用方形、尺寸为 240 mm×240 mm 的散流器,若量直径为 240 mm,颈部面积为 0.045 2 m²,则其颈部的风速为

$$v = \frac{2.172}{14 \times 0.045\ 2}\ \text{m/s} = 3.43\ \text{m/s}$$

散流器实际的出口面积约为颈部面积的 90%,即 $A_0 = 0.045\ 2\ \text{m}^2 \times 0.9 = 0.040\ 7\ \text{m}^2$,则散流器出口风速 $v_0 = 3.43\ \text{m/s}/0.9 = 3.81\ \text{m/s}$。

③ 计算射程。射流末端速度为 0.5 m/s 时的射程为

$$x_1 = \frac{Kv_0\sqrt{A}}{v_X} - x_0 = \frac{1.4 \times 3.81 \times \sqrt{0.051\ 8}}{0.5}\ \text{m} - 0.07\ \text{m} = 2.35\ \text{m}$$

其中 x_0 为自由原点与散流器中心的距离,对于多层锥面,取 0.07 m。

④ 室内的平均速度为

$$v_m = \frac{0.381 x_1}{\sqrt{L^2/4 + H^2}} = \frac{0.381 \times 2.35}{\sqrt{5^2/4 + 3.6^2}}\ \text{m/s} = 0.2\ \text{m/s}$$

综上所述,由于室内送的是冷风,室内平均风速不大于 0.3 m/s,所选散流器符合要求。按相同的方法及计算公式,健身房其他空调房间的散流器规格型号如表 3.17 所列。

表 3.17　散流器规格型号

房间名称	送风量/(m³·s⁻¹)	散流器规格(L×B)/(mm×mm)	颈部风速/(m·s⁻¹)	个　数
一层				
公共区	3.48	300×300	3.04	18
咖啡馆	1.47	200×200	2.78	14
经理办公室	0.16	120×120	2.89	4
保龄球室	1.04	200×200	3.24	8
舞蹈室	1.22	200×200	2.54	12
搏击馆	0.58	200×200	2.42	8
意大利餐厅	0.21	150×150	2.33	4
奶茶店	0.24	150×150	2.67	4
儿童游乐区	0.32	200×200	2.0	4
二层				
办公室 1	0.2	150×150	2.34	4
办公室 2	0.2	150×150	2.22	4
VIP 洽谈室 1		采用侧送风口	2.34	1
VIP 洽谈室 2		采用侧送风口	2.26	1
VIP 洽谈室 3		采用侧送风口	2.25	1
体测室		采用侧送风口		1

房间名称	送风量/(m³·s⁻¹)	散流器规格(L×B)/(mm×mm)	颈部风速/(m·s⁻¹)	个　数
		三层		
男宿舍		采用侧送风口	2.11	1
女宿舍		采用侧送风口	2.13	1
餐厅	0.19	150×150	2.09	2

特别说明：其他楼层房间格局与一层一样,风口类型选取的也一样。

3.6.4　回风口布置

回风口的气流流动类似于流体力学的汇流,由于回风口附近气流速度急剧下降,对室内气流组织及热质交换效果影响不大,因而回风口构造比较简单,类型也不多。另外,回风口的安装位置通常比较隐蔽,对回风功能要求很低,外观对室内环境美化作用影响不大。根据实际工程,只要能够保证室内正压,满足室内的空气品质要求,回风的设置要求并不高,所以,在该空调系统设计中,回风形式采用集中式,回风位置为走廊回风。

3.7　空调风系统设计

3.7.1　风系统设计原则

一个好的空调风管系统设计应该布置合理,占用空间少,风机能耗小,噪声低,总体造价低。为此,在进行空调风管系统设计时应把握以下原则。

(1) 风管系统要简单、灵活与可靠

在平面布置上,能不用风管的场所就不用风管;必须使用风管的地方,风管长度要尽可能短,尽量走直线,分支管和管件要尽可能少,避免使用复杂的管件,以减少系统管道局部阻力损失,便于安装、调节与维修。

(2) 风管的断面形状要因建筑空间制宜

在不影响生产工艺操作的情况下,充分利用建筑空间组合成风管。风管的断面形状要和建筑结构相配合,使其达到巧妙、完美与统一。

(3) 风管断面尺寸要标准化

为了最大限度地利用板材,使风管设计简便,实现风管设计、制作、施工标准化、机械化和工厂化,风管的断面尺寸(直径或边长)应采用国家标准 GB 50243—2016《通风与空调工程施工质量验收规范》中规定的规格来下料。

(4) 正确选用风速,是设计好风管的关键

选用风速时,要综合考虑建筑空间、风机能耗、噪声以及初投资和运行费用等因素。如果风速选得高,虽然风管断面小,管材耗用少,占用建筑空间小,初投资省,但是空气流动阻力大,风机能耗高,运行费用增加,而且风机噪声、气流噪声、振动噪声也会增大。如果风速选得低,虽然运行费用低,各种噪声也低,但风管断面大,占用空间大,初投资也大。因此,必须通过全面的技术、经济比较来确定管内风速的数值。

镀锌薄钢板和普通薄钢板是空调系统最常用的材料,其优点是易于工业化加工制作、安装方便、能承受较高的温度,而且具有一定的防腐性能,钢板厚度一般为 0.5～1.5 mm。根据材料特点,并结合本工程实际,健身房空调风管采用的是镀锌薄钢板材料。另外,矩形风管易加工,好布置,能充分利用建筑空间,所以送、回风管道的断面形状选择矩形为宜。

3.7.2　风管水力计算方法

风管的水力计算是在系统和设备布置、风管材料,各送、排风点的位置和风量均已确定的基础上进行的。对于低速送风系统,大多采用假定流速法。具体步骤如下:

① 确定空调系统风管形式,合理布置风管,并绘制风管系统轴测图。

② 在计算草图上进行管段编号,并标注管段的长度和风量。管段长度一般按两管件中心线长度计算,不扣除管件(如三通、弯头)本身的长度。

③ 选定系统最不利环路,一般指最远或局部阻力最大的环路。

④ 选择合理的空气流速。

⑤ 根据给定风量和选定风速,确定各计算管道断面尺寸,并使其符合矩形风管统一规格(或圆形风管标准管径)。

⑥ 计算风管的沿程阻力损失。

⑦ 计算各管段局部阻力损失。

⑧ 计算系统的总阻力损失:$\Delta P = \sum (R_y l + \Delta P_j)$,其中 R_y 为比摩阻,l 为管段长,ΔP_j 为局部阻力。

⑨ 并联管路的阻力平衡。

3.7.3　风管水力计算实例

本小节以一层北区的风管水力计算为例,其轴测图如图 3.6 所示。

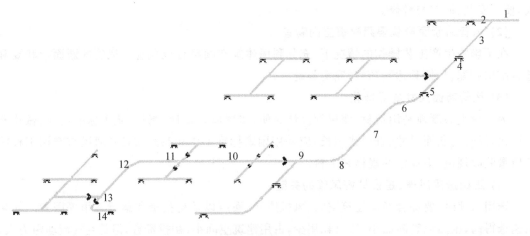

图 3.6　风管系统轴测图

以一层北区的风管系统水力计算为例:

① 对每一段风管进行编号,如图 3.6 所示。

② 确定该区风管管段的最不利环路:1—3—4—5—6—7—8—9—10—11—12—13—14。

③ 计算出各管段的总阻力:总阻力=局部阻力+沿程阻力。

④ 管段 13:管段长为 7.98 m,风量为 7 700 m³/h。

a. 沿程阻力(ΔP_y)计算如下:

① 该管段的风速为 5.68 m/s,算出风管的断面积为

$$A_F = \frac{\bar{G}}{3\,600\bar{v}} = \frac{7\,700\ \text{m}^3/\text{h}}{3\,600 \times 5.68\ \text{m/s}} = 0.38\ \text{m}^2$$

则风管的断面积可以取为 1 000 mm×400 mm,其实际的断面积为 $A_实 = 0.40\ \text{m}^2$,所以实际风速为 $v_实 = \dfrac{7\,700}{3\,600 \times 0.4}$ m/s=5.34 m/s。

② 根据实际流速,查课本《空调工程》中的附表 B-2,可得单位长度的比摩阻 $R_y = 0.49$ Pa/m。

③ 该管段的沿程阻力 $\Delta P_y = 7.98$ m×0.49 Pa/m=3.91 Pa。

b. 局部阻力(ΔP_j)计算如下:

① 该管段的局部阻力损失部件为合流三通(分支管)。

合流三通:支管断面与干管断面的比值为 0.18,支管风量与干管风量的比值为 12.2,查《民用建筑供暖通风与空气调节设计规范》(GB 50736—2012)$\xi = 1.2$,则该部分的局部阻力 $\Delta P_j = [1.2 \times (1.2 \times 7.98^2) \div 2]$ Pa=31.84 Pa。

② 该管段的总阻力:$\Delta P = \Delta P_y + \Delta P_j = 3.91$ Pa+31.84 Pa=35.75 Pa。

按同样的方法,计算出其他管段的阻力,计算结果如表 3.18 所列。

表 3.18 管段水力计算表

最不利阻力/Pa						117			
管段编号	$G/$ $(\text{m}^3 \cdot \text{h}^{-1})$	L/m	形 状	$(D/W)/$ mm	h/mm	$v/$ $(\text{m} \cdot \text{s}^{-1})$	$\Delta P_y/\text{Pa}$	$\Delta P_j/\text{Pa}$	$\Delta P/\text{Pa}$
1	7 700	1.78	矩形	1 000	400	5.35	0.94	15.57	16.51
3	7 100	6.2	矩形	1 000	400	4.93	2.83	3.82	6.65
4	4 400	2.45	矩形	800	400	3.82	0.76	10.48	11.23
5	4 100	0.26	矩形	800	400	3.56	0.07	9.27	9.34
6	4 100	6.65	矩形	800	400	3.56	1.8	9.27	11.07
7	4 100	2.75	矩形	800	400	3.56	0.74	0	0.74
8	3 500	3.52	矩形	800	400	3.04	0.71	0	0.71
9	2 900	3.93	矩形	800	320	3.15	1.02	4.15	5.17
10	2 900	2.82	矩形	800	320	3.15	0.73	0	0.73
11	1 700	4.06	矩形	630	200	3.75	2.41	11.65	14.07
12	1 700	3.67	矩形	630	200	3.75	2.18	2	4.18
13	300	0.63	矩形	160	160	3.26	0.65	7.95	8.6
14	300	2.27	矩形	160	160	3.26	2.31	10.31	12.62

根据表 3.18 中的数据,对并联管路进行水力平衡计算:

管段 14 的总阻力为 12.62 Pa,管段 13 的总阻力为 8.6 Pa,则其不平衡率为

$$\alpha = \frac{\Delta P_{14} - \Delta P_{13}}{\Delta P_{14}} \times 100\% = \frac{12.62 - 8.6}{12.62} \times 100\% = 31.8\% > 15\%$$

可以看出,该区域的风管阻力平衡率不满足要求,可采取在风管上设置调节阀门来达到平衡率要求。

3.8　空调水系统设计

3.8.1　水系统管材选取

空调水系统管道的材料选择如表 3.19 所列。

表 3.19　管道材料的选择

公称直径 DN/mm	介质参数		可选管材
	温度/℃	压力/MPa	
≤150	<200 >200	<1.0 或>1.0	普通的水煤气锅炉管(YB-234-63)或者无缝钢管
200~500	≤450 >450	<1.6 或>1.6	螺旋缝电焊钢管或无缝钢管(YB-231-70)
500~700			螺旋缝电焊钢管或钢板卷焊管
>700			钢板卷焊管

3.8.2　空调冷热水系统形式确定

空调冷热水系统的作用,就是以水作为介质在空调建筑物之间和建筑物内部传递冷量或热量。常见的空调水系统分类较多,具体如下:

1. 按照冷(热)水的循环方式分

(1) 开式循环系统

系统下部设有冷冻水箱(或蓄冷水池),管路系统与大气相通。空调冷水流经末端设备(例如风机盘管机组等)释放出冷量后,回水靠重力作用集中进入回水箱或蓄冷水池,再由循环泵将回水打入冷水机组的蒸发器,经重新冷却后的冷水被输送至整个系统。其特点是:水泵扬程高(除克服环路阻力外,还要提供实际提升高度和末端资用压头),输送耗电量大;循环水易受污染,水中总含氧量高,管路和设备易受腐蚀;管路容易引起水锤现象;该系统与蓄冷水池连接比较简单(蓄冷水池本身存在无效耗冷量)。

(2) 闭式循环系统

系统内的冷热水在系统内进行密闭循环,不与大气接触,仅在系统的最高点设膨胀水箱(其功用是接纳水体积的膨胀,对系统进行定压和补水)。其特点是:水泵扬程低,仅需克服环路阻力,与建筑物总高度无关,故输送耗电量小;循环水不易受污染,管路腐蚀程度轻;不用设

回水池,制冷机房占地面积减小,但需设膨胀水箱;系统本身几乎不具备蓄冷能力,若与蓄冷水池连接,则系统比较复杂。

开式与闭式系统的水泵扬程相差较大。在闭式系统中,水泵的扬程为管道、制冷机组、换热器、阀门等闭式循环水路中各个部件压力损失的总和。而在开式系统中,水泵除承担管道等部件的压力损失外,还要克服将水从开式水箱提升到管路最高点的高度差,因此,当建筑内空调水系统高度比较高时,开式系统水泵的扬程比较高,系统的能耗也比较大。此外,对于开式系统,设计时还应注意水泵吸水真空高度的问题,应防止水泵吸入口汽化,必须保证水泵吸入口的水压力大于水的汽化压力。对于闭式系统,为保证系统的可靠运行,在水泵吸入口设置定压水箱,保证水系统任何一点的最低运行压力不低于 5 kPa,防止系统中任何一点出现负压;否则有可能将空气吸入水系统中(抽空)或造成部分软连接向内收缩等问题。

《民用建筑供暖通风与空气调节设计规范》(GB 50736—2012)8.5.2 指出,"除采用直接蒸发冷却器的系统外,空调水系统应采用闭式循环系统"。当必须采用开式系统时,应设置蓄水箱,蓄水箱的蓄水量宜按系统循环水量的 5%～10% 确定。

2. 按照供回水管根数分

(1) 两管制供水系统

两管制供水系统是指仅有一套供水管路和一套回水管路的水系统。供水管路夏季供冷水、冬季供热水;而回水管路是夏季和冬季合用的,在机房内进行夏季供冷、冬季供热的工况切换。这种系统构造简单,布置方便,占用建筑面积及空间小,节省初投资。运行时冷、热水的水量相差较大。该系统的缺点是系统内不能实现同时供冷和供热。《民用建筑供暖通风与空气调节设计规范》(GB 50736—2012)8.5.3 指出,"当建筑物所有区域只要求按季节同时进行供冷和供热转换时,应采用两管制的空调水系统"。我国高层建筑特别是高层旅馆建筑大量建设的实践表明,两管制系统能满足绝大部分旅馆的空调要求,同时也是多层或高层民用建筑广泛采用的空调水系统方式。对于小型建筑,除特殊要求外,尤其是功能比较单一、负荷特性比较一致(即末端用户需要同时制冷或制热)且不需要频繁冷热转换的空调系统,比较适合采用两管制系统。

(2) 三水管制供水系统

三水管制供水系统是指冷水和热水供水管路分开设置,而回水管路共用的水系统。该系统在末端设备接管处进行冬、夏工况自动转换,实现末端设备独立供冷或供热。这种系统存在的问题是:① 系统冷、热量相互抵消的情况极为严重,能量损耗大;② 末端控制和水量控制较为复杂;③ 较高的回水温度直接进入冷水机组,不利于冷水机组的正常运行。因此,目前在空调工程中几乎不予采用。

(3) 四管制供水系统

四管制水系统是指冷水和热水的供回水管路全部分开设置的水系统。就末端设备而言,有单一盘管和冷、热盘管分开的两种形式。冷水和热水可同时独立送至各个末端设备,但其投资较大。投资的增加主要是由于各一套水管环路而带来的管道及附件、保温材料、末端设备、占用面积及空间等所增加的投资,运行管理相对复杂;管路较多,系统设计变得较为复杂,管道占用空间较大。由于这些缺点,使得该系统的使用受到一些限制。它比较适合于内区较大或建筑空调使用标准较高且投资允许的建筑中。

3. 按照供、回水管路的布置方式分

(1) 同程式系统

水流通过各末端设备时的路程都相同(或基本相等)的系统称为同程式系统。同程式系统各末端环路的水流阻力较为接近,有利于水力平衡,因此系统的水力稳定性好,流量分配均匀。但这种系统管路布置较复杂,管路长,初投资相对较大。

一般来说,当末端设备支环路的阻力较小,而负荷侧干管环路较长、阻力所占的比例较大时,应采用同程式系统。

(2) 异程式系统

异程式系统,水流经每个末端设备的路程是不相同的。采用这种系统的主要优点是管路配置简单,管路长度短,初投资低。由于各环路的管路总长度不相等,故环路间的阻力不平衡,从而导致了流量分配不均的可能性。

一般来说,当管路系统较小,支管环路上末端设备的阻力大,其阻力占负荷侧干管环路阻力的 2/3～4/5 时,可采用异程式系统。例如,在高层民用建筑中,裙房内由空调机组组成的环路通常采用异程式系统。另外,如果末端设备都设有自动控制水量的阀门,也可采用异程式系统。

针对本设计系统,水系统采用闭式循环、两管制、同程式的系统,这样可减少水力失调现象。

3.8.3　水系统计算步骤

(1) 绘制空调水系统轴测图

绘制空调水系统轴测图,并对各管段进行编号。

(2) 确定水管管径

水管管径:

$$d_e = \sqrt{\frac{4G_1}{\pi v}} \qquad (3-2)$$

式中:G_1——冷水流量,m^3/s;

　　　v——冷水流速,m/s;

(3) 沿程阻力计算

空调系统的冷(热)水管道和冷却水管道沿程阻力损失:

$$\hat{h}_m = R_m l \qquad (3-3)$$

式中:$\hat{h}_m$——管道的沿程阻力损失,kPa;

　　　R_m——单位管长沿程阻力损失,kPa/m,数据查取相关水力计算表,一般控制在 100～300 Pa/m;

　　　l——要计算管段的长度,m。

(4) 局部阻力计算

管道的局部阻力损失:

$$\hat{h}_j = \sum \xi \frac{v^2}{2g} \tag{3-4}$$

式中：$\hat{h}_j$——管道的局部阻力损失，kPa；

　　　$\sum \xi$——局部阻力系数的总和；

　　　v——管道内水流的平均流速，m/s；

　　　g——重力加速度，一般取 9.8m/s²。

3.8.4　水系统计算实例

本设计选取健身房一层空调系统的水管进行水力计算，通过计算软件进行管段绘制，并选择最不利环路进行编号。

① 系统图编号如图 3.7 所示。

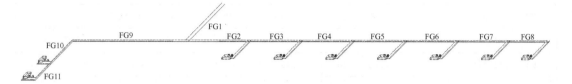

图 3.7　水系统水力计算图

② 一层、二层、三层水力计算结果，如表 3.20、表 3.21、表 3.22 所列。

表 3.20　一层水管水力计算表

编　号	最不利环路阻力 57 864 Pa							最有利环路阻力 35 840 Pa	楼层内不平衡率 28.10%		
编　号	Q/W	G/(kg·h⁻¹)	L/m	D/mm	v/(m·s⁻¹)	R/(Pa·m⁻¹)	$\sum \xi$	ΔP_y/Pa	ΔP_j/Pa	ΔP/Pa
FG1	21 600	3 715.2	8.11	40	0.78	250.65	0	2 032	0	2 032
FG2	19 800	3 405.6	6.34	40	0.72	212.33	0.1	1 345	26	1 371
FG3	18 000	3 096	6.83	40	0.65	177.14	0.1	1 211	21	1 232
FG4	16 200	2 786.4	9.48	40	0.59	145.09	1.5	1 376	258	1 634
FG5	13 500	2 322	4.98	32	0.67	230.12	0.1	1 145	22	1 167
FG6	10 800	1 857.6	2.45	32	0.54	150.89	0.1	369	14	384
FG7	9 000	1 548	33.16	32	0.45	107.16	4.5	3 554	450	4 004
FG8	7 200	1 238.4	1.31	25	0.56	218.72	0.1	286	16	301
FG9	5 400	928.8	1.52	25	0.42	127.55	0.1	194	9	203
FG10	3 600	619.2	1.57	20	0.5	257.15	0.1	402	12	415
FH1	21 600	3 715.2	8.11	40	0.78	250.65	0	2 032	0	2 032
FH2	19 800	3 405.6	6.34	40	0.72	212.33	0.1	1 345	26	1 371
FH3	18 000	3 096	6.98	40	0.65	177.14	0.1	1 237	21	1 258

| 最不利环路阻力 57 864 Pa | | | | | | | | 最有利环路阻力 35 840 Pa | | 楼层内不平衡率 28.10% |
编　号	Q/W	$G/(\text{kg} \cdot \text{h}^{-1})$	L/m	D/mm	$v/(\text{m} \cdot \text{s}^{-1})$	$R/(\text{Pa} \cdot \text{m}^{-1})$	$\sum \xi$	$\Delta P_y/Pa$	$\Delta P_j/Pa$	$\Delta P/Pa$
FH4	16 200	2 786.4	9.03	40	0.59	145.09	1.5	1 311	258	1 568
FH5	13 500	2 322	4.98	32	0.67	230.12	0.1	1 145	22	1 167
FH6	10 800	1 857.6	2.6	32	0.54	150.89	0.1	392	14	406
FH7	9 000	1 548	33.31	32	0.45	107.16	6	3 570	599	4 169
FH8	7 200	1 238.4	0.71	25	0.56	218.72	0.1	154	16	170
FH9	5 400	928.8	2.12	25	0.42	127.55	0.1	270	9	279
FH10	3 600	619.2	0.97	20	0.5	257.15	0.1	248	12	261
E1	1 800	309.6	6.02	15	0.43	280.85	8.2	1 690	30 750	32 440
E2	1 800	309.6	3.6	15	0.43	280.85	7	1 012	30 641	31 652
E3	1 800	309.6	2.33	15	0.43	280.85	11	655	31 007	31 662
E4	1 800	309.6	3.65	15	0.43	280.85	7	1 026	30 641	31 667
E5	1 800	309.6	2.84	15	0.43	280.85	7	797	30 641	31 438
E6	1 800	309.6	8.15	15	0.43	280.85	8.5	2 290	30 778	33 067
E7	2 700	464.4	3.98	20	0.37	150.46	7	599	30 486	31 085
E8	2 700	464.4	3.98	20	0.37	150.46	7	599	30 486	31 085
E9	1 800	309.6	8.32	15	0.43	280.85	8.2	2 336	30 750	33 087
E10	1 800	309.6	4.04	15	0.43	280.85	7	1 136	30 641	31 777
E11	1 800	309.6	4.04	15	0.43	280.85	7	1 136	30 641	31 777

表 3.21　二层水管水力计算表

| 最不利环路阻力 48 878 Pa | | | | | | | | 最有利环路阻力 34 029 Pa | | 楼层内不平衡率 20.40% |
编　号	Q/W	$G/(\text{kg} \cdot \text{h}^{-1})$	L/m	D/mm	$v/(\text{m} \cdot \text{s}^{-1})$	$R/(\text{Pa} \cdot \text{m}^{-1})$	$\sum \xi$	$\Delta P_y/Pa$	$\Delta P_j/Pa$	$\Delta P/Pa$
FG1	16 200	2 786.4	9.48	40	0.59	145.09	0	1 376	0	1 376
FG2	13 500	2 322	4.98	32	0.67	230.12	0.1	1 145	22	1 167
FG3	10 800	1 857.6	2.45	32	0.54	150.89	0.1	369	14	384
FG4	9 000	1 548	32.36	32	0.45	107.16	4.5	3 468	450	3 917
FG5	7 200	1 238.4	1.42	25	0.56	218.72	0.1	310	16	326
FG6	5 400	928.8	2.21	25	0.42	127.55	0.1	282	9	291
FG7	3 600	619.2	0.72	20	0.5	257.15	0.1	186	12	199
FH1	16 200	2 786.4	9.03	40	0.59	145.09	1.5	1 311	258	1 568
FH2	13 500	2 322	4.98	32	0.67	230.12	0.1	1 145	22	1 167

续表 3.21

最不利环路阻力 48 878 Pa								最有利环路阻力 34 029 Pa		楼层内不平衡率 20.40%
编 号	Q/W	$G/(\text{kg} \cdot \text{h}^{-1})$	L/m	D/mm	$v/(\text{m} \cdot \text{s}^{-1})$	$R/(\text{Pa} \cdot \text{m}^{-1})$	$\sum \xi$	$\Delta P_y/Pa$	$\Delta P_j/Pa$	$\Delta P/Pa$
FH3	10 800	1 857.6	2.6	32	0.54	150.89	0.1	392	14	406
FH4	9 000	1 548	32.51	32	0.45	107.16	6	3 484	599	4 083
FH5	7 200	1 238.4	0.82	25	0.56	218.72	0.1	179	16	194
FH6	5 400	928.8	2.81	25	0.42	127.55	0.1	359	9	368
FH7	3 600	619.2	0.12	20	0.5	257.15	0.1	32	12	44
E1	1 800	309.6	9.39	15	0.43	280.85	8.2	2 636	30 750	33 386
E2	1 800	309.6	3.6	15	0.43	280.85	7	1 012	30 641	31 652
E3	1 800	309.6	2.33	15	0.43	280.85	11	655	31 007	31 662
E4	1 800	309.6	3.65	15	0.43	280.85	7	1 026	30 641	31 667
E5	1 800	309.6	2.84	15	0.43	280.85	7	797	30 641	31 438
E6	1 800	309.6	8.05	15	0.43	280.85	12.5	2 260	31 144	33 404
E7	2 700	464.4	3.98	20	0.37	150.46	7	599	30 486	31 085

表 3.22　三层水管水力计算表

最不利环路阻力 52 824 Pa								最有利环路阻力 37 347 Pa		楼层内不平衡率 29.30%
编 号	Q/W	$G/(\text{kg} \cdot \text{h}^{-1})$	L/m	D/mm	$v/(\text{m} \cdot \text{s}^{-1})$	$R/(\text{Pa} \cdot \text{m}^{-1})$	$\sum \xi$	$\Delta P_y/Pa$	$\Delta P_j/Pa$	$\Delta P/Pa$
FG1	2 880	4 953.6	11.78	50	0.62	116.86	1.5	1 377	292	1 669
FG2	2 520	4 334.4	7.06	50	0.55	90.77	1.5	641	223	864
FG3	2 160	3 715.2	6	40	0.78	250.65	0.1	1 504	31	1 534
FG4	1 800	3 096	6	40	0.65	177.14	0.1	1 063	21	1 084
FG5	1 440	2 476.8	6	32	0.72	260.16	0.1	1 561	26	1 587
FG6	1 080	1 857.6	6	32	0.54	150.89	0.1	905	14	920
FG7	7 200	1 238.4	6	25	0.56	218.72	0.1	1 312	16	1 328
FG8	3 600	619.2	17.04	20	0.5	257.15	3.5	4 383	432	4 815
FH1	28 800	4 953.6	11.63	50	0.62	116.86	0	1 360	0	1 360
FH2	2 520	4 334.4	7.16	50	0.55	90.77	3	650	447	1 097
FH3	2 160	3 715.2	6	40	0.78	250.65	0.1	1 504	31	1 534
FH4	1 800	3 096	6	40	0.65	177.14	0.1	1 063	21	1 084
FH5	1 440	2 476.8	6	32	0.72	260.16	0.1	1 561	26	1 587
FH6	1 080	1 857.6	6	32	0.54	150.89	0.1	905	14	920
FH7	7 200	1 238.4	6	25	0.56	218.72	0.1	1 312	16	1 328

	最不利环路阻力 52 824 Pa							最有利环路阻力 37 347 Pa	楼层内不平衡率 29.30%		
编　号	Q/W	G/(kg·h⁻¹)	L/m	D/mm	v/(m·s⁻¹)	R/(Pa·m⁻¹)	$\sum \xi$	ΔP_y/Pa	ΔP_j/Pa	ΔP/Pa
FH8	3 600	619.2	0.01	20	0.5	257.15	3	3	370	373
FH9	3 600	619.2	16.63	20	0.5	257.15	2.1	4 277	259	4 536
FH10	1 800	309.6	2.53	15	0.43	280.85	0.1	709	9	719
E1	3 600	619.2	15.23	20	0.5	257.15	8.2	3 917	3 101	34 929
E2	3 600	619.2	5.81	20	0.5	257.15	7	1 494	3 086	32 357
E3	3 600	619.2	5.81	20	0.5	257.15	7	1 494	3 086	32 357
E4	3 600	619.2	5.81	20	0.5	257.15	7	1 494	3 086	32 357
E5	3 600	619.2	5.81	20	0.5	257.15	7	1 494	3 086	32 357
E6	3 600	619.2	5.81	20	0.5	257.15	7	1 494	3 086	32 357
E7	3 600	619.2	5.81	20	0.5	257.15	7	1 494	3 086	32 357
E8	1 800	309.6	6.04	15	0.43	280.85	7.6	1 697	3 069	32 392
E9	1 800	309.6	3.52	15	0.43	280.85	7	988	3 064	31 628

综上所述,通过水力计算表的数据,该环路的阻力为 57 864 Pa,设计的管路系统选择异程式。

3.9　空调冷热源设计

冷热源的选取依据不仅包括空调系统自身的要求,而且还包括该项目所在地区的能源结构、基本价格、环境保护、城市规划、建筑物用途、冷热负荷、初投资、运行费用,以及消防、安全和维护管理等诸多问题。因此,在进行冷热源选择论证时,应遵循一些基本原则。

3.9.1　冷热源选择原则

① 热源应优先采用城市、区域供热或工厂余热。高度集中的热源能效高,便于管理,有利于环保。

② 热源设备的选用应按照国家能源政策并符合环保、消防、安全技术规定,大中城市宜选用燃气、燃油锅炉,乡镇可选用燃煤锅炉。

③ 当地供电紧张,有热电站供热或有足够的冬季供暖锅炉,特别是有废热、余热可利用时,应优先选用溴化锂吸收式冷水机组作为冷源。

④ 夏热冬冷地区、干旱缺水地区的中小型建筑,可采用空气源热泵或地下埋管式地源热泵冷(热)水机组供冷供热。

⑤ 当有天然水等资源可以利用时,可采用水源热泵冷(热)水机组供冷供热。水源热泵系统是利用地下水,江、河、湖水或工业余热为热源,它需要稳定、清洁、温度合适的水源。

综上所述,从降低能耗的角度来看,根据空调工程所处地域特点用冷负荷大小合理选择机组的型号和台数。

3.9.2　冷热源负荷计算

根据前面的负荷计算,得出该建筑南区的总负荷为 762.25 kW,加上新风冷负荷 782.1 kW,乘以附加修正系数 1.15,得到制冷机组的冷负荷为 1 776 kW。

3.9.3　冷热源方案选择

水源热泵空调系统是以地表水或地下水为冷热源,通过热交换对建筑进行空气调节。该系统利用了地球表面中、浅层的地热能源,冬季通过热泵系统将水中的低位热能提高品位,对建筑进行供暖;夏季通过热泵系统将建筑内的热量转移到地下,通过热交换,对建筑进行降温。水源热泵系统比较简单,其耗电量小。水源热泵系统是一种有效利用低位热能的节能技术。考虑到杭州市所处的地理位置,水源充足,同时为了节能、环保,本项目选择水源热泵系统作为冷热源,对各空调房间进行温湿度调节,从而满足人们健身的舒适度要求。

3.9.4　冷热源设备选型

考虑到本系统的总冷量及风量,本工程选用 2 台清华同方中央空调螺杆式(带热回收)水源热泵机组和螺杆式(高效)水源热泵机组,其型号为 SGHP880AⅡ。单台水源热泵的技术参数如表 3.23 所列。

表 3.23　单台水源热泵的技术参数

名义制冷量/kW	输入功率/kW	蒸发器			冷凝器		
		冷水进/出水温/℃	冷水流量/(m³·h⁻¹)	冷水阻力/kPa	冷水进、出水温/℃	冷水流量/(m³·h⁻¹)	冷水阻力/kPa
859	153	12/7	148	≤100	18、29	79	≤100
能量调节方式		自动					
冷冻水进出水管 DN/mm		150					
冷却水/冷水污垢系数/(m²·K·kW⁻¹)		0.086					
机组外形尺寸/(mm×mm×mm)		3 630×1 380×1 770(长×宽×高)					
机组质量/kg		3 410					

3.10　管道防腐、保温设计

3.10.1　管道防腐设计

空调系统管道和设备的防腐是指在系统管道或者设备表面刷防腐油漆,以及制造、安装时采用防腐材料。

　　空调系统中的风管材料一般采用各种复合材料或者金属材料,目前以钢管、铜管为主。除此之外,空调系统中的区域管件和设备一般采用黑铁板或焊管。在处理空调系统设备的防腐工艺时,需要按规范对钢板双面或者焊管内外完成刷除锈漆三遍的工艺。空调系统的风管如果采用镀锌钢板,虽然钢管成本高,但是具有材料防腐效果良好和施工工艺简单的优点。

　　本工程中空调系统有风系统、水系统,为了管道耐久使用,必须采用管道防腐的措施,本空调系统的防腐措施是在管道外表面刷除锈漆三遍。

3.10.2　管道保温设计

1. 保温结构及注意事项

　　管道保温,目的是减少管道系统的冷、热损失,防止管路表面结霜。保温管道在保温前需要进行防锈处理,且在表面至少刷一到两层防锈漆。管道系统采取防腐措施,目的是防止金属管道表面的外部腐蚀,同时保护好相应的涂层。

　　通常,空调管道和空调设备的保温结构由防腐层、保温层、防潮层、保护层组成。防腐层一般为一至两道防腐漆。一般通风空调工程中最常用的保温材料有矿渣棉、软木板等,保温层目前为阻燃性聚苯乙烯或玻璃纤维板,以及较新型的高倍率独立气泡聚乙烯泡沫塑料板,其具体厚度可参考有关设计手册。在实际工程中根据所处环境的不同,会对管道上增加一些其他的保护措施,如在外表面增加防潮层。保温层和防潮层都要用铁丝或箍带捆扎后,再敷设保护层,保护层可由水泥、玻璃纤维布、木板或胶合包裹后捆扎。各种保护层应具有保护和防水性能,同时还要求容重轻、强度高、化学稳定性好、不易燃烧等。

　　在对空调管道做保温措施时,应注意以下几个方面:

　　① 送、回风管,冷、热水供回水管,制冷剂管道、凝水管、膨胀水箱、热交换器等,有冷热损失或有结露可能的设备,材料和部件均需做绝热保温。

　　② 闭孔性保温材料的外表面应设保护层面。

　　③ 在做温管道的支架时,应该避免在穿墙或者楼板时的"冷桥"现象。

　　④ 保温材料应该采用不燃和难燃的材料。

2. 保温材料及厚度确定

　　本空调工程项目中,对供回水管道及风管的保温材料均采用带有铝箔贴面的防潮离心玻璃棉。保温层厚度如表 3.24 所列。

　　本空调系统工程中,冷凝水管均采用保温措施,以防冷凝水管温度低于局部空气露点温度时其表面结露滴水,从而影响房间卫生条件。冷凝水管的保温采用带有网格线铝箔贴面的玻璃棉保温,保温层厚度取 25 mm。

表 3.24　玻璃棉保温材料选用厚度

冷(热)水管的公称直径 DN/mm		≤32	40～55	80～150	200～300	>300
保温层厚度/mm	防潮离心玻璃棉	35	40	45	50	50

3.11　空调系统的消声减震设计

空调系统的消声和减震是空调设计中的重要一环,它对于减少噪声和振动,提高人们的舒适感和工作效率,延长建筑物的使用年限有着重要意义。

3.11.1　空调系统消声设计

空调工程中主要的噪声源是通风机、制冷机、水泵和机械通风冷却塔等。通风机噪声主要是通风机运转时的空气动力噪声(包括气流涡流噪声、撞击噪声和叶片回转噪声)和机械性噪声。除此之外,还有一些其他的气流噪声,如风管内气流引起的管壁振动,气流遇到障碍物(阀门、弯头等)产生的涡流以及出风口风速过高等都会产生噪声,所以需要选择相应的消声器。选择消声器时,宜根据系统所需的消声量、噪声源频率特性和消声器的声学性能及空气动力性能等因素,经过技术经济指标比较,分别采用阻性、抗性或阻-抗复合式消声器。消声器宜设置在靠近空调机房气流稳定的管道上,当消声器直接布置在机房内时,消声器检修门及消声器后的风道应具有良好的隔声能力。当系统中有弯头时,一般多选用消声弯头这类阻性消声器。若主风道内风速太大,消声器靠近通风机设备,势必增加消声器的气流再生噪声,这时应分别在气流速度较低的分支管上设置消声器。

本空调系统的噪声主要来源于风道系统中气流噪声和空调设备产生的噪声。一个房间隔声效果的好坏取决于整个房间的隔墙、楼板及门窗的综合处理,所以,凡是管道穿过空调房间的围护结构,其孔洞四周的缝隙必须用弹性材料填充实心密实。对于大型的制冷空调设备,应设在地下室,并在设备的入口及出口连接处采用帆布材料,系统中有弯头的地方,均选用阻性消声弯头。

3.11.2　空调系统减震设计

空调系统产生的振动,除了以噪声形式通过空气传播到空调房间,还可能通过建筑物的结构和基础进行传播。例如运转中的通风机所产生的振动可能传给基础,再以弹性波的形式从通风机基础沿房屋结构传入其他房间,又以噪声的形式把能量传给空气,这种噪声被称为固体声。如果在振源和它的基础之间安装弹性构件,则可以减轻通过基础传出的振动力,被称为积极隔振;也可以在仪器和它的基础之间安装弹性构件,来减轻外界振动对仪器的影响,被称为消极隔振。

1. 减震注意事项

空调工程中,各类运转设备如风机、水泵、冷水机组等,会因转动部件的质量中心偏离轴中心而产生振动,该振动又传给支撑结构(基础或楼板)或管道,引起后者振动。振动一方面直接向外辐射噪声,另一方面以弹性波的形式通过与之相连的结构向外传播,并在传播的过程中向外辐射噪声。这些振动可能影响人的身体健康,影响产品质量,有时还会破坏支承结构,所以空调系统中的一些运转设备应采取减震措施。在设计和选用减震器时,应注意以下问题:

① 当设备转速 $n > 1\,500$ r/min 时,宜选用橡胶、软木等弹性材料垫块或橡胶减震器;当设

备转速 $n \leqslant 1\,500$ r/min 时,宜选用弹簧减震器。

② 减震器承受的荷载应大于额定荷载的 50%,但不应大于减震器的许可荷载范围。

③ 选择橡胶减震器时,应考虑环境温度对减震器压缩变形量的影响,压缩变形量宜按制造厂提供的极限压缩量的 1/3~1/2 计算。设备的振动频率 f 与橡胶减震器垂直方向的固有频率 f_0 之比应大于或等于 3.0。橡胶减震器应尽量避免太阳直射、与油类接触。

④ 选择弹簧减震器时,设备的振动频率 f 与弹簧减震器垂直方向的固有频率 f_0 之比应大于或等于 2.0。当其共振振幅较大时,宜与阻尼比大的材料联合使用。

⑤ 使用减震器时,设备重心不宜太高,否则容易发生摇晃。当设备重心偏高,或者设备重心偏离几何中心较大且不易调整,或者减震要求严格时,宜加大减震台座的质量及尺寸,使系统重心下降,确保机器运转平稳。

⑥ 支撑点数目不应少于 4 个。机器较重或尺寸较大时,可用 6~8 个。

⑦ 为了减少设备的振动通过管道的传递量,通风机和水泵的进出口宜通过隔振软管与管道相连。

⑧ 在自行设计减震器时,为了保证稳定,弹簧减震器的弹簧应尽量做得短胖些。一般而言,对于压缩性荷载,弹簧的自由高度不应大于直径的两倍;橡胶、软木类的减震垫,其静态压缩量不能过大,一般在 10 mm 以内。

2. 减震措施

减弱空调装置振动的办法是在设备基础处安装与基础隔开的弹性构件,如弹簧、橡胶、软木等,以减轻通过基础传出的振动力,称之为积极隔振法,空调装置的隔振都属于积极隔振;利用工艺自身隔振的装置,如精密仪器、仪表等,来防止外界振动对装置带来影响而采取措施,被称为消极隔振法。本空调工程具体隔振措施如下:

① 水泵和冷热水机组固定在隔振基座上,隔振基座用钢筋混凝土板加工而成。

② 水泵的进出口采用橡胶柔性接头同水管连接。

③ 水泵、冷热水机组以及风机盘管等设备供回水管用橡胶或不锈钢柔性软管连接,尽量不使设备的振动传递给管路。

④ 新风机组风机进出口与风管间的软管采用帆布材料制作水管、风管敷设时,在管道支架、吊卡、穿墙处做隔振处理。管道与支吊、吊卡间应有弹性材料垫层,管道穿过围护结构处,其周围缝隙应用弹性材料填充。

3.12　设计图纸部分

杭州某健身房一层空调系统设计图纸如图 3.8、图 3.9 所示。

图 3.8 所示为杭州某健身房一层空调系统设计平面图。

图 3.9 所示为杭州某健身房一层空调系统设计系统图。

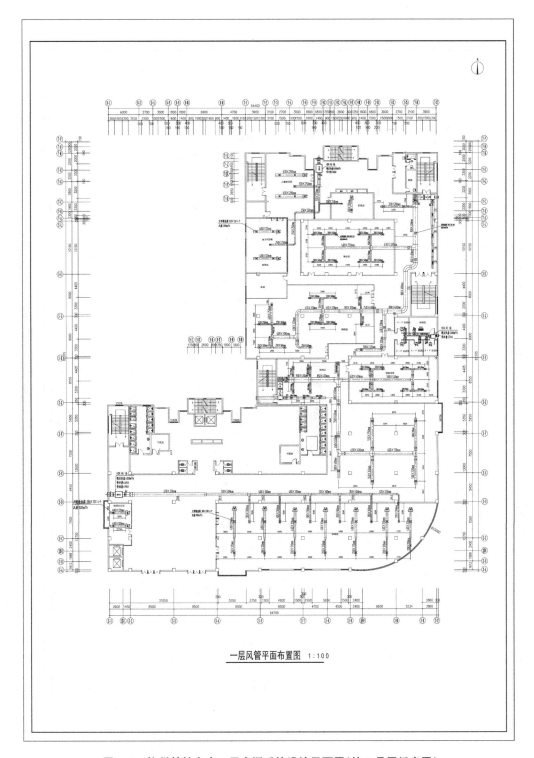

一层风管平面布置图 1:100

图 3.8　杭州某健身房一层空调系统设计平面图(按 3 号图纸出图)

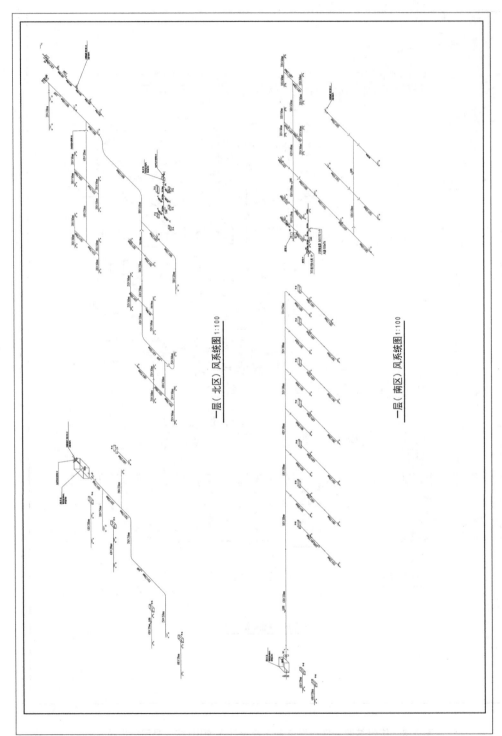

一层（北区）风系统图 1:100

一层（南区）风系统图 1:100

图3.9　杭州某健身房一层空调系统设计系统图(按3号图图纸出图)

第4章 某宾馆空调系统设计实例

随着国民经济及现代科学技术的发展,各地都在兴建高标准的宾馆。宾馆作为出差旅游入住之处,对室内环境要求越来越高。宾馆的建筑水准和设备水准是一个国家现代化程度和技术水平的标志,而空调作为宾馆必备设施受到人们的普遍关注,同时人们对宾馆空调系统的节能性及简便性要求也越来越高。空调系统不仅可以改善宾馆的室内环境,还能够给客人带来舒适的体验感。本章对商用宾馆的空调系统设计进行介绍。

4.1 设计条件

4.1.1 建筑概况

本建筑工程为江苏省南京市宾馆,建筑类型属于一栋东西走向的独立中层建筑,外墙类型为 240 mm 浇筑墙,内墙类型为 120 mm 砖墙,建筑总面积大约为 11 000 m²,主体建筑为10 层,另设负一层制冷空调机房,一层和二层层高均为 4.8 m,标准层客房的层高为 3.3 m。宾馆详细建筑说明见表 4.1。

表 4.1　南京市瑞豪宾馆建筑说明表

工程项目	宾馆建筑说明	工程项目	宾馆建筑说明
建设单位	南京市第一建设集团	耐火等级	A 级
建设工程等级	二级	防火级别	B 类
建筑使用年限	50 年	建筑层数	主体建筑为 10 层,另设负一层

4.1.2 设计参数确定

1. 室外参数确定

该宾馆在地理位置上属于中国南部区域,夏季气候表现为高温多雨,降水充足,室外的空气环境较为潮湿,因此,南京市室外参数通常随当地气候特点和水文条件的变更,进行有规律的季节性和周期性调节。本次空调系统设计的室外参数由《民用建筑供暖通风与空气调节设计规范》(GB 50736—2012)查得,同时将室外参数划分为夏季参数和冬季参数两部分,其相应的温度、湿度、风速等参数见表 4.2。

2. 室内参数确定

在进行空调系统设计时,需确定空调房间的各种室内计算状态参数。这些参数不仅要满足室内人体舒适感,而且需要考虑冷、热源特点和建筑节能性。依据宾馆的房间功能和建筑特点,参考空调设计规范,查出其室内参数(如人员新风量、人员密度及照明功率),如表 4.3所列。

表 4.2　南京市空调室外参数表

参　数		数　值
经度及纬度		118.48° W、32° N
夏季参数	空调室外计算干球温度/℃	34.9
	空调室外计算湿球温度/℃	28.2
	空调日平均温度/℃	29.2
	室外通风计算温度/℃	31.1
	最热月平均相对湿度/%	68
	风速/(m·s⁻¹)	2.5
	大气压力/Pa	100 330
	大气透明度	6
冬季参数	空调室外计算干球温度/℃	−1.9
	空调室外计算湿球温度/℃	−4.2
	室外通风计算温度/℃	2.6
	最寒冷月平均相对湿度/%	74
	平均风速/(m·s⁻¹)	2.5
	最多风向平均风速/(m·s⁻¹)	3.54

表 4.3　宾馆室内设计参数表

空调房间		设计温度/℃ 夏季	冬季	相对湿度/% 夏季	冬季	人员新风量/[m³·(h·人)⁻¹]	人员密度/(人·m⁻²)	照明功率/(W·m⁻²)
一楼大厅	接待室	25	20	65	50	30	0.25	11
	会议室	25	20	65	50	30	0.25	11
	茶水间	25	20	50	45	20	0.33	11
	行李保管室	25	20	55	50	25	0.25	11
	监控室	25	20	55	45	15	0.20	11
	大堂	25	20	55	45	18	0.15	11
	办公室	25	20	55	45	30	0.19	11
二楼餐厅	主题包厢	25	20	55	50	25	0.25	11
	自助餐厅	25	20	60	50	25	0.25	11
	厨房	25	18	55	45	25	0.23	11
	配餐室	25	18	50	45	25	0.15	11
客房		25	20	55	50	30	0.20	15
备餐间		25	20	55	50	30	0.20	15

4.1.3　建筑围护结构热工参数

该宾馆坐落于城市旅游区,考虑到室外噪声限值要求较高,因此宾馆建筑外墙类型为240 mm 浇筑墙,内墙类型为 120 mm 砖墙,部分外墙采用隔声玻璃幕墙,外窗统一使用1.8 m×1.5 m 规格的铝合金中空玻璃,宾馆大门采用 U－2 双层玻璃门,餐厅和配餐间选用单层玻璃门,宾馆客房和办公室使用单层实木门,同时,由《民用建筑供暖通风与空气调节设计规范》(GB 50736—2012)查得围护结构的传热系数,宾馆围护结构的热工参数如表 4.4 所列。

表 4.4　宾馆围护结构的热工参数表

宾馆的围护结构	材料名称	传热系数/[W·(m·K)$^{-1}$]	备　注
外墙	钢筋砼聚苯颗粒保温砂浆	0.992	240 mm
内墙	混凝土多孔砖	1.887	120 mm
外窗	铝合金单框普通中空玻璃窗	3.800	1.8 m×1.5 m
外门	U-2 双层玻璃门	2.500	
内门	金属框单层玻璃门	6.500	2.1 m×0.9 m
	实木框单层实体门	3.500	2.1 m×0.9 m
玻璃幕墙	铝制合金框隔声玻璃幕墙	3.500	

4.2　房间负荷计算

4.2.1　冷负荷计算

1. 夏季围护结构传热形成的冷负荷

该宾馆建筑的空调冷负荷计算方法采用冷负荷系数法,下面以 1001[接待室]的冷负荷计算为例,进行冷负荷的具体计算。其中 1001[接待室]的空调室内设计参数如表 4.5 所列。

表 4.5　1001[接待室]的空调设计参数表

房间面积/m^2	楼层层高/m	设计温度/℃	相对湿度/%	室内人员/个	照明功率/W	设备功率/W
36.36	4.8	25	65	9	399.96	180

(1) 外墙及屋面产生的冷负荷

空调房间外墙及屋面产生的冷负荷由下式计算:

$$L_{Qc,\tau} = FK(t'_{L,\tau} - t_R) \tag{4-1}$$

式中:$L_{Qc,\tau}$——空调房间外墙及屋面瞬变传热产生的逐时冷负荷,W;

F_1——空调房间外墙及屋面的面积,m^2;

K——空调房间外墙及屋面的传热系数,W/(m^2·K);

$t'_{L,\tau}$——空调房间外墙及屋面冷负荷计算温度的逐时值,℃;

t_R——空调房间的夏季室内设计温度,℃。

1001[接待室]位于宾馆一层,只有一面北外墙,按照公式(4-1)可计算得出 1001[接待室]北外墙瞬变传热形成的逐时冷负荷,如表 4.6 所列。

表 4.6　1001[接待室]北外墙因瞬变传热形成的逐时计算冷负荷

时　刻	9:00	10:00	11:00	12:00	13:00	14:00	15:00	16:00	17:00
$t_{L,\tau}$/℃	29.09	29.09	29.18	29.54	30.00	30.55	31.28	32.01	32.75

$t_R/℃$	25								
F/m^2	35.7								
$K/[W \cdot (m^2 \cdot K)^{-1}]$	0.992								
$L_{Qc,\tau}/W$	144.75	144.75	147.99	160.95	177.15	196.58	222.5	248.41	274.33

(2) 房间内围护结构产生的冷负荷

空调房间内围护结构(如分户墙、内墙、内门)产生的冷负荷由下式计算:

$$L_{Qc,\tau} = KF_i(t_{o,m} + t_a - t_R) \quad (W) \tag{4-2}$$

式中:K——空调房间内围护结构(分户墙、内墙、内门)的传热系数,$W/(m^2 \cdot K)$;

F_i——空调房间内围护结构的面积,m^2;

$t_{o,m}$——空调房间夏季室外计算的日平均温度,℃;

t_a——附加温升,℃。

1001[接待室]内墙的瞬时冷负荷按稳定传热计算,不随时间变化而变化,由公式(4-2)可得内墙冷负荷。

西内墙冷负荷:

$$L_{Qc,\tau} = [1.885 \times 23.04 \times (31.2 + 3 - 25)] W = 399.5 \ W$$

南内墙冷负荷:

$$L_{Qc,\tau} = [1.885 \times 36.51 \times (31.2 + 3 - 25)] W = 633.16 \ W$$

东内墙冷负荷:

$$L_{Qc,\tau} = [1.885 \times 23.04 \times (31.2 + 3 - 25)] W = 399.56 \ W$$

(3) 房间外窗瞬变传热产生的冷负荷

空调房间外窗瞬变传热产生的冷负荷由下式计算:

$$L_{Qc,\tau} = c_w K F_w(t_{L,\tau} + t_d - t_R) \quad (W) \tag{4-3}$$

式中:c_w——空调房间外窗传热系数的修正值;

K——空调房间外窗的传热系数,$W/(m^2 \cdot K)$;

F_w——空调房间外窗的实际面积,m^2;

$t_{L,\tau}$——空调房间外窗冷负荷计算温度的逐时值,℃;

t_d——地点修正值。

由公式(4-3)可计算得出宾馆 1001[接待室]北外窗瞬变传热形成的逐时冷负荷,如表 4.7 所列。

表 4.7　1001[接待室]北外窗因瞬变传热产生的逐时计算冷负荷

时　刻	9:00	10:00	11:00	12:00	13:00	14:00	15:00	16:00	17:00
$t_{L,\tau}/℃$	28.20	29.30	30.20	31.10	31.80	32.20	32.50	32.50	32.50
$t_R/℃$	25								
F_w/m^2	2.7								
$K/[W \cdot (m^2 \cdot K)^{-1}]$	3.8								
$L_{Qc,\tau}/W$	60.53	71.82	81.05	90.29	97.47	101.57	104.65	104.65	104.65

（4）房间外窗日射得热产生的冷负荷

空调房间外窗日射得热产生的冷负荷由下式计算：

$$L_{Qc,\tau} = C_a F_w C_s C_j D_{j,max} C_{LQ} \tag{4-4}$$

式中：C_a——空调房间外窗的有效面积系数；

　　　F_w——空调房间外窗的实际面积，m^2；

　　　C_s——空调房间外窗的遮阳系数；

　　　C_j——空调房间内遮阳设备的遮阳系数；

　　　$D_{j,max}$——不同纬度带日射得热因数最大值。

由公式（4-4）可计算得出宾馆 1001［接待室］北外窗日射得热产生的逐时冷负荷，如表 4.8 所列。

表 4.8　1001［接待室］北外窗日射得热产生的逐时计算冷负荷

时　刻	9:00	10:00	11:00	12:00	13:00	14:00	15:00	16:00	17:00
C_a					0.85				
F_w/m^2					2.7				
C_s					1				
C_j					0.65				
$D_{j,max}$					132				
C_{LQ}	0.65	0.75	0.81	0.83	0.83	0.79	0.71	0.6	0.61
$L_{Qc,\tau}/W$	127.99	147.68	159.50	163.44	163.44	155.56	139.81	118.15	120.12

2. 室内热源影响所产生的冷负荷

（1）空调房间照明散热形成的冷负荷

空调房间受照明散热影响所产生的冷负荷由下式计算：

$$L_{Qc,\tau} = 1\,000 n_1 n_2 N C_{LQ} \tag{4-5}$$

式中：$L_{Qc,\tau}$——空调房间受荧光灯散热影响所产生的冷负荷，W；

　　　N——荧光灯的照明功率，kW；

　　　n_1——明装荧光灯的镇流器所消耗功率系数，可取 1.2；

　　　n_2——荧光灯的灯罩隔热系数，可取 0.6；

　　　C_{LQ}——荧光灯散热的冷负荷系数。

宾馆 1001［接待室］的照明设备为荧光灯，根据公式（4-5）可计算得出照明散热产生的逐时冷负荷，如表 4.9 所列。

表 4.9　1001［接待室］照明散热产生的逐时计算冷负荷

时　刻	9:00	10:00	11:00	12:00	13:00	14:00	15:00	16:00	17:00
n_1					1.2				
n_2					0.6				
N					399.96				
C_{LQ}	0.87	0.9	0.91	0.91	0.93	0.93	0.94	0.95	0.95
$L_{Qc,\tau}/W$	250.53	259.17	262.1	262.05	267.81	267.81	270.69	273.57	273.57

(2) 空调房间受设备散热影响所产生的冷负荷

空调房间受设备散热影响所产生的冷负荷由下式计算：

$$L_{Qc,\tau} = Q_s C_{LQ} \qquad (4-6)$$

式中：$L_{Qc,\tau}$——空调房间受设备和用具显热影响所产生的冷负荷，W；

Q_s——空调房间设备和用具的实际显热散热量，W；

C_{LQ}——空调房间设备和用具显热散热冷负荷系数。

由公式(4-6)可计算得出宾馆1001[接待室]设备散热产生的逐时冷负荷，如表4.10所列。

表 4.10　1001[接待室]设备散热产生的逐时计算冷负荷

时　刻	9:00	10:00	11:00	12:00	13:00	14:00	15:00	16:00	17:00
Q_s/W					234				
C_{LQ}					1				
$L_{Qc,\tau}$/W	234	234	234	234	234	234	234	234	234

(3) 人体散热影响所产生的冷负荷

人体显热散热量、潜热散热量分别由下式计算：

$$Q_S = n\varphi q_s C_{LQ} \qquad (4-7)$$

$$Q_r = n\varphi q_r \qquad (4-8)$$

式中：n——空调房间的室内人员数；

φ——群集系数；

q_s——在迥异的室内温度下，成年男子因其劳动性质不同产生的显热散热量，W；

C_{LQ}——人体显热散热冷负荷系数，人员密集的场所取1.0；

q_r——在迥异的室内温度下，成年男子因劳动性质不同产生的潜热散热量，W。

因人体散热影响所产生的冷负荷由 $L_{Qc,\tau} = Q_s + Q_r$ 计算。

宾馆1001[接待室]的室内人员主要是工作人员，可以根据公式(4-7)计算人体显热散热产生的逐时冷负荷，根据公式(4-8)计算人体潜热散热产生的逐时冷负荷，最后将人体显热散热量和潜热散热量相加，得出该空调房间的人体总散热量，人体散热形成的逐时冷负荷计算如表4.11所列。

表 4.11　1001[接待室]人体散热形成的逐时计算冷负荷

时　刻	9:00	10:00	11:00	12:00	13:00	14:00	15:00	16:00	17:00
n					9				
φ					0.93				
q_s/W					65				
C_{LQ}	0.64	0.7	0.75	0.79	0.81	0.84	0.86	0.88	0.89
Q_s/W	348.19	380.84	408.04	429.80	440.68	457.00	467.88	478.76	484.20
q_r/W					69				
Q_r/W					577.53				
$L_{Qc,\tau}$/W	925.72	958.37	985.57	1 007.33	1 018.21	1 034.53	1 045.41	1 056.29	1 061.73

将上述计算的各种冷负荷数据进行整理,可得出宾馆 1001[接待室]的逐时计算总冷负荷,如表 4.12 所列。

表 4.12　1001[接待室]的逐时计算总冷负荷表

W

时 刻	9:00	10:00	11:00	12:00	13:00	14:00	15:00	16:00	17:00
北外墙	144.75	144.75	147.99	160.95	177.15	196.58	222.5	248.41	274.33
西内墙					399.56				
南内墙					633.16				
东内墙					633.16				
北外窗瞬变	60.53	71.82	81.05	90.29	97.47	101.57	104.65	104.65	104.65
北外窗日射	127.9	147.6	159.5	163.4	163.4	155.5	139.8	118.1	120.1
照明	250.53	259.17	262.05	262.05	267.81	267.81	270.69	273.57	273.57
设备					234				
人体	925.72	958.37	985.57	1 007.3	1 018.21	1 034.5	1 045.4	1 056.2	1 061.7
总冷负荷	3 109.4	3 218.7	3 213.7	3 167.2	3 213.75	3 239.4	3 252.3	3 250.5	3 234.2

4.2.2　湿负荷计算

在宾馆建筑中,湿负荷主要来自宾馆房间的工作人员和入住人员,并无其余类型的散湿量,因此,室内湿负荷只需计算不同功能和结构的房间室内人体湿负荷即可。

1. 人体散湿量计算公式

人体散湿量由下式计算:
$$W = 0.278n\varphi w \cdot 10^{-6}$$
(4-9)

式中:W——空调房间室内人员的散湿量,kg/s;

w——成年男子的散湿量,g/h;

n——空调房间的室内人员数;

φ——群集系数,取 0.93。

2. 湿负荷计算的实例

下面以宾馆 1001[接待室]的湿负荷计算为例。

1001[接待室]的室内人员数为 9 人,单位时间内散湿量为 102 g/h。

根据公式(4-9)计算得
$$W = 9 \times 0.93 \times 102 \text{ g/h} = 853.74 \text{ g/h} \approx 0.853 \text{ kg/h}.$$

上述是 1001[接待室]的冷负荷和湿负荷的具体计算步骤,宾馆各楼层其余房间的冷负荷和湿负荷计算如表 4.13 所列。

表 4.13　宾馆各楼层其余房间的冷负荷和湿负荷

楼层	房间编号及名称	面积/m²	房间最大冷负荷时刻(含新风/全热)	房间最大冷负荷/W(含新风/全热)	工程负荷最大值时刻(15:00)的各项负荷值								
					总冷负荷/W(含新风/全热)	室内冷负荷/W(不含新风/全热)	新风冷负荷/W	总湿负荷/(kg·h⁻¹)	新风湿负荷/(kg·h⁻¹)	总冷指标/(W·m⁻²)(含新风)	新风冷指标/(W·m⁻²)	总湿指标/(kg·hm⁻²)	新风量/(m³·h⁻¹)
1 层	1001[接待室]	36.36	14:00	5 947.21	5 939.56	3 212.22	2 727.33	3.06	2.55	163.35	75.01	0.08	270.00
	1002[会议室]	36.36	15:00	5 979.66	5 979.66	3 252.32	2 727.33	3.06	2.55	164.46	75.01	0.08	270.00
	1003[茶水间]	19.24	14:00	4 204.12	4 193.88	2 688.09	1 505.79	2.53	1.55	217.98	78.26	0.13	120.00
	1004[行李保管室]	19.09	15:00	3 326.52	3 326.52	2 316.40	1 010.12	1.60	0.95	174.25	52.91	0.08	100.00
	1005[监控室]	25	14:00	3 775.84	3 720.96	2 244.80	1 476.16	2.17	1.43	148.84	59.05	0.09	125.00
	1006[办公室]	84.36	10:00	15 459.9	15 427.87	7 988.00	7 439.87	10.46	7.20	182.88	88.19	0.12	630.00
	1007[大堂]	163.57	16:00	27 127.2	26 749.76	12 578.58	14 171.17	19.92	13.71	163.54	86.64	0.12	1 200.0
	1层小计	383.98	16:00	65 678.1	65 338.20	34 280.42	31 057.78	42.80	29.93	170.16	80.88	0.11	2 715.00
2 层	2001[1号主题包厢]	25.62	9:00	4 995.14	4 629.99	2 992.05	1 637.93	1.93	1.59	180.72	63.93	0.08	150.00
	2002[2号主题包厢]	35.01	9:00	6 015.4	5 679.34	3 495.43	2 183.91	2.58	2.12	162.22	62.38	0.07	200.00
	2003[3号主题包厢]	48.43	15:00	7 680.58	7 680.58	4 404.71	3 275.87	3.87	3.19	158.59	67.64	0.08	300.00
	2004[4号主题包厢]	48.41	15:00	7 600.66	7 600.66	4 324.80	3 275.87	3.87	3.19	157.01	67.67	0.08	300.00
	2005[配餐室]	47.23	13:00	6 136.05	5 827.94	3 774.27	2 053.67	2.46	2.06	123.39	43.48	0.05	175.00
	2006[厨房]	35.96	14:00	6 763.49	6 760.94	4 245.87	2 515.07	3.74	2.50	188.01	69.94	0.10	200.00
	2007[自助餐厅]	36.36	14:00	6 616.43	6 613.52	4 156.62	2 456.90	3.85	2.39	181.89	67.57	0.11	225.00
	2008[办公室]	36.36	14:00	7 328.04	7 325.13	4 156.62	3 168.51	4.64	3.18	201.46	87.14	0.13	270.00
	2层小计	313.38	14:00	52 222.3	52 118.1	31 550.37	20 567.73	26.94	20.21	166.31	65.63	0.09	1 820.0

续表 4.13

楼层	房间编号及名称	面积/m²	房间最大冷负荷时刻（含新风/全热）	房间最大冷负荷/W（含新风/全热）	工程负荷最大值时刻(15:00)的各项负荷值								
					总冷负荷/W（含新风/全热）	室内冷负荷/W（不含新风/全热）	新风冷负荷/W	总湿负荷/(kg·h⁻¹)	新风湿负荷/(kg·h⁻¹)	总冷指标/(W·m⁻²)（含新风）	新风冷指标/(W·m⁻²)	总湿指标/(kg·hm⁻²)	新风量/(m³·h⁻¹)
3 层	3001[客房]	18.07	16:00	3 007.13	2 810.39	1 754.22	1 056.17	1.23	1.06	155.53	58.45	0.07	90.00
	3002[客房]	22.61	14:00	3 267.32	3 256.09	1 847.87	1 408.23	1.64	1.41	144.01	62.28	0.07	120.00
	3003[客房]	23.68	14:00	3 306.58	3 294.81	1 886.58	1 408.23	1.64	1.41	139.14	59.47	0.07	120.00
	3004[客房]	23.68	14:00	3 303.97	3 293.17	1 884.94	1 408.23	1.64	1.41	139.07	59.47	0.07	120.00
	3005[客房]	23.68	14:00	3 524.04	3 513.24	2 105.01	1 408.23	1.64	1.41	148.36	59.47	0.07	120.00
	3006[客房]	23.68	14:00	3 524.04	3 513.24	2 105.01	1 408.23	1.64	1.41	148.36	59.47	0.07	120.00
	3007[客房]	23.68	14:00	3 303.97	3 293.17	1 884.94	1 408.23	1.64	1.41	139.07	59.47	0.07	120.00
	3008[客房]	19.15	14:00	2 501.55	2 498.00	1 441.83	1 056.17	1.23	1.06	130.44	55.15	0.06	90.00
	3009[备餐间]	47.7	13:00	8 461.49	8 236.19	4 095.26	4 140.92	6.05	4.26	172.67	86.81	0.13	330.00
	3010[客房]	50.48	16:00	6 831.39	6 805.77	3 285.20	3 520.57	4.10	3.53	134.82	69.74	0.08	300.00
	3011[客房]	37.2	16:00	5 361.12	5 342.49	2 878.09	2 464.40	2.87	2.47	143.62	66.25	0.08	210.00
	3012[客房]	43.52	16:00	7 012.15	6 805.43	3 988.97	2 816.46	3.28	2.82	156.37	64.72	0.08	240.00
	3013[客房]	30.66	16:00	5 188.42	5 079.25	2 966.91	2 112.34	2.46	2.12	165.66	68.90	0.08	180.00
	3014[客房]	28.33	16:00	4 646.44	4 538.76	2 778.48	1 760.28	2.05	1.77	160.21	62.14	0.07	150.00
	3015[客房]	24.13	16:00	3 896.36	3 827.76	2 419.53	1 408.23	1.64	1.41	158.63	58.36	0.07	120.00
	3016[客房]	27.54	10:00	4 282.37	3 993.72	2 233.43	1 760.28	2.05	1.77	145.02	63.92	0.07	150.00
	3017[客房]	36.74	10:00	5 404.41	5 185.50	2 721.10	2 464.40	2.87	2.47	141.14	67.08	0.08	210.00
	3 层小计	504.53	16:00	75 820.4	75 286.97	42 277.38	33 009.59	39.66	33.22	149.22	65.43	0.08	2 790.0

续表 4.13

楼层	房间编号及名称	面积/m²	房间最大冷负荷时刻(含新风/全热)	房间最大冷负荷/W(含新风/全热)	工程负荷最大值时刻(15:00)的各项负荷值									新风量/(m³·h⁻¹)
					总冷负荷/W(含新风/全热)	室内冷负荷/W(不含新风/全热)	新风冷负荷/W	总湿负荷/(kg·h⁻¹)	新风湿负荷/(kg·h⁻¹)	总冷指标/(W·m⁻²)(含新风)	新风冷指标/(W·m⁻²)	总湿指标/(kg·hm⁻²)	
4层	4001[客房]	18.07	16:00	3 007.13	2 810.39	1 754.22	1 056.17	1.23	1.06	155.53	58.45	0.07	90.00
	4002[客房]	22.61	14:00	3 267.32	3 256.09	1 847.87	1 408.23	1.64	1.41	144.01	62.28	0.07	120.00
	4003[客房]	23.68	14:00	3 306.58	3 294.81	1 886.58	1 408.23	1.64	1.41	139.14	59.47	0.07	120.00
	4004[客房]	23.68	14:00	3 303.97	3 293.17	1 884.94	1 408.23	1.64	1.41	139.07	59.47	0.07	120.00
	4005[客房]	23.68	14:00	3 524.04	3 513.24	2 105.01	1 408.23	1.64	1.41	148.36	59.47	0.07	120.00
	4006[客房]	23.68	14:00	3 524.04	3 513.24	2 105.01	1 408.23	1.64	1.41	148.36	59.47	0.07	120.00
	4007[客房]	23.68	14:00	3 303.97	3 293.17	1 884.94	1 408.23	1.64	1.41	139.07	59.47	0.07	120.00
	4008[客房]	19.15	14:00	2 501.55	2 498.00	1 441.83	1 056.17	1.23	1.06	130.44	55.15	0.06	90.00
	4009[备餐间]	47.7	13:00	8 461.49	8 236.19	4 095.26	4 140.92	6.05	4.26	172.67	86.81	0.13	330.00
	4010[客房]	50.48	16:00	6 831.39	6 805.77	3 285.20	3 520.57	4.10	3.53	134.82	69.74	0.08	300.00
	4011[客房]	37.2	16:00	5 361.12	5 342.49	2 878.09	2 464.40	2.87	2.47	143.62	66.25	0.08	210.00
	4012[客房]	43.52	16:00	7 012.15	6 805.43	3 988.97	2 816.46	3.28	2.82	156.37	64.72	0.08	240.00
	4013[客房]	30.66	16:00	5 188.42	5 079.25	2 966.91	2 112.34	2.46	2.12	165.66	68.90	0.08	180.00
	4014[客房]	28.33	16:00	4 646.44	4 538.76	2 778.48	1 760.28	2.05	1.77	160.21	62.14	0.07	150.00
	4015[客房]	24.13	16:00	3 896.36	3 827.76	2 419.53	1 408.23	1.64	1.41	158.63	58.36	0.07	120.00
	4016[客房]	27.54	10:00	4 282.37	3 993.72	2 233.43	1 760.28	2.05	1.77	145.02	63.92	0.07	150.00
	4017[客房]	36.74	10:00	5 404.41	5 185.50	2 721.10	2 464.40	2.87	2.47	141.14	67.08	0.08	210.00
	4层小计	504.53	16:00	75 820.4	75 286.97	42 277.38	33 009.59	39.66	33.22	149.22	65.43	0.08	2 790.0

续表 4.13

工程负荷最大值时刻(15:00)的各项负荷值

楼层	房间编号及名称	面积/m²	房间最大冷负荷时刻(含新风/全热)	房间最大冷负荷/W(含新风/全热)	总冷负荷/W(含新风/全热)	室内冷负荷/W(不含新风/全热)	新风冷负荷/W	总湿负荷/(kg·h⁻¹)	新风湿负荷/(kg·h⁻¹)	总冷指标/(W·m⁻²)(含新风)	新风冷指标/(W·m⁻²)	总湿指标/(kg·hm⁻²)	新风量/(m³·h⁻¹)
5层	5001[客房]	18.07	16:00	3 007.13	2 810.39	1 754.22	1 056.17	1.23	1.06	155.53	58.45	0.07	90.00
	5002[客房]	22.61	14:00	3 267.32	3 256.09	1 847.87	1 408.23	1.64	1.41	144.01	62.28	0.07	120.00
	5003[客房]	23.68	14:00	3 306.58	3 294.81	1 886.58	1 408.23	1.64	1.41	139.14	59.47	0.07	120.00
	5004[客房]	23.68	14:00	3 303.97	3 293.17	1 884.94	1 408.23	1.64	1.41	139.07	59.47	0.07	120.00
	5005[客房]	23.68	14:00	3 524.04	3 513.24	2 105.01	1 408.23	1.64	1.41	148.36	59.47	0.07	120.00
	5006[客房]	23.68	14:00	3 524.04	3 513.24	2 105.01	1 408.23	1.64	1.41	148.36	59.47	0.07	120.00
	5007[客房]	23.68	14:00	3 303.97	3 293.17	1 884.94	1 408.23	1.64	1.41	139.07	59.47	0.07	120.00
	5008[客房]	19.15	14:00	2 501.55	2 498.00	1 441.83	1 056.17	1.23	1.06	130.44	55.15	0.06	90.00
	5009[备餐间]	47.7	13:00	8 461.49	8 236.19	4 095.26	4 140.92	6.05	4.26	172.67	86.81	0.13	330.00
	5010[客房]	50.48	16:00	6 831.39	6 805.77	3 285.20	3 520.57	4.10	3.53	134.82	69.74	0.08	300.00
	5011[客房]	37.2	16:00	5 361.12	5 342.49	2 878.09	2 464.40	2.87	2.47	143.62	66.25	0.08	210.00
	5012[客房]	43.52	16:00	7 012.15	6 805.43	3 988.97	2 816.46	3.28	2.82	156.37	64.72	0.08	240.00
	5013[客房]	30.66	16:00	5 188.42	5 079.25	2 966.91	2 112.34	2.46	2.12	165.66	68.90	0.08	180.00
	5014[客房]	28.33	16:00	4 646.44	4 538.76	2 778.48	1 760.28	2.05	1.77	160.21	62.14	0.07	150.00
	5015[客房]	24.13	16:00	3 896.36	3 827.76	2 419.53	1 408.23	1.64	1.41	158.63	58.36	0.07	120.00
	5016[客房]	27.54	10:00	4 282.37	3 993.72	2 233.43	1 760.28	2.05	1.77	145.02	63.92	0.07	150.00
	5017[客房]	36.74	10:00	5 404.41	5 185.50	2 721.10	2 464.40	2.87	2.47	141.14	67.08	0.08	210.00
	5层小计	504.53	16:00	75 820.4	75 286.97	42 277.38	33 009.59	39.66	33.22	149.22	65.43	0.08	2 790.0

续表 4.13

楼层	房间编号及名称	面积/m²	房间最大冷负荷时刻(含新风/全热)	房间最大冷负荷/W(含新风/全热)	工程负荷最大值时刻(15:00)的各项负荷值								
					总冷负荷/W(含新风/全热)	室内冷负荷/W(不含新风/全热)	新风冷负荷/W	总湿负荷/(kg·h⁻¹)	新风湿负荷/(kg·h⁻¹)	总冷指标/(W·m⁻²)(含新风)	新风冷指标/(W·m⁻²)	总湿指标/(kg·hm⁻²)	新风量/(m³·h⁻¹)
6层	6001[客房]	18.07	16:00	3 007.13	2 810.39	1 754.22	1 056.17	1.23	1.06	155.53	58.45	0.07	90.00
	6002[客房]	22.61	14:00	3 267.32	3 256.09	1 847.87	1 408.23	1.64	1.41	144.01	62.28	0.07	120.00
	6003[客房]	23.68	14:00	3 306.58	3 294.81	1 886.58	1 408.23	1.64	1.41	139.14	59.47	0.07	120.00
	6004[客房]	23.68	14:00	3 303.97	3 293.17	1 884.94	1 408.23	1.64	1.41	139.07	59.47	0.07	120.00
	6005[客房]	23.68	14:00	3 524.04	3 513.24	2 105.01	1 408.23	1.64	1.41	148.36	59.47	0.07	120.00
	6006[客房]	23.68	14:00	3 524.04	3 513.24	2 105.01	1 408.23	1.64	1.41	148.36	59.47	0.07	120.00
	6007[客房]	23.68	14:00	3 303.97	3 293.17	1 884.94	1 408.23	1.64	1.41	139.07	59.47	0.07	120.00
	6008[客房]	19.15	14:00	2 501.55	2 498.00	1 441.83	1 056.17	1.23	1.06	130.44	55.15	0.06	90.00
	6009[备餐间]	47.7	13:00	8 461.49	8 236.19	4 095.26	4 140.92	6.05	4.26	172.67	86.81	0.13	330.00
	6010[客房]	50.48	16:00	6 831.39	6 805.77	3 285.20	3 520.57	4.10	3.53	134.82	69.74	0.08	300.00
	6011[客房]	37.2	16:00	5 361.12	5 342.49	2 878.09	2 464.40	2.87	2.47	143.62	66.25	0.08	210.00
	6012[客房]	43.52	16:00	7 012.15	6 805.43	3 988.97	2 816.46	3.28	2.82	156.37	64.72	0.08	240.00
	6013[客房]	30.66	16:00	5 188.42	5 079.25	2 966.91	2 112.34	2.46	2.12	165.66	68.90	0.08	180.00
	6014[客房]	28.33	16:00	4 646.44	4 538.76	2 778.48	1 760.28	2.05	1.77	160.21	62.14	0.07	150.00
	6015[客房]	24.13	16:00	3 896.36	3 827.76	2 419.53	1 408.23	1.64	1.41	158.63	58.36	0.07	120.00
	6016[客房]	27.54	10:00	4 282.37	3 993.72	2 233.43	1 760.28	2.05	1.77	145.02	63.92	0.07	150.00
	6017[客房]	36.74	10:00	5 404.41	5 185.50	2 721.10	2 464.40	2.87	2.47	141.14	67.08	0.08	210.00
	6层小计	504.53	16:00	75 820.4	75 286.97	42 277.38	33 009.59	39.66	33.22	149.22	65.43	0.08	2 790.00

续表 4.13

楼层	房间编号及名称	面积/m²	房间最大冷负荷时刻（含新风/全热）	房间最大冷负荷/W（含新风/全热）	工程负荷最大值时刻(15:00)的各项负荷值								
					总冷负荷/W（含新风/全热）	室内冷负荷/W（不含新风/全热）	新风冷负荷/W	总湿负荷/(kg·h⁻¹)	新风湿负荷/(kg·h⁻¹)	总冷指标/(W·m⁻²)（含新风）	新风冷指标/(W·m⁻²)	总湿指标/(kg·hm⁻²)	新风量/(m³·h⁻¹)
7层	7001[客房]	18.07	16:00	3 007.13	2 810.39	1 754.22	1 056.17	1.23	1.06	155.53	58.45	0.07	90.00
	7002[客房]	22.61	14:00	3 267.32	3 256.09	1 847.87	1 408.23	1.64	1.41	144.01	62.28	0.07	120.00
	7003[客房]	23.68	14:00	3 306.58	3 294.81	1 886.58	1 408.23	1.64	1.41	139.14	59.47	0.07	120.00
	7004[客房]	23.68	14:00	3 303.97	3 293.17	1 884.94	1 408.23	1.64	1.41	139.07	59.47	0.07	120.00
	7005[客房]	23.68	14:00	3 524.04	3 513.24	2 105.01	1 408.23	1.64	1.41	148.36	59.47	0.07	120.00
	7006[客房]	23.68	14:00	3 524.04	3 513.24	2 105.01	1 408.23	1.64	1.41	148.36	59.47	0.07	120.00
	7007[客房]	23.68	14:00	3 303.97	3 293.17	1 884.94	1 408.23	1.64	1.41	139.07	59.47	0.07	120.00
	7008[客房]	19.15	14:00	2 501.55	2 498.00	1 441.83	1 056.17	1.23	1.06	130.44	55.15	0.06	90.00
	7009[备餐间]	47.7	13:00	8 461.49	8 236.19	4 095.26	4 140.92	6.05	4.26	172.67	86.81	0.13	330.00
	7010[客房]	50.48	16:00	6 831.39	6 805.77	3 285.20	3 520.57	4.10	3.53	134.82	69.74	0.08	300.00
	7011[客房]	37.2	16:00	5 361.12	5 342.49	2 878.09	2 464.40	2.87	2.47	143.62	66.25	0.08	210.00
	7012[客房]	43.52	16:00	7 012.15	6 805.43	3 988.97	2 816.46	3.28	2.82	156.37	64.72	0.08	240.00
	7013[客房]	30.66	16:00	5 188.42	5 079.25	2 966.91	2 112.34	2.46	2.12	165.66	68.90	0.08	180.00
	7014[客房]	28.33	16:00	4 646.44	4 538.76	2 778.48	1 760.28	2.05	1.77	160.21	62.14	0.07	150.00
	7015[客房]	24.13	16:00	3 896.36	3 827.76	2 419.53	1 408.23	1.64	1.41	158.63	58.36	0.07	120.00
	7016[客房]	27.54	10:00	4 282.37	3 993.72	2 233.43	1 760.28	2.05	1.77	145.02	63.92	0.07	150.00
	7017[客房]	36.74	10:00	5 404.41	5 185.50	2 721.10	2 464.40	2.87	2.47	141.14	67.08	0.08	210.00
	7层小计	504.53	16:00	75 820.4	75 286.97	42 277.38	33 009.59	39.66	33.22	149.22	65.43	0.08	2 790.0

续表 4.13

楼层	房间编号及名称	面积/m²	房间最大冷负荷时刻(含新风/全热)	房间最大冷负荷/W (含新风/全热)	工程负荷最大值时刻(15:00)的各项负荷值								
					总冷负荷/W (含新风/全热)	室内冷负荷/W (不含新风/全热)	新风冷负荷/W	总湿负荷/(kg·h⁻¹)	新风湿负荷/(kg·h⁻¹)	总冷指标/(W·m⁻²)(含新风)	新风冷指标/(W·m⁻²)	总湿指标/(kg·hm⁻²)	新风量/(m³·h⁻¹)
8层	8001[客房]	18.07	16:00	3 007.13	2 810.39	1 754.22	1 056.17	1.23	1.06	155.53	58.45	0.07	90.00
	8002[客房]	22.61	14:00	3 267.32	3 256.09	1 847.87	1 408.23	1.64	1.41	144.01	62.28	0.07	120.00
	8003[客房]	23.68	14:00	3 306.58	3 294.81	1 886.58	1 408.23	1.64	1.41	139.14	59.47	0.07	120.00
	8004[客房]	23.68	14:00	3 303.97	3 293.17	1 884.94	1 408.23	1.64	1.41	139.07	59.47	0.07	120.00
	8005[客房]	23.68	14:00	3 524.04	3 513.24	2 105.01	1 408.23	1.64	1.41	148.36	59.47	0.07	120.00
	8006[客房]	23.68	14:00	3 524.04	3 513.24	2 105.01	1 408.23	1.64	1.41	148.36	59.47	0.07	120.00
	8007[客房]	23.68	14:00	3 303.97	3 293.17	1 884.94	1 408.23	1.64	1.41	139.07	59.47	0.07	120.00
	8008[客房]	19.15	14:00	2 501.55	2 498.00	1 441.83	1 056.17	1.23	1.06	130.44	55.15	0.06	90.00
	8009[备餐间]	47.7	13:00	8 461.49	8 236.19	4 095.26	4 140.92	6.05	4.26	172.67	86.81	0.13	330.00
	8010[客房]	50.48	16:00	6 831.39	6 805.77	3 285.20	3 520.57	4.10	3.53	134.82	69.74	0.08	300.00
	8011[客房]	37.2	16:00	5 361.12	5 342.49	2 878.09	2 464.40	2.87	2.47	143.62	66.25	0.08	210.00
	8012[客房]	43.52	16:00	7 012.15	6 805.43	3 988.97	2 816.46	3.28	2.82	156.37	64.72	0.08	240.00
	8013[客房]	30.66	16:00	5 188.42	5 079.25	2 966.91	2 112.34	2.46	2.12	165.66	68.90	0.08	180.00
	8014[客房]	28.33	16:00	4 646.44	4 538.76	2 778.48	1 760.28	2.05	1.77	160.21	62.14	0.07	150.00
	8015[客房]	24.13	16:00	3 896.36	3 827.76	2 419.53	1 408.23	1.64	1.41	158.63	58.36	0.07	120.00
	8016[客房]	27.54	10:00	4 282.37	3 993.72	2 233.43	1 760.28	2.05	1.77	145.02	63.92	0.07	150.00
	8017[客房]	36.74	10:00	5 404.41	5 185.50	2 721.10	2 464.40	2.87	2.47	141.14	67.08	0.08	210.00
	8层小计	504.53	16:00	75 820.4	75 286.97	42 277.38	33 009.59	39.66	33.22	149.22	65.43	0.08	2 790.0

续表 4.13

楼层	房间编号及名称	面积/m²	房间最大冷负荷时刻(含新风/全热)	房间最大冷负荷/W(含新风/全热)	工程负荷最大值时刻(15:00)的各项负荷值								
					总冷负荷/W(含新风/全热)	室内冷负荷/W(不含新风/全热)	新风冷负荷/W	总湿负荷/(kg·h⁻¹)	新风湿负荷/(kg·h⁻¹)	总冷指标/(W·m⁻²)(含新风)	新风冷指标/(W·m⁻²)	总湿指标/(kg·hm⁻²)	新风量/(m³·h⁻¹)
9层	9001[客房]	18.07	16:00	3 007.13	2 810.39	1 754.22	1 056.17	1.23	1.06	155.53	58.45	0.07	90.00
	9002[客房]	22.61	14:00	3 267.32	3 256.09	1 847.87	1 408.23	1.64	1.41	144.01	62.28	0.07	120.00
	9003[客房]	23.68	14:00	3 306.58	3 294.81	1 886.58	1 408.23	1.64	1.41	139.14	59.47	0.07	120.00
	9004[客房]	23.68	14:00	3 303.97	3 293.17	1 884.94	1 408.23	1.64	1.41	139.07	59.47	0.07	120.00
	9005[客房]	23.68	14:00	3 524.04	3 513.24	2 105.01	1 408.23	1.64	1.41	148.36	59.47	0.07	120.00
	9006[客房]	23.68	14:00	3 524.04	3 513.24	2 105.01	1 408.23	1.64	1.41	148.36	59.47	0.07	120.00
	9007[客房]	23.68	14:00	3 303.97	3 293.17	1 884.94	1 408.23	1.64	1.41	139.07	59.47	0.07	120.00
	9008[客房]	19.15	14:00	2 501.55	2 498.00	1 441.83	1 056.17	1.23	1.06	130.44	55.15	0.06	90.00
	9009[备餐间]	47.7	13:00	8 461.49	8 236.19	4 095.26	4 140.92	6.05	4.26	172.67	86.81	0.13	330.00
	9010[客房]	50.48	16:00	6 831.39	6 805.77	3 285.20	3 520.57	4.10	3.53	134.82	69.74	0.08	300.00
	9011[客房]	37.2	16:00	5 361.12	5 342.49	2 878.09	2 464.40	2.87	2.47	143.62	66.25	0.08	210.00
	9012[客房]	43.52	16:00	7 012.15	6 805.43	3 988.97	2 816.46	3.28	2.82	156.37	64.72	0.08	240.00
	9013[客房]	30.66	16:00	5 188.42	5 079.25	2 966.91	2 112.34	2.46	2.12	165.66	68.90	0.08	180.00
	9014[客房]	28.33	16:00	4 646.44	4 538.76	2 778.48	1 760.28	2.05	1.77	160.21	62.14	0.07	150.00
	9015[客房]	24.13	16:00	3 896.36	3 827.76	2 419.53	1 408.23	1.64	1.41	158.63	58.36	0.07	120.00
	9016[客房]	27.54	10:00	4 282.37	3 993.72	2 233.43	1 760.28	2.05	1.77	145.02	63.92	0.07	150.00
	9017[客房]	36.74	10:00	5 404.41	5 185.50	2 721.10	2 464.40	2.87	2.47	141.14	67.08	0.08	210.00
	9层小计	504.53	16:00	75 820.4	75 286.97	42 277.38	33 009.59	39.66	33.22	149.22	65.43	0.08	2 790.0

续表 4.13

楼层		房间编号及名称	面积/m²	房间最大冷负荷时刻(含新风/全热)	房间最大冷负荷/W (含新风/全热)	工程负荷最大值时刻(15:00)的各项负荷值								
						总冷负荷/W (含新风/全热)	室内冷负荷/W (不含新风/全热)	新风冷负荷/W	总湿负荷/(kg·h⁻¹)	新风湿负荷/(kg·h⁻¹)	总冷指标/(W·m⁻²)(含新风)	新风冷指标/(W·m⁻²)	总湿指标/(kg·hm⁻²)	新风量/(m³·h⁻¹)
10层		100001 [会议室]	39.33	14:00	9 371.6	9 353.78	4 505.19	4 848.59	5.45	4.54	237.83	123.28	0.14	480.00
		100002 [办公室]	44.86	14:00	9 682.68	9 670.83	4 822.24	4 848.59	5.45	4.54	215.58	108.08	0.12	480.00
		100003 [活动室]	44.86	14:00	7 574.82	7 539.14	4 018.57	3 520.57	4.48	3.53	168.06	78.48	0.10	300.00
		100004 [器材室]	40.74	13:00	4 401.43	4 353.31	3 042.96	1 310.35	1.65	1.27	106.86	32.16	0.04	120.00
		100005 [备餐间]	47.7	13:00	8 464.33	8 146.97	4 696.20	3 450.77	5.34	3.55	170.80	72.34	0.11	275.00
		100006 [办公室]	46.74	15:00	4 227.6	4 227.60	2 819.37	1 408.23	1.79	1.41	90.45	30.13	0.04	120.00
		100007 [办公室]	33.21	9:00	4 634.71	4 204.01	2 795.78	1 408.23	1.79	1.41	126.59	42.40	0.05	120.00
		100008 [办公室]	25.62	9:00	4 574.7	4 148.37	2 740.14	1 408.23	1.79	1.41	161.92	54.97	0.07	120.00
		10层小计	323.06	13:00	51 936.7	51 644.01	29 440.45	22 203.55	27.75	21.68	159.86	68.73	0.09	2 015.0
		1号楼小计	4 552.1	15:00	696 109	696 109.13	391 212.91	304 896.22	375.10	304.3	152.92	66.98	0.08	26 080
		合　计	4 552.1	15:00	696 109	696 109.13	391 212.91	304 896.22	375.10	304.3	152.92	66.98	0.08	26 080

4.3　空调系统方案确定

4.3.1　空调系统分类及特点

因空调系统种类繁多,类型各异,现结合暖通空调专业规范,对比各种空调系统的工作原理,并将最常用的两种空调系统的特点进行比对,见表 4.14。

表 4.14　空调系统分类及特点

系统类比	系统特点	适用场合
一次回风系统	① 组合式空气处理机组集中放置在空调机房内,各种空气处理设备(例如喷水室、再热器等)较为集中,易于安装维护; ② 具有特殊的初效过滤段和高效过滤段,除湿杀菌能力较为强悍,对于某些特殊工艺而言,更容易符合其工艺处理要求; ③ 空调房间的实际送风量大,致使房间换气次数多,更易清除空调房间的气体污染物和固体颗粒; ④ 在空调运行时,春秋过渡时节可通过增加新风量,利用自然界的天然冷量实现高层供冷,从而达到节能降耗的环保目的	购物商场、飞机及客车候车厅、影视大剧院等大空间区域
风机盘管加新风系统	① 对于各种不同建筑结构和使用功能的房间,空调系统可以单独对房间的室内温度、室内湿度以及洁净度进行精确调控,多适用于如宾馆房间小面积小区域的房间; ② 送风量调节不仅及时,而且较为方便,十分符合宾馆房间的噪声限值要求; ③ 风机盘管的安装占用空间小,既可吊顶暗装,也可垂直明装,非常适合宾馆的多区域多功能的小型房间; ④ 对新风机组设计要求较高,维修难度以及相应工作量庞大; ⑤ 水系统管路复杂需要同时兼备三大水系统(冷冻水系统、冷却水系统及冷凝水系统)的设计特点和施工要求,这比较容易产生吊顶水患; ⑥ 风机盘管因为复杂结构会隐藏某些特殊微生物和杂质而滋生细菌,最终伴随送风管道进入房间,对人的身体健康产生不利影响	宾馆、商务办公楼、医院等小空间区域

4.3.2　空调系统方案确定

在公共建筑中,各类宾馆、酒店广泛采取风机盘管加新风系统,这些空调设备对工程施工而言,安装极为方便,布置更显灵活,易于实现分楼层、分区域的风量控制和温度调节。具体来说,风机盘管加新风系统既包含风盘水管系统,又具有新风机组风管系统。风机盘管是集中空调的末端回风处理设备,新风机组集中处理室外新风,以满足室内空气品质要求。同时,空调房间因新风机组输入处理后的新风会产生新风负荷。总的来说,风机盘管加新风系统具有以下明显的特点:可独立控制空调房间的温度、湿度,适用于小面积、小区域的房间;调节空调房间的送风量以及新风量较为方便,运行噪声较小,可满足宾馆房间的噪声限值要求;风机盘管自身体积小,占用房间面积较少,安装时既可吊顶暗装,也可明装。同时,风机盘管加新风系统装备也存在某些缺陷:对新风机组设计要求、施工标准较高,维护修理工作量大;三大水系统管路较为复杂,容易在空调房间的上部空间产生吊顶水患;风机盘管因为本身管路构造复杂,会隐藏某些特殊微生物而滋生细菌,伴随送风管道进入房间,会对室内工作人员的身体健康产生不利影响。

结合国内外空调发展现状以及各种空调系统的特点,并且宾馆人员分布均匀、流动性大,各楼层房间冷热负荷存在明显的差异,因此,该宾馆需要结合不同空调系统的特点,相互配合,从而调节空调房间的空气品质,满足人体的舒适、健康要求。

宾馆一层服务大厅在建筑构造上属于室内大型空间区域,其特点是空间足够宽敞,各类人员流动多,这些因素使得室内冷负荷呈几何倍数增加,这就需要增大新风量进而促使新风冷负荷增加;二层餐厅有包厢、自助餐厅等独立房间,空间较为宽敞,环境安静,所以宾馆的一二层房间在选型上倾向于布置风管集中式空调系统,即"全空气一次回风系统"。

对于宾馆其他各层客房,由于房间层高较低,人流量较少,则采用布置灵活,分区域、分楼层的"风机盘管加新风系统"。它既能方便管理人员适度地调节风量,又能借助温度传感器独立控制室内温度。各楼层空调水管路沿着走廊吊顶安装布置,空调房间的送风口形式采用双层百叶风口。

众所周知,风机盘管的新风供给方式通常有三种:

1) 靠室内机械排风渗入新风,见图 4.1(a)。这种新风供给方式是靠设在室内卫生间、浴室等处的机械排风在房间内形成负压,使室外新鲜空气渗入室内。这种新风供给方式初投资和运行费用都比较低,但由于新风未经过处理直接进入室内,室内卫生条件差,易受室外气象条件影响,易受无组织的渗透风影响,造成室内温度场不均匀,因此只适用于室内人员较少的情况。

2) 墙洞引入新风,见图 4.1(b)。这种新风供给方式是把风机盘管机组设在外墙窗台下,立式明装,在盘管机组背后的墙上开洞,把室外新风用短管引入机组内。新风口进风量可以调节,冬、夏季可按最小新风量进风,过渡季节尽量多采用新风。这种新风供给方式能较好地保证新风量,但要使风机盘管适应新风负荷的变化则比较困难,而且新风负荷的变化会直接影响室内空气参数的稳定性。这种系统起初投资少、节约建筑空间,但噪声、雨水、污物容易进入室内,而且机组易腐蚀,所以只适用于对室内空气参数要求不太严格的建筑物。

3) 独立新风系统,见图 4.1(c)、(d)。这两种新风供给方式的共同特点是:在冬、夏季,新风不但不能承担室内冷热负荷,而且要求风机盘管负担对新风的处理,这就要求风机盘管机组必须具有较大的冷却和加热能力,从而使得风机盘管机组的尺寸增大。为了解决这些问题,引入了独立新风系统。室外新风通过新风机组处理得到一定的状态参数后,由送风道系统直接送入空调房间(见图 4.1(c))或风机盘管空调机组(见图 4.1(d)),使其与房间里的风机盘管共同负担空调房间的冷(热)、湿负荷。这种独立的新风供给方式,既提高了空调系统的调节和运转的灵活性,又可以适当提高风机盘管制冷时的供水温度,使盘管的结露现象得以改善。

独立新风系统供给室内新风的初投资较大,适用于对卫生条件有严格要求的空调建筑。在夏季,一般来说,可将新风处理到以下四种状态:与室内空气干球温度相等;与室内空气焓值相等;与室内空气含湿量相等;低于室内空气含湿量值。需要注意的是:由于新风处理后的终状态不同,所以风机盘管与新风机组各自承担的负荷也各不相同。下面分别说明。

① 新风处理到与室内空气干球温度相等($t_L = t_N$),其在焓湿图上表示如图 4.2 所示。

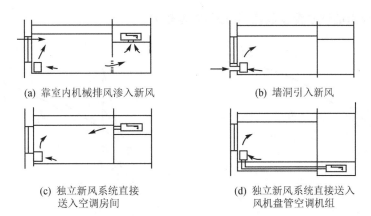

(a) 靠室内机械排风渗入新风　　　　　(b) 墙洞引入新风

(c) 独立新风系统直接　　　　　　(d) 独立新风系统直接送入
送入空调房间　　　　　　　　　　风机盘管空调机组

图 4.1　风机盘管系统的新风供给方式

a. 风机盘管承担室内冷负荷、湿负荷和部分新风冷负荷(h_L-h_N)、部分新风湿负荷(d_L-d_N);

b. 风机盘管负荷较大,且在湿工况下运行,容易产生卫生问题和送风带水问题;

c. 新风机只承担部分新风冷负荷(h_w-h_L)和湿负荷(d_w-d_L);

d. 新风机处理的焓差小,冷却去湿能力不能充分发挥。

② 新风处理到与室内空气焓值相等($h_L=h_N$),其在焓湿图上表示如图 4.3 所示。

a. 风机盘管承担室内冷负荷、湿负荷和部分新风湿负荷(d_L-d_N);

b. 风机盘管在湿工况下运行;

c. 新风机承担新风全部冷负荷(h_w-h_L)和部分湿负荷(d_w-d_L)。

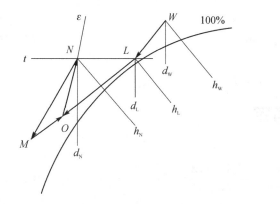

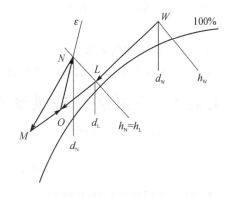

图 4.2　新风处理到与室内空气干球温度相等　　　图 4.3　新风处理到与室内空气焓值相等

③ 新风处理到与室内空气含湿量相等($d_L=d_N$),其在焓湿图上表示如图 4.4 所示。

a. 风机盘管承担部分室内冷负荷、湿负荷;

b. 风机盘管在湿工况下运行;

c. 新风机承担新风冷负荷(h_w-h_L)、湿负荷(d_w-d_L)和部分室内冷负荷(h_N-h_L)。

④ 新风处理到低于室内空气含湿量($d_L<d_N$),其在焓湿图上的表示如图 4.5 所示。

a. 风机盘管只承担瞬变负荷;

b. 风机盘管的负荷较小,要求的冷水温度较高,盘管在干工况下运行;

c. 新风机除了承担新风冷、湿负荷外还要承担室内湿负荷(d_N-d_O);

　　d. 新风机要求的冷水温度较低,处理的焓差较大。

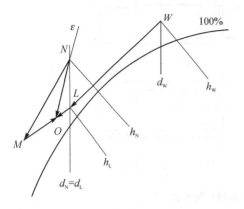
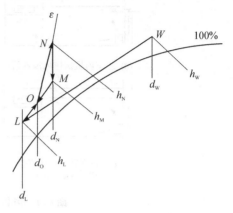

图 4.4　新风处理到与室内空气含湿量相等　　**图 4.5　新风处理到低于室内空气含湿量**

　　综上所述,并考虑到宾馆的工程实际,所以风机盘管的新风处理方案选择"新风处理到室内空气的焓线上",不承担室内负荷,且风机盘管出风口与新风口并列。

4.4　空调房间风量确定

4.4.1　空调房间新风量确定

　　空调房间新风量由下式计算:

$$G_W = ng_W \qquad (4-10)$$

式中: n——空调房间的人数;

　　　g_W——空调房间每人所需新风量,$m^3/(h \cdot 人)$。

4.4.2　空调房间送风量确定

　　空调房间送风量由下式确定:

$$G_S = \frac{L_Q}{h_N - h_O} = \frac{1\,000W}{d_N - d_O} \qquad (4-11)$$

式中: G_S——空调房间的送风量,kg/s;

　　　L_Q——空调房间的室内冷负荷,kW;

　　　h_N——室内设计状态点 N 的焓值,kJ/kg;

　　　h_O——室内送风状态点 O 的焓值,kJ/kg;

　　　W——空调房间的室内人体湿负荷,kg/s;

　　　d_N——室内设计状态点 N 的含湿量,g/kg;

　　　d_O——室内送风状态点 O 的含湿量,g/kg。

　　具体计算步骤如下:

　　① 根据工程建筑所在城市的室外干球温度及湿球温度,在焓湿图上确定南京市本空调系统设计房间的室外设计状态点 W;根据本空调系统设计房间的室内设计温度及相对湿度,在

熵湿图上,确定本空调系统设计房间的室内计算状态点 N ,并在熵湿图上查出点 W 和点 N 的熵值及含湿量等参数。

② 在确定空调房间室内冷负荷 L_Q 和人体湿负荷 W 基础上,计算空调房间的热湿比 ε 。

③ 在已绘制的熵湿图上,过室内状态点 N 做热湿比线 ε 。

④ 根据空调房间的室内送风温度差 $\Delta t_N = t_N - t_O$ (本空调系统设计中,送风温差取 8 ℃),求得室内送风温度 $t_O = t_N - \Delta t_N$ 。

⑤ 将送风温度等温线 t_O 与空调房间的热湿比线 ε 交于点 O ,同时,确定点 O 的状态值,即熵值 h_O 和含湿量值 d_O ,根据公式(4 - 11)计算送风量。

4.4.3　新风量和送风量计算实例

下面以宾馆 1001[接待室]的新风量计算为例。

1001[接待室]的室内人数为 9 人,室内每人所需新风量为 30 $m^3/(h \cdot 人)$ 。

由公式(4 - 10)可计算空调房间的新风量 $G_W = (9 \times 30) m^3/h = 270\ m^3/h$ 。

新风比 $G_W/G_S = 270/1\ 777.99 = 15\% > 10\%$,因此,1001[接待室]的新风量计算满足要求。

其余房间新风量如表 4.15 所列。

下面以宾馆 1001[接待室]的送风量计算为例。

1001[接待室]的室内冷负荷 $L_Q = 3.26\ 928\ kW$,人体湿负荷 $W = 0.51\ kg/h$,室内状态点 N 的熵值 $h_N = 58.4\ kJ/kg$,送风状态点 O 的熵值 $h_O = 51.8\ kJ/kg$ 。根据公式(4 - 11)计算 1001[接待室]的送风量 $G_S = \dfrac{L_Q}{h_N - h_O} = \dfrac{3.269\ 28\ kW}{(58.4 - 51.8)\ kJ/kg} = 0.493\ 54\ kg/s = 1\ 777.99\ m^3/h$,宾馆其余房间的送风量如表 4.15 所列。

表 4.15　宾馆房间的新风量和送风量表

楼　层	房　间	冷负荷/kW	湿负荷/(kg·h⁻¹)	新风量/(m³·h⁻¹)	送风量/(m³·h⁻¹)
一层	1001[接待室]	3.250 59	0.51	270.00	1 777.99
	1002[会议室]	3.266 12	0.51	270.00	1 776.06
	1003[茶水间]	2.666 38	0.98	120.00	550.814
	1004[行李保管室]	2.305 91	0.65	100.00	688.539
	1005[监控室]	2.243 1	0.74	125.00	614.678
	1006[办公室]	8.004 29	3.26	630.00	2 968.69
	1007[大堂]	12.955 99	6.21	1 200.00	4 097.83
二层	2001[1 号主题包厢]	2.828 17	0.34	150.00	1 290.23
	2002[2 号主题包厢]	3.279 37	0.46	200.00	1 473.05
	2003[3 号主题包厢]	4.100 31	0.68	300.00	1 779.67
	2004[4 号主题包厢]	4.020 39	0.68	300.00	1 740.41
	2005[配餐室]	3.491 43	0.40	175.00	1 335.61
	2006[厨房]	4.001 79	1.24	200.00	1 139.91
	2007[自助餐厅]	3.903 24	1.46	225.00	1 209.41
	2008[办公室]	3.903 24	1.46	270.00	986.313

楼　层	房　间	冷负荷/kW	湿负荷/(kg·h⁻¹)	新风量/(m³·h⁻¹)	送风量/(m³·h⁻¹)
三层	3001[客房]	1.950 96	0.17	120.00	733.093
	3002[客房]	1.824 85	0.23	120.00	610.269
	3003[客房]	1.863 97	0.23	120.00	683.949
	3004[客房]	1.862 33	0.23	120.00	683.348
	3005[客房]	2.082 4	0.23	120.00	773.185
	3006[客房]	2.082 4	0.23	120.00	773.185
	3007[客房]	1.862 33	0.23	120.00	683.348
	3008[客房]	1.422 67	0.17	90.00	522.02
	3009[备餐间]	4.095 26	1.79	330.00	797.947
	3010[客房]	3.310 82	0.57	300.00	1 043.33
	3011[客房]	2.896 72	0.40	210.00	1 062.91
	3012[客房]	4.195 7	0.46	240.00	1 437.77
	3013[客房]	3.076 08	0.34	180.00	1 142.13
	3014[客房]	2.886 16	0.28	150.00	1 071.6
	3015[客房]	2.488 13	0.23	120.00	934.945
	3016[客房]	2.228 99	0.28	150.00	745.664
	3017[客房]	2.722 82	0.40	210.00	885.519
十层	100001[会议室]	4.026 76	0.91	480.00	1 783.78
	100002[办公室]	4.348 17	0.91	480.00	2 290.81
	100003[活动室]	3.697 92	0.95	300.00	1 027.46
	100004[器材室]	2.877 09	0.38	120.00	957.684
	100005[备餐间]	4.696 2	1.79	275.00	846.848
	100006[办公室]	2.727 99	0.38	120.00	989.361
	100007[办公室]	2.686 09	0.38	120.00	974.168
	100008[办公室]	2.630 04	0.38	120.00	953.843

4.5　空气处理过程及设备选型

4.5.1　一次回风系统空气处理过程

下面以宾馆 1001[接待室]夏季空气处理过程为例进行介绍,1001[接待室]的室内冷负荷为 3.269 28 kW,人体湿负荷为 0.51 kg/h,室内人员所需新风量为 270.00 m³/h。

室外状态参数:$t_w=34.8\ ℃,\varphi_w=60.6\%,h_w=90.6\ \text{kJ/kg},d_w=21.6\ \text{g/kg}$。

室内设计参数:$t_n=25\ ℃,\varphi_n=65\%,h_N=58.4\ \text{kJ/kg},d_N=13.0\ \text{g/kg}$。

具体计算过程如下:

① 根据南京市当地气象参数和气候特点,绘制当地的焓湿图,图 4.6 所示为一次回风系

统的夏季空气处理过程焓湿图。

② 在焓湿图上,确定 1001[接待室]的室外状态点 W 和室内状态点 N:室外状态点 W 根据南京市的室外干球温度($t_w = 34.8$ ℃)和相对湿度($\varphi_w = 60.6\%$)确定,室内状态点 N 根据 1001[接待室]的室内设计温度($t_w = 25$ ℃)和相对湿度($\varphi_n = 65\%$)确定。

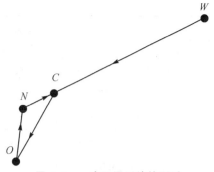

图 4.6　一次回风系统的夏季空气处理过程焓湿图

③ 计算 1001[接待室]的热湿比 ε:根据 1001[接待室]的室内冷负荷 3.269 28 kW = 3 269.28 W 和人体湿负荷 0.51 kg/h = 0.141 6 g/s,计算空调房间热湿比 $\varepsilon = \dfrac{3\ 269.28\ \text{W}}{0.141\ 6\ \text{g/s}} = 23\ 088.13$。

④ 确定 1001[接待室]的室内送风状态点 O:过 N 点做一条热湿比线 NO,将热湿比线 NO 与 90% 的相对湿度线相交,获得中心交点,即为送风状态点 O,于是 O 点的焓值 $h_O = 51.8$ kJ/kg。

⑤ 计算 1001[接待室]的送风量:根据公式(4-11),确定 1001[接待室]的实际送风量

$$G_S = \frac{L_Q}{h_N - h_O} = \frac{3.269\ 28\ \text{kW}}{(58.4 - 51.8)\ \text{kJ/kg}} = 0.493\ 54\ \text{kg/s} = 1\ 777.99\ \text{m}^3/\text{h}$$

⑥ 确定不同空气混合后的状态点 C:根据两种不同状态空气混合原理,可以确定混合后的状态点 C,由空气混合比值公式 $\dfrac{G_W}{G_S} = \dfrac{h_C - h_N}{h_W - h_N}$,可以得到点 C 的状态参数:$h_C = 63.9$ kJ/kg。

⑦ 计算 1001[接待室]的制冷量:将混合状态点 C 与送风状态点 O 之间焓值差与实际送风量相乘,可获得空调房间的冷量

$$L_Q = G_S(h_C - h_O) = 0.493\ 54\ \text{kg/s} \times (63.9 - 51.8)\ \text{kJ/kg} = 5.971\ 86\ \text{kW}$$

以上是 1001[接待室]空气处理过程的设计计算,对于一层和二层其余房间的送风量及冷量,参见表 4.16。

表 4.16　一层和二层空调房间的送风量和冷量计算表

楼　层	房　间	冷负荷/kW	湿负荷/(kg·h⁻¹)	新风量/(m³·h⁻¹)	送风量/(m³·h⁻¹)	冷量/kW
一层	1001[接待室]	3.250 59	0.51	270.00	1 777.99	5.971 86
	1002[会议室]	3.266 12	0.51	270.00	1 776.06	5.968 7
	1003[茶水间]	2.666 38	0.98	120.00	550.814	4.252 23
	1004[行李保管室]	2.305 91	0.65	100.00	688.539	3.551 91
	1005[监控室]	2.243 1	0.74	125.00	614.678	3.696 3
	1006[办公室]	8.004 29	3.26	630.00	2 968.69	13.632
	1007[大堂]	12.955 99	6.21	1 200.00	4 097.83	23.675 5

楼　层	房　间	冷负荷/kW	湿负荷/(kg·h⁻¹)	新风量/(m³·h⁻¹)	送风量/(m³·h⁻¹)	冷量/kW
二层	2001[1 号主题包厢]	2.828 17	0.34	150.00	1 290.23	4.451
	2002[2 号主题包厢]	3.279 37	0.46	200.00	1 473.05	5.443 15
	2003[3 号主题包厢]	4.100 31	0.68	300.00	1 779.67	7.345 98
	2004[4 号主题包厢]	4.020 39	0.68	300.00	1 740.41	7.266 06
	2005[配餐室]	3.491 43	0.40	175.00	1 335.61	5.525 92
	2006[厨房]	4.001 79	1.24	200.00	1 139.91	6.326 92
	2007[自助餐厅]	3.903 24	1.46	225.00	1 209.41	6.337 49
	2008[办公室]	3.903 24	1.46	270.00	986.313	7.042 16

4.5.2　风机盘管加新风系统空气处理过程

以 3010[客房]夏季空气处理过程为例计算送风量及冷量,3010[客房]的室内冷负荷为 3.310 82 kW,人体湿负荷为 0.57 kg/h,新风量为 300.00 m³/h。

室外状态参数:$t_w=34.9\ ℃,\varphi_w=60.5\%,h_w=90.5\ kJ/kg,d_w=21.5\ g/kg$。

室内设计参数:$t_n=25\ ℃,\varphi_n=55\%,h_N=53.2\ kJ/kg,d_N=11.0\ g/kg$。

具体计算步骤如下:

① 根据南京市当地气象参数绘制焓湿图,如图 4.7 所示。

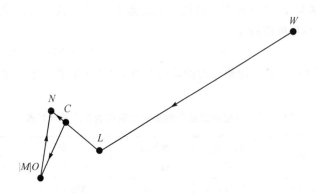

图 4.7　风机盘管加新风系统的夏季空气处理过程

② 在焓湿图上,确定 3010[客房]的室外状态点 W 和室内设计点 N。室外状态点 W 根据南京市的室外干球温度($t_w=34.9\ ℃$)和相对湿度($\varphi_w=60.5\%$)确定,室内设计点 N 根据接待室的室内设计温度($t_n=25\ ℃$)和相对湿度($\varphi_n=55\%$)确定。

③ 确定空调系统的机器露点 L:过 N 画等焓线 NL,使得等焓线 NL 与 90%的相对湿度线相交于点 L。

④ 确定 3010[客房]的室内送风点 O:根据之前进行计算得出的 3010[客房]的室内冷负荷 3.310 82 kW=3 310.82 W 和人体湿负荷 0.57 kg/h=0.158 g/s,计算 3010[客房]的热湿

比 $\varepsilon = \dfrac{3\ 310.82\ \text{W}}{0.158\ \text{g/s}} = 20\ 954.556$，过点 N 作一条热湿比线 NO，与 90% 的相对湿度线交于点 O，于是 O 点的焓值 $h_O = 43.0\ \text{kJ/kg}$。

⑤ 计算 3010[客房]的送风量：

$$G_S = \frac{L_Q}{h_N - h_O} = \frac{3.310\ 82\ \text{kW}}{(53.2 - 43)\ \text{kJ/kg}} = 0.324\ \text{kg/s} = 1\ 042.83\ \text{m}^3/\text{h}$$

$$G_W = 300\ \text{m}^3/\text{h} = 0.093\ 377\ 3\ \text{kg/s}$$

⑥ 确定不同空气混合后的状态点 C：风机盘管处理风量 $G_F = G_S - G_W = (1\ 042.83 - 300)\ \text{m}^3/\text{h} = 742.83\ \text{m}^3/\text{h} = 0.231\ 212\ \text{kg/s}$，由混合原理 $\dfrac{G_W}{G_F} = \dfrac{d_N - d_C}{d_C - d_L}$，得到 $d_C = 11.6\ \text{g/kg}$，从而确定 $h_C = 42.3\ \text{kJ/kg}$。

⑦ 确定 3010[客房]新风机组需要承担的冷量和风机盘管承担的冷量：

$$L_{QW} = G_W(h_W - h_L) = 0.093\ 377\ 3\ \text{kg/s} \times (90.6 - 53.2)\ \text{kJ/kg} = 3.487\ 69\ \text{kW}$$

$$L_{QF} = G_S(h_C - h_O) = 0.324\ 745\ \text{kg/s} \times (53.2 - 43)\ \text{kJ/kg} = 3.310\ 72\ \text{kW}$$

以上是 3010[客房]空气处理过程的设计计算，三层和十层其余房间的送风量及风机盘管冷量如表 4.17 所列。

表 4.17　三层和十层宾馆房间的送风量和风机盘管冷量计算表

楼　层	房　间	冷负荷/ kW	湿负荷/ (kg·h⁻¹)	新风量/ (m³·h⁻¹)	送风量/ (m³·h⁻¹)	风机盘管 冷量/kW
	3001[客房]	1.950 96	0.17	120.00	733.093	1.950 92
	3002[客房]	1.824 85	0.23	120.00	610.269	1.824 81
	3003[客房]	1.863 97	0.23	120.00	683.949	1.863 93
	3004[客房]	1.862 33	0.23	120.00	683.348	1.862 29
	3005[客房]	2.082 4	0.23	120.00	773.185	2.082 36
	3006[客房]	2.082 4	0.23	120.00	773.185	2.082 36
	3007[客房]	1.862 33	0.23	120.00	683.348	1.862 29
	3008[客房]	1.422 67	0.17	90.00	522.02	1.422 64
三层	3009[备餐间]	4.095 26	1.79	330.00	797.947	4.095 15
	3010[客房]	3.310 82	0.57	300.00	1 043.33	3.310 72
	3011[客房]	2.896 72	0.40	210.00	1 062.91	2.896 65
	3012[客房]	4.195 7	0.46	240.00	1 437.77	4.195 62
	3013[客房]	3.076 08	0.34	180.00	1 142.13	3.076 02
	3014[客房]	2.886 16	0.28	150.00	1 071.6	2.886 11
	3015[客房]	2.488 13	0.23	120.00	934.945	2.488 09
	3016[客房]	2.228 99	0.28	150.00	745.664	2.228 94
	3017[客房]	2.722 82	0.40	210.00	885.519	2.722 75

续表 4.17

楼　层	房　间	冷负荷/ kW	湿负荷/ $(kg \cdot h^{-1})$	新风量/ $(m^3 \cdot h^{-1})$	送风量/ $(m^3 \cdot h^{-1})$	风机盘管 冷量/kW
十层	100001[会议室]	4.026 76	0.91	480.00	1 783.78	4.026 58
	100002[办公室]	4.348 17	0.91	480.00	2 290.81	4.347 99
	100003[活动室]	3.697 92	0.95	300.00	1 027.46	3.697 82
	100004[器材室]	2.877 09	0.38	120.00	957.684	2.877 05
	100005[备餐间]	4.696 2	1.79	275.00	846.848	4.696 11
	100006[办公室]	2.727 99	0.38	120.00	989.361	2.727 95
	100007[办公室]	2.686 09	0.38	120.00	974.168	2.686 05
	100008[办公室]	2.630 04	0.38	120.00	953.843	2.63

4.5.3　组合式空调机组选型

该宾馆一二层选用全空气一次回风系统,分别在一层和二层的西北角均预留一间空调机房,空调机房用于放置组合式空调机组,可以依据一二层的总冷量和送风量确定空调机组型号,如表 4.18 所列。

表 4.18　一二层房间的组合式空调机组型号表

楼　层	送风量/$(m^3 \cdot h^{-1})$	冷量/kW	型　号	额定风量/$(m^3 \cdot h^{-1})$	额定冷量/kW	额定冷水量/$(m^3 \cdot h^{-1})$
一层	12 363.64	60.286 36	ZK13	13 000	71.9	12.4
二层	10 954.6	49.738 68	ZK13	13 000	71.9	12.4

4.5.4　风机盘管选型

该宾馆的三层和十层房间选用风机盘管加新风系统,室外新风经新风机组冷却除湿处理并达到空调房间设定的温度及湿度要求,即可实时送入空调房间。风机盘管主要包括风机和盘管两部分,其送风量在 $300 \sim 2\ 300\ m^3/h$ 之间,在宾馆空调设计中,房间多为客房和办公室,所以选择将风机盘管吊顶暗装于房间的门口上空。至于风机盘管的型号选择,可根据风机盘管送风量和冷量确定。需要注意的是,空调房间的额定风量和额定冷量应该大于房间的实际送风量和冷量,根据表 4.17 中所计算的冷量和送风量便可确定风机盘管型号,如表 4.19 所列。

表 4.19　三层及十层房间风机盘管型号表

楼　层	房　间	送风量/ $(m^3 \cdot h^{-1})$	冷量/kW	型　号	额定风量/ $(m^3 \cdot h^{-1})$	额定冷量/ kW
三层	3001[客房]	733.093	1.950 92	42CMT006	900	4.6
	3002[客房]	610.269	1.824 81	42CMT006	900	4.6
	3003[客房]	683.949	1.863 93	42CMT006	900	4.6
	3004[客房]	683.348	1.862 29	42CMT006	900	4.6

楼　层	房　　间	送风量/ （m³·h⁻¹）	冷量/kW	型　号	额定风量/ （m³·h⁻¹）	额定冷量/ kW
三层	3005[客房]	773.185	2.082 36	42CMT006	900	4.6
	3006[客房]	773.185	2.082 36	42CMT006	900	4.6
	3007[客房]	683.348	1.862 29	42CMT006	900	4.6
	3008[客房]	522.02	1.422 64	42CMT004	600	3.3
	3009[备餐间]	797.947	4.095 15	42CMT006	900	4.6
	3010[客房]	1 043.33	3.310 72	42CMT004	600	3.3
	3011[客房]	1 062.91	2.896 65	42CMT004	600	3.3
	3012[客房]	1 437.77	4.195 62	42CMT006	900	4.6
	3013[客房]	1 142.13	3.076 02	42CMT006	900	4.6
	3014[客房]	1 071.6	2.886 11	42CMT006	900	4.6
	3015[客房]	934.945	2.488 09	42CMT008	1 050	6.6
	3016[客房]	745.664	2.228 94	42CMT006	900	4.6
	3017[客房]	885.519	2.722 75	42CMT006	900	4.6
十层	100001[会议室]	1 783.78	4.026 58	42CMT006	900	4.6
	100002[办公室]	2 290.81	4.347 99	42CMT010	1 300	9.2
	100003[活动室]	1 027.46	3.697 82	42CMT004	600	3.3
	100004[器材室]	957.684	2.877 05	42CMT008	1 050	6.6
	100005[备餐间]	846.848	4.696 11	42CMT006	900	4.6
	100006[办公室]	989.361	2.727 95	42CMT008	1 050	6.6
	100007[办公室]	974.168	2.686 05	42CMT008	1 050	6.6
	100008[办公室]	953.843	2.630 00	42CMT008	1 050	6.6

4.5.5　新风机组选型

1. 新风机组的布置

考虑到宾馆建筑特点和房间布局,三层至十层的东侧走廊各有一台新风机组,每一层的新风机组吊顶暗装于宾馆走廊上空,新风口设置在走廊外窗上部,室外新风从防雨新风口进入到新风机组,经新风机组处理后,新风管道将新风送入每个空调房间,另外新风管与新风机组连接处应该添加软接头,防止机组颤动从而产生噪声。

2. 新风机组的型号

根据三层至十层每一层所需的总新风量和处理新风所需冷量两个指标来确定新风机组的型号,如表 4.20 所列。

表 4.20　三层至十层新风机组型号表

楼　层	送风量/(m³·h⁻¹)	型　号	额定风量/(m³·h⁻¹)	额定冷量/kW	额定水量/(kg·h⁻¹)
三层	2 820.00	HDK-03	3 000	33.9	5 800
四层	2 820.00	HDK-03	3 000	33.9	5 800
五层	2 820.00	HDK-03	3 000	33.9	5 800
六层	2 820.00	HDK-03	3 000	33.9	5 800
七层	2 820.00	HDK-03	3 000	33.9	5 800
八层	2 820.00	HDK-03	3 000	33.9	5 800
九层	2 820.00	HDK-03	3 000	33.9	5 800
十层	2 015.00	HDK-03	3 000	33.9	5 800

4.6　气流组织设计

　　气流组织设计是指布置合理的送风口和回风口,将经过空调机房中的空气处理设备处理后的空气,沿送风管道经送风口送入房间,消除房间余热和余湿,给人们带来舒适感。在进行气流组织计算时,首先应明确六种气流组织形式,其次需合理布置送回风口,之后选定合适风口规格及个数,最后还需要校核风口送风速度以及贴附长度,使得空气气流速度及空气射流长度满足相应的规范要求。本工程根据常见气流组织形式的优缺点及房间的结构,一层、二层各房间选用侧送侧回的气流组织形式,送风口形式选用双层百叶送风口,三层及以上楼层的宾馆房间则选用上送下回的气流组织形式,送风口选用方形散流器。回风则采用侧壁格栅回风口,实现走廊回风。

4.6.1　侧送侧回气流组织设计

　　下面以宾馆 1001[接待室]为例进行计算。

　　已知 1001[接待室]的径向长度 $L=4.8$ m,横向宽度 $B=8$ m,垂直高 $H=4.8$ m,送风量 $G_S=1\,777.99$ m³/h$=0.493\,8$ m³/s,送风温差 $\Delta t_S=8$ ℃。

　　侧送侧回气流组织设计计算步骤如下:

　　(1) 校核空调房间的侧送风高度

$$H'=h+0.07x+s+0.3 \text{ m} \tag{4-12}$$

式中:h——工作区高度,m;

　　　x——气流贴附长度,m,x 应为房间径向长度减 1 m;

　　　s——送风口下边到顶棚的距离,m。

　　根据公式(4-12)计算:

$$H'=2 \text{ m}+0.07\times3.8 \text{ m}+1.7 \text{ m}+0.3 \text{ m}=4.266 \text{ m}<H=4.8 \text{ m}$$

　　(2) 确定空气射流的最小相对射程

　　设 $\Delta t_S=1$ ℃,则 $\dfrac{\Delta t_x}{\Delta t_S}=\dfrac{1 \text{ ℃}}{8 \text{ ℃}}=0.125$。根据相应暖通规范 GB 50736—2012,可知 1001

［接待室］射流最小相对射程 $\dfrac{x}{d_O}=16.25$，其 d_O 为折算风口直径。

（3）确定送风口的最大风口直径及折算风口直径

侧送风口到 1001［接待室］南内墙的距离是 0.6 m，射流末端到 1001［接待室］北外墙的距离是 0.4 m，于是空气气流实际射程 $x=(4.8-0.6-0.4)\ \text{m}=3.8\ \text{m}$，由此便能确定 1001［接待室］侧送风口最大的折算直径 $(d_O)_{\max}\ \dfrac{3.8}{16.25}=0.24\ \text{m}$，因此选用双层百叶侧送风口，合适的风口规格尺寸为 200 mm×200 mm，折算风口直径 $d_O=1.128\sqrt{0.2\times0.2}\ \text{m}=0.226\ \text{m}$。

（4）确定空调房间的侧送风口数量及风口实际风速

计算单个送风口的风量：

$$g'=Cv'\ \frac{\pi d_O^2}{4} \tag{4-13}$$

式中：C——送风口的有效断面系数，双层百叶风口取 0.8；

　　　v'——送风口的假定风速，m/s；

　　　d_O——送风口的折算直径，m。

空调房间的送风口数量：

$$n=G_S/g' \tag{4-14}$$

式中：G_S——空调房间的送风量，m^3/s。

空调房间的送风口实际风速：

$$v_O=\frac{G_S/n}{\dfrac{\pi d_O^2}{4}} \tag{4-15}$$

式中：n——空调房间的送风口数量。

若送风口的假定风速为 2.5 m/s，根据公式（4-13），可确定每个风口的风量 $g'=0.8\times 2.5\ \text{m/s}\times\dfrac{\pi(0.226\ \text{m})^2}{4}=0.080\ 1\ \text{m}^3/\text{s}$；根据公式（4-14），可计算风口数量 $n=\dfrac{0.493\ 8\ \text{m}^3/\text{s}}{0.099\ \text{m}^3/\text{s}}\approx6$；根据公式（4-15），可求得送风口的实际风速 $v_O=\dfrac{(0.493\ 8\ \text{m}^3/\text{s})/6}{\dfrac{\pi(0.226\ \text{m})^2}{4}}=2.05\ \text{m/s}$。

（5）校核空调送风口的送风速度

最大的送风口风速：

$$v_{O,\max}=0.3\ \frac{\sqrt{F_n}}{d_O}=0.3\ \frac{\sqrt{B\dfrac{H}{n}}}{d_O} \tag{4-16}$$

式中：F_n——射流服务区的断面积，m^2；

　　　B——空调房间的横向宽度，m；

　　　H——空调房间的高度，m；

　　　n——空调房间的送风口数量。

根据公式(4-16),可计算 $v_{O,\max}=0.3\dfrac{\sqrt{B\dfrac{H}{n}}}{d_O}\approx3.36\ \mathrm{m/s}>v_O=2.05\ \mathrm{m/s}$,因此,送风口空气流速满足规定要求。

(6) 校核空气射流的贴附长度

阿基米德数:

$$\mathrm{Ar}=\frac{gd_0\Delta t_S}{v_O^2 T_r} \tag{4-17}$$

式中:g——重力加速度,取 $9.8\ \mathrm{m/s^2}$;

　　　Δt_S——送风温差,℃;

　　　T_r——工作区温度,℃;

　　　v_O——送风口的实际风速,m/s。

根据公式(4-17),可计算 $\mathrm{Ar}=\dfrac{9.8\ \mathrm{m/s^2}\times0.226\ \mathrm{m}\times8\ ℃}{(2.05\ \mathrm{m/s})^2\times(25+273)\ ℃}=0.14$。根据暖通设计规范 GB 50736—2012,可知 1001[接待室]的相对贴附射流长度 $\dfrac{x}{d_O}=18$。

实际贴附长度 $x'=18\times0.226\ \mathrm{m}=4.068\ \mathrm{m}>x=3.8\ \mathrm{m}$,因此,射流贴附长度满足要求。一二层其余房间的风口尺寸见表 4.21。

表 4.21　一二层房间的风口规格

楼　层	房　　间	风口规格及尺寸/(mm×mm)		风口个数/个	喉口风速/(m·s⁻¹)
一层	1001[接待室]	双层百叶风口	200×200	6	2.05
	1002[会议室]		200×200	6	2.05
	1003[茶水间]		120×120	4	2.66
	1004[行李保管室]		140×140	4	2.44
	1005[监控室]	方形散流器	150×150	4	2.01
	1006[办公室]		140×140	20	2.1
	1007[大堂]		200×200	12	2.37
二层	2001[1 号主题包厢]		200×200	4	2.24
	2002[2 号主题包厢]		200×200	4	2.56
	2003[3 号主题包厢]		200×200	6	2.06
	2004[4 号主题包厢]		200×200	6	2.01
	2005[配餐室]		200×200	6	2.75
	2006[厨房]	双层百叶风口	150×150	6	2.35
	2007[自助餐厅]		150×150	6	2.49
	2008[办公室]		150×150	6	2.03

4.6.2　上送下回气流组织设计

下面以宾馆 3003[客房]为例进行计算。

已知 3003[客房]的径向长度 $L=6.3$ m,横向宽度 $B=8$ m,垂直高度 $H=3.3$ m,送风量 $G_s=1\,134.56$ m³/h$=0.315$ m³/s。

上送下回气流组织设计计算步骤如下:

(1) 沿房间结构布局布置方形散流器

沿径向长度 L 方向将 3003[客房]分成 3 等份,沿横向宽度 B 方向将该客房分成 2 等份,因此,该客房可以被分成 6 个区域,每个区域布置一个方形散流器,共布置 6 个方形散流器,每个方形散流器承担 2×4 m。

(2) 确定方形散流器的规格

假定每个散流器的喉部风速 $v'=2.2$ m/s,其相应散流器的最大喉部面积 $F_{n,\max}=\dfrac{G_s}{nv'}=$ [$0.315/(6\times2.2)$] m²$=0.023\,86$ m²,选用喉部尺寸为 150 mm$\times$150 mm 的方形散流器,求得散流器的喉部风速 $v_s=G_s/nF=$[$0.315/(6\times0.022\,5)$] m/s$=2.33$ m/s,散流器的实际出口风速: $v_O=v_s/0.9=(2.33$ m/s$)/0.9=2.95$ m/s,散流器的实际出口面积为 $F_O=0.9A=0.9\times0.022\,5=0.02$ m²。

(3) 校核散流器的射程

$$x'=\frac{Kv_O\sqrt{F_O}}{v_X}-x_O \tag{4-18}$$

根据公式(4-18),可求得散流器的射程 $x'=\left(\dfrac{1.4\times2.95\times\sqrt{0.02}}{0.5}-0.07\right)m=1.09$ m$>1\times0.75=0.75$ m,散流器射程满足要求。

(4) 计算室内平均速度

$$v_m=\frac{0.381x}{\sqrt{\dfrac{l^2}{4}+H^2}} \tag{4-19}$$

根据公式(4-19),可以计算室内平均速度 $v_m=\dfrac{0.381\times1.08}{\sqrt{\dfrac{2^2}{4}+3.3^2}}$ m/s$=0.12$ m/s。若是空调夏天运行,吊顶方形散流器会向室内输送冷风,则室内平均风速 $v_{m1}=1.2v_m=1.2\times0.12$ m/s$=0.24$ m/s;若是空调冬天运行,吊顶方形散流器会向室内输送热风,则室内平均风速为 $v_{m2}=0.8v_m=0.8\times0.12$ m/s$=0.1$ m/s。因此,初选散流器规格符合要求,而三层和十层其余房间的散流器规格如表 4.22 所列。

表 4.22　三层和十层房间的散流器规格

楼　层	房　间	房间送风量/ (m³·h⁻¹)	散流器规格/ (mm×mm)	散流器个数	喉口风速/ (m·s⁻¹)
三层	3001[客房]	713.98	200×200	2	2.48
	3002[客房]	648.39	150×150	3	2.67
	3003[客房]	663.64	150×150	3	2.73
	3004[客房]	663.00	150×150	3	2.73

楼 层	房 间	房间送风量/ （m³·h⁻¹）	散流器规格/ （mm×mm）	散流器个数	喉口风速/ （m·s⁻¹）
三层	3005[客房]	748.79	150×150	3	3.08
	3006[客房]	748.79	150×150	3	3.08
	3007[客房]	663.00	150×150	3	2.09
	3008[客房]	508.04	150×150	3	2.3
	3009[备餐间]	1 115.66	200×200	6	2.58
	3010[客房]	1 134.56	150×150	6	2.33
	3011[客房]	1 019.68	200×200	3	2.36
	3012[客房]	1 509.63	150×150	6	3.11
	3013[客房]	1 106.03	150×150	3	2.28
	3014[客房]	1 048.42	200×200	3	2.43
	3015[客房]	906.95	200×200	3	2.1
	3017[客房]	792.25	120×120	6	2.55
	3018[客房]	951.89	150×150	3	2
十层	100001[会议室]	1 783.78	150×150	5	2.01
	100002[办公室]	2 290.81	150×150	6	2.03
	100003[活动室]	1 027.46	150×150	6	2.04
	100004[器材室]	957.684	150×150	5	2.03
	100005[备餐间]	846.848	200×200	3	2.58
	100006[办公室]	989.361	150×150	6	2.02
	100007[办公室]	974.168	150×150	4	2.75
	100008[办公室]	953.843	150×150	4	2.69

4.6.3　回风口设计

回风口形式采用侧壁格栅回风口,实现走廊回风。回风口的空气回流速度衰减较为迅速,并且其回流作用区域小,其设置方位及形状应该按照气流组织设计要求确定。当回风口布置于房间下方时,为防止灰尘和细小固体颗粒进入,回风口下边缘到宾馆地面的垂直距离必须大于 0.15 m。

4.7　空调风系统设计

4.7.1　风管布置原则

① 根据房间用途差异性,灵活布置风管,设置支路风管,可易于调节风量。

② 根据工艺和气流组织要求,风管既可架空敷设,又可暗装于地板内墙。

③ 布置风管尽量做到垂直顺滑,避免管路太过复杂,合理设置管段的局部构件,如弯头、

三通。

④ 在风管某些关键部位,需要设置易于调节和观测的操纵和测量装置,如风量仪、压力表、温度计、各类阀门等。

4.7.2　风管材料选择

目前,实际工程中可以用作风管的材料为薄层钢板、镀锌钢板、玻璃钢板、铝板、胶合板等,镀锌钢板具有加工简易、耐高温、承压性好等特点,因此,本空调系统的风管选用矩形镀锌风管。

4.7.3　风管设计基本任务

① 确定风管管道的截面尺寸和形状,合理设计风管送风系统。

② 计算宾馆空调系统风管的沿程阻力损失、局部阻力损失及系统总阻力损失,确定风机型号,保持系统风量分配均匀。

风管管段沿程阻力:

$$\Delta P_y = R_y L \tag{4-20}$$

式中:R_y——比摩阻,Pa/m;

　　　L——管段长度,m。

风管管段局部阻力:

$$\Delta P_j = \frac{1}{2} \sum \xi \rho v^2 \tag{4-21}$$

式中:ξ——局部阻力系数;

　　　ρ——空气密度,kg/m³;

　　　v——风道流速,m/s。

风管系统总阻力:

$$\Delta P = \Delta P_y + \Delta P_j \tag{4-22}$$

4.7.4　风管水力计算方法

风管水力计算包括两部分内容:一是确定送风管道横断面尺寸,二是计算风管系统的沿程阻力和局部阻力,以此获得送风机选型的理论依据。通常而言,低速风管的水力计算方法采用假定流速法,此方法先根据风管所处的位置选定流速,初步确定风管的断面尺寸,然后根据比对国际化风管尺寸确定实际风管断面尺寸,进而反求出风管的实际空气流速及各风管管段阻力。

4.7.5　风管水力计算实例

空调风管系统设计计算(又称为阻力计算、水力计算)的目的有三:一是确定风管各管段的断面尺寸和阻力,二是对各并联风管支路进行阻力设计平衡,三是计算出选择风机所需要的风压。其计算方法较多,目前常用的是假定流速法。假定流速法也称为控制流速法,其特点是先按技术经济比较推荐的风速初选管段的流速,再根据管段的风量确定其断面尺寸,并计算风道的流速与阻力(进行不平衡率的检验),最后选定合适的风机。具体主要步骤如下:

1) 确定空调系统方案,绘制系统轴测图,标注各管段长度和风量。根据各个房间或区域空调负荷计算出的送回风量,结合气流组织的需要确定送回风口的形式、设置位置及数量。根据工程实际确定空调机房或空调设备的位置,选定热湿处理及净化设备的形式,布置以每个空调机房或空调设备为核心的子系统送回风管的走向和连接方式,绘制出系统轴测简图,对最不利环路管段进行编号,并标注各管段长度和风量。

2) 计算风管风量及实际风速:选取送风风道的空气流速 v',确定送风风道截面尺寸,根据公式(4-23)计算风管风量 G;同时,根据风管实际尺寸,反算出风管内的实际风速 v。

矩形风管风量:

$$G = 3\,600abv' \tag{4-23}$$

式中:a、b——风管管道的净宽、净高,m;

v'——假定风道的空气流速,m/s。

3) 计算风管的沿程阻力及局部构件的局部阻力:已知风管长度及比摩阻,根据公式(4-20),求得风管的沿程阻力;然后,按照风管系统局部构件类型以及风管实际流速,依据公式(4-21),计算风管的局部阻力;最后,计算系统总阻力。

4) 检查并联两支路风管阻力的不平衡率大小是否满足要求:送风管道主风管连接的两条送风管道支路的阻力不平衡率要小于15%。若阻力不平衡率超过15%,则需要通过更改风管管径、变化送风量、调节风阀等手段调节阻力不平衡率。

结合本工程实际,其风管水力计算具体步骤如下:

1) 绘制宾馆一层风管轴测图:如图4.8所示,逆时针设置送风管段的顺序编号,标注送风管段长度及送风量,管段1至9为一层送风管段的最不利环路,一层风管管段编号如图4.9所示。

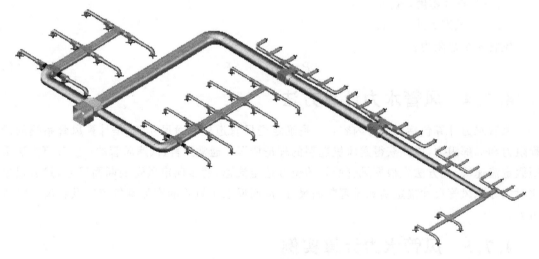

图 4.8　一层风管轴测图

2) 计算风管断面尺寸及实际风速:以管段1为例,由工程实际可知,管段1的风量 $G = 12\,474.6$ m³/h,管段长 $L = 0.845$ m,假定管段1的管的空气流速 $v' = 3$ m/s。

根据公式(4-23),可计算风管断面面积 $A' = [12\,474.6/(3\,600 \times 3)]$ m² $= 1.15$ m²,取断面尺寸 1 000 mm×1 000 mm 的标准风管,风管实际面积 $A' = 1$ m²。因此,可反算出风管的

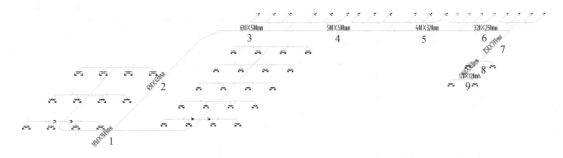

图 4.9　一层风管管段编号图

实际空气风速 $v=[12\,474.6/(3\,600\times1)]$ m/s $=3.46$ m/s。

3）计算沿程阻力及局部构件的局部阻力：根据暖通设计规范，查出比摩阻 $R_y=0.12$ Pa/m，管段 1 的沿程阻力 $\Delta P_y=0.12$ Pa/m $\times0.845$ m $=0.101\,4$ Pa。该管段存在四通，因此，管段 1 的局部阻力 $\Delta P_j=(1\times1.2\times3.46^2/2)$Pa $=7.18$ Pa，管段 1 的系统总阻力 $\Delta P=0.101\,4$ Pa $+7.18$ Pa $=7.28$ Pa。

4）检查主风管的两条并联支路阻力是否趋于平衡：一层最不利环路其他管段风管的水力计算如表 4.23 所列，二层的风管水力计算参见表 4.24。

表 4.23　一层最不利环路水力计算表

管段编号	风量 G/ $(\text{m}^3\cdot\text{h}^{-1})$	长度 L/m	风管 $a\times b$/ (mm×mm)	实际流速 v/(m·s^{-1})	沿程阻力 ΔP_y/Pa	局部阻力 ΔP_j/Pa	总阻力 ΔP/Pa
1	12 474.60	0.845	1 000×1 000	3.46	0.10	7.18	7.28
2	5 408.10	10.012	630×630	3.78	2.30	1.89	4.19
3	3 630.10	7.831	500×500	4.03	2.82	9.74	12.56
4	1 854.00	7.831	500×250	4.12	4.54	10.18	14.73
5	1 303.20	3.442	400×250	3.62	1.45	7.86	9.31
6	614.70	1.121	250×200	3.42	0.81	1.61	2.42
7	614.70	3.105	250×200	2.24	2.24	7.02	9.25
8	307.40	1.52	160×160	3.34	1.55	1.61	3.16
9	153.70	0.435	120×120	2.96	0.55	5.26	5.81

表 4.24　二层风管水力计算表

管段编号	G/(m³·h^{-1})	L/m	形　状	$(D\cdot W^{-1})$/mm	H/mm	v/(m·s^{-1})	ΔP_y/Pa	ΔP_j/Pa	ΔP/Pa
1	10 954.7	2.5	矩形	800	800	4.75	0.71	0	0.71
2	8 191.38	0.17	矩形	800	800	3.56	0.03	9.9	9.93
3	8 191.38	4.51	矩形	800	630	4.51	1.35	14.5	15.85
4	8 191.38	5.72	矩形	800	630	4.51	1.71	14.5	16.21
5	8 191.38	3.65	矩形	800	630	4.51	1.09	0	1.09
6	6 411.72	6.97	矩形	630	630	4.49	2.37	6.14	8.51

管段编号	$G/(\text{m}^3 \cdot \text{h}^{-1})$	L/m	形　状	$(D \cdot W^{-1})/\text{mm}$	H/mm	$v/(\text{m} \cdot \text{s}^{-1})$	$\Delta P_y/\text{Pa}$	$\Delta P_j/\text{Pa}$	$\Delta P/\text{Pa}$
7	3 684.96	7.28	矩形	500	500	4.09	2.76	1.38	4.15
8	2 475.54	7.15	矩形	400	320	5.37	6.85	4.37	11.21
9	1 335.6	0.83	矩形	320	250	4.64	0.81	16.97	17.78
10	1 335.6	1.47	矩形	320	250	4.64	1.43	0	1.43
11	890.4	1.11	矩形	320	250	3.09	0.51	0.89	1.4
12	445.2	1.11	矩形	200	160	3.86	1.36	1.26	2.63
13	222.6	1.15	矩形	160	120	3.22	1.39	8	9.39
14	222.6	0.17	矩形	150	150	2.75	0.14	0	0.14
15	222.6	1.15	矩形	160	120	3.22	1.39	8	9.39
16	222.6	0.17	矩形	150	150	2.75	0.14	0	0.14
17	222.6	1.04	矩形	160	120	3.22	1.26	18.95	20.21
18	222.6	0.17	矩形	150	150	2.75	0.14	0	0.14
19	222.6	1.04	矩形	160	120	3.22	1.26	18.95	20.21
20	222.6	0.17	矩形	150	150	2.75	0.14	0	0.14
21	222.6	1.04	矩形	160	120	3.22	1.26	21.94	23.2
22	222.6	0.17	矩形	150	150	2.75	0.14	0	0.14
23	222.6	1.04	矩形	160	120	3.22	1.26	21.94	23.2
24	222.6	0.17	矩形	150	150	2.75	0.14	0	0.14
25	1 139.94	0.16	矩形	320	250	3.96	0.12	1.21	1.33
26	569.97	0.42	矩形	250	200	3.17	0.27	0.49	0.75
27	379.98	0.42	矩形	200	160	3.3	0.39	7.7	8.09
28	189.99	0.9	矩形	120	120	3.66	1.63	9.61	11.24
29	189.99	0.73	矩形	120	120	3.66	1.33	0	1.33
30	189.99	0.69	矩形	120	120	3.66	1.25	0.26	1.51
31	189.99	0.64	矩形	120	120	3.66	1.17	0.41	1.58
32	569.97	0.42	矩形	250	200	3.17	0.27	0.49	0.75
33	379.98	0.62	矩形	200	160	3.3	0.57	3.73	4.3
34	189.99	0.68	矩形	120	120	3.66	1.23	13.29	14.53
35	189.99	0.73	矩形	120	120	3.66	1.33	0	1.33
36	189.99	0.67	矩形	120	120	3.66	1.22	0.26	1.48
37	189.99	0.64	矩形	120	120	3.66	1.17	0.41	1.58
38	1 209.42	0.08	矩形	320	250	4.2	0.07	2.67	2.73
39	604.71	0.34	矩形	320	200	2.62	0.14	0.33	0.47
40	403.14	0.58	矩形	200	160	3.5	0.59	2.81	3.4
41	201.57	0.58	矩形	160	160	2.19	0.29	8.42	8.71
42	201.57	0.61	矩形	120	120	3.89	1.23	0	1.23

管段编号	$G/(\mathrm{m^3 \cdot h^{-1}})$	L/m	形　状	$(D \cdot W^{-1})/\mathrm{mm}$	H/mm	$v/(\mathrm{m \cdot s^{-1}})$	$\Delta P_\mathrm{y}/\mathrm{Pa}$	$\Delta P_\mathrm{j}/\mathrm{Pa}$	$\Delta P/\mathrm{Pa}$
43	201.57	0.67	矩形	120	120	3.89	1.36	0.29	1.65
44	201.57	0.61	矩形	120	120	3.89	1.23	0.59	1.82
45	604.71	0.34	矩形	320	250	2.1	0.08	0.21	0.29
46	403.14	0.58	矩形	200	160	3.5	0.59	2.09	2.68
47	201.57	0.58	矩形	160	160	2.19	0.29	8.42	8.71
48	201.57	0.61	矩形	120	120	3.89	1.23	0	1.23
49	201.57	0.67	矩形	120	120	3.89	1.36	0.29	1.65
50	201.57	0.61	矩形	120	120	3.89	1.23	0.73	1.97
51	986.34	0.05	矩形	320	200	4.28	0.05	12.83	12.88
52	493.17	0.42	矩形	250	200	2.74	0.21	0.29	0.5
53	328.78	0.46	矩形	200	200	2.28	0.18	4.47	4.65
54	164.39	0.9	矩形	120	120	3.17	1.25	7.24	8.49
55	164.39	0.73	矩形	120	120	3.17	1.02	0	1.02
56	164.39	0.69	矩形	120	120	3.17	0.96	0.24	1.2
57	164.39	0.64	矩形	120	120	3.17	0.9	0.3	1.2
58	493.17	0.42	矩形	250	200	2.74	0.21	0.29	0.5
59	328.78	0.62	矩形	200	160	2.85	0.44	2.79	3.23
60	164.39	0.62	矩形	120	120	3.17	0.86	9.95	10.81
61	164.39	0.67	矩形	120	120	3.17	0.93	0	0.93
62	164.39	0.67	矩形	120	120	3.17	0.93	0.19	1.13
63	164.39	0.64	矩形	120	120	3.17	0.9	0.3	1.2
64	1 740.42	1.33	矩形	400	320	3.78	0.66	9.99	10.65
65	1 160.28	1.11	矩形	320	320	3.15	0.45	0.8	1.25
66	580.14	1.09	矩形	250	200	3.22	0.72	0.82	1.55
67	290.07	1.1	矩形	160	160	3.15	1.05	6.31	7.36
68	290.07	0.05	矩形	200	200	2.01	0.02	0	0.02
69	290.07	1.1	矩形	160	160	3.15	1.05	6.31	7.36
70	290.07	0.05	矩形	200	200	2.01	0.02	0	0.02
71	290.07	1.04	矩形	160	160	3.15	0.99	12.46	13.45
72	290.07	0.05	矩形	200	200	2.01	0.02	0	0.02
73	290.07	1.04	矩形	160	160	3.15	0.99	12.46	13.45
74	290.07	0.05	矩形	200	200	2.01	0.02	0	0.02
75	290.07	1	矩形	160	160	3.15	0.96	13.59	14.54
76	290.07	1	矩形	160	160	3.15	0.96	14.56	15.52
77	290.07	0.05	矩形	200	200	2.01	0.02	0	0.02
78	1 779.66	1.08	矩形	630	630	1.25	0.03	0.47	0.51

管段编号	$G/(\mathrm{m}^3 \cdot \mathrm{h}^{-1})$	L/m	形　状	$(D \cdot W^{-1})/\mathrm{mm}$	H/mm	$v/(\mathrm{m} \cdot \mathrm{s}^{-1})$	$\Delta P_\mathrm{y}/\mathrm{Pa}$	$\Delta P_\mathrm{j}/\mathrm{Pa}$	$\Delta P/\mathrm{Pa}$
79	1 186.44	1.11	矩形	320	320	3.22	0.47	1.5	1.97
80	593.22	0.96	矩形	250	200	3.3	0.67	0.86	1.53
81	296.61	1.22	矩形	160	160	3.22	1.22	6.6	7.82
82	296.61	0.1	矩形	200	200	2.06	0.03	0	0.03
83	296.61	1.22	矩形	160	160	3.22	1.22	6.6	7.82
84	296.61	0.15	矩形	200	200	2.06	0.05	0	0.05
85	296.61	1.29	矩形	160	160	3.22	1.29	13.03	14.31
86	296.61	0.1	矩形	200	200	2.06	0.03	0	0.03
87	296.61	1.29	矩形	160	160	3.22	1.29	13.03	14.31
88	296.61	0.1	矩形	200	200	2.06	0.03	0	0.03
89	296.61	1.13	矩形	160	160	3.22	1.13	22.14	23.27
90	296.61	0.1	矩形	200	200	2.06	0.03	0	0.03
91	296.61	1.13	矩形	160	160	3.22	1.13	22.14	23.27
92	296.61	0.1	矩形	200	200	2.06	0.03	0	0.03
93	1 290.24	2.18	矩形	320	320	3.5	1.07	21.64	22.71
94	1 290.24	6.29	矩形	320	320	3.5	3.09	8.52	11.61
95	1 290.24	6.48	矩形	320	320	3.5	3.18	0	3.18
96	645.12	2.89	矩形	250	200	3.58	2.33	1.02	3.35
97	322.56	0.2	矩形	160	160	3.5	0.23	7.8	8.03
98	322.56	0.1	矩形	200	200	2.24	0.04	0	0.04
99	322.56	0.2	矩形	160	160	3.5	0.23	7.8	8.03
100	322.56	0.1	矩形	200	200	2.24	0.04	0	0.04
101	322.56	0.26	矩形	160	160	3.5	0.31	15.41	15.71
102	322.56	0.1	矩形	200	200	2.24	0.04	0	0.04
103	322.56	0.26	矩形	160	160	3.5	0.31	15.41	15.71
104	322.56	0.1	矩形	200	200	2.24	0.04	0	0.04
105	1 473.08	2.8	矩形	250	250	6.55	5.98	45.91	51.89
106	736.54	2.85	矩形	250	250	3.27	1.68	1.23	2.91
107	368.27	0.42	矩形	200	160	3.2	0.37	7.64	8.01
108	368.27	0.6	矩形	200	200	2.56	0.3	0	0.3
109	368.27	0.42	矩形	200	160	3.2	0.37	7.64	8.01
110	368.27	0.1	矩形	200	200	2.56	0.05	0	0.05
111	368.27	0.52	矩形	200	160	3.2	0.45	29.87	30.32
112	368.27	0.1	矩形	200	200	2.56	0.05	0	0.05
113	368.27	0.52	矩形	200	160	3.2	0.45	29.87	30.32
114	368.27	0.1	矩形	200	200	2.56	0.05	0	0.05

4.8　空调水系统设计

　　空调水系统的作用,就是以水作为介质在空调建筑物之间和建筑物内部传递冷量或热量。相对于空气而言,水的比热容更高、密度更大,因此相较于风系统,以水作为冷(热)媒的水系统占地空间小、能量输配效率高。空调水系统适用于各类型建筑中的集中式空调系统与半集中式空调系统。就空调工程的整体而言,空调水系统包括冷冻水系统、冷却水系统和冷凝水系统。其中,空调冷冻水系统的作用是,以水为中间媒介向空调末端装置(如风机盘管、新风机组等)输送冷量;空调冷却水系统的作用是,利用管网水路带走冷水机组蒸发器产生的热量,冷冻水系统与冷却水系统相互配合,使得冷水机组能够循环往复运行输出冷量;冷凝水系统主要是风机盘管、新风机组、组合式空调机组等设备夏季处理空气时产生冷凝水,可将冷凝水统一排向卫生间,冷凝水管路通常所选用的管材为镀锌钢管,直径不应小于 DN20。

4.8.1　冷冻水系统设计

1. 确定冷水水管的流量及管径

(1) 确定冷水水管的流量

冷水水管的流量可由下式计算:

$$G = \frac{L}{1.163\Delta t} \tag{4-24}$$

式中:L——计算管段的空调冷负荷,W;

　　　Δt——供回水温差,℃。

(2) 确定冷水水管的管径

冷水水管的管径可由下式计算:

$$D = \sqrt{\frac{4G}{\pi v}} \tag{4-25}$$

式中:G——计算管段的冷水流量,m^3/h;

　　　v——水管的冷水流速,m/s。

2. 冷冻水系统的水力计算

(1) 水管沿程阻力的计算

冷水水管的沿程阻力可由下式计算:

$$\Delta p_y = R_y L \tag{4-26}$$

式中:R_y——比摩阻,Pa/m;

　　　L——管段长度,m。

(2) 水管局部阻力的计算

冷水水管的局部阻力可由下式计算:

$$\Delta p_j = \frac{1}{2}\sum \xi \rho v^2 \tag{4-27}$$

式中:ξ——局部阻力系数;

v——水管流速，m/s。

(3) 水管总阻力的计算

冷水水管的总阻力可由下式计算：

$$\Delta p = \Delta p_y + \Delta p_j \qquad (4-28)$$

下面以假定流速法，对宾馆三层房间进行水力计算。

三层水系统的轴测图如图 4.10 所示，宾馆三层房间水系统的水力计算如表 4.25 所列。

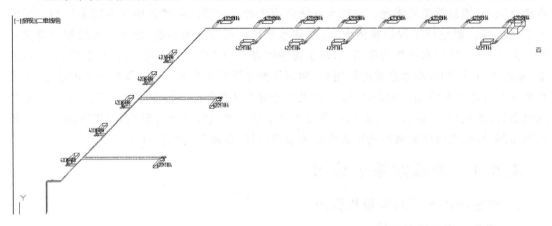

图 4.10 宾馆三层房间水系统的轴测图

表 4.25 宾馆三层房间水系统的水力计算表

编 号	L/W	$G/(kg \cdot h^{-1})$	L/m	D/mm	$v/(m \cdot s^{-1})$	$R/(Pa \cdot m^{-1})$	$\sum \xi$	$\Delta p_y/Pa$	$\Delta p_j/Pa$	$\Delta p/Pa$
FG1	130 160	22 387.5	3.44	100	0.72	63.71	1.26	219	325	544
FG2	122 480	21 066.6	1.14	80	1.14	213.6	0.1	243	65	308
FG3	118 640	20 406.1	2.78	80	1.1	200.8	0.1	558	61	619
FG4	113 410	19 506.5	3.66	80	1.05	184.1	0.1	674	55	729
FG5	108 180	18 607	1.44	80	1	168.1	0.1	243	50	293
FG6	102 950	17 707.4	1.67	80	0.95	152.8	0.1	255	46	300
FG7	97 720	16 807.8	2.89	80	0.91	138.2	0.1	399	41	440
FG8	92 490	15 908.3	4.73	80	0.86	124.4	0.61	589	224	813
FG9	87 260	15 008.7	3.97	80	0.81	111.3	0.1	442	33	475
FG10	82030	14 109.2	1.76	80	0.76	98.86	0.1	174	29	203
FG11	76 800	13 209.6	2.23	80	0.71	87.18	0.1	194	25	220
FG12	71 570	12 310	2.47	80	0.66	76.22	0.1	188	22	210
FG13	67 730	11 649.6	1.56	65	0.89	167.4	0.1	260	40	300
FG14	62 500	10 750	2.44	65	0.82	143.5	0.1	351	34	385
FG15	58 660	10 089.5	1.52	65	0.77	127.1	0.1	194	30	224
FG16	53 430	9 189.96	4.03	65	0.7	106.4	0.1	429	25	453
FG17	48 200	8 290.4	3.97	65	0.63	87.47	0.1	347	20	367
FG18	42 970	7 390.84	3.96	65	0.57	70.36	0.1	279	16	295

编　号	L/W	$G/(\text{kg} \cdot \text{h}^{-1})$	L/m	D/mm	$v/(\text{m} \cdot \text{s}^{-1})$	$R/(\text{Pa} \cdot \text{m}^{-1})$	$\sum \xi$	$\Delta p_y/\text{Pa}$	$\Delta p_j/\text{Pa}$	$\Delta p/\text{Pa}$
FG19	39 130	6 730.36	0.92	50	0.85	209.6	0.1	193	36	229
FH1	130 160	22 387.5	3.5	100	0.72	63.71	1.26	223	325	548
FH2	122 480	21 066.6	0.54	80	1.14	213.6	0.1	115	65	180
FH3	118 640	20 406.1	3.38	80	1.1	200.8	0.1	679	61	739
FH4	113 410	19 506.5	3.66	80	1.05	184.1	0.1	674	55	729
FH5	108 180	18 607	0.84	80	1	168.1	0.1	142	50	192
FH6	102 950	17 707.4	2.27	80	0.95	152.8	0.1	346	46	392
FH7	97 720	16 807.8	2.89	80	0.91	138.2	0.1	399	41	440
FH8	92 490	15 908.3	4.97	80	0.86	124.4	0.61	618	224	843
FH9	87 260	15 008.7	3.97	80	0.81	111.3	0.1	442	33	475
FH10	82 030	14 109.2	1.16	80	0.76	98.86	0.1	114	29	143
FH11	76 800	13 209.6	2.83	80	0.71	87.18	0.1	247	25	272
FH12	71 570	12 310	1.87	80	0.66	76.22	0.1	143	22	165
FH13	67 730	11 649.6	2.16	65	0.89	167.4	0.1	361	40	401
FH14	62 500	10 750	1.84	65	0.82	143.5	0.1	265	34	299
FH15	58 660	10 089.5	2.12	65	0.77	127.1	0.1	270	30	300
FH16	53 430	9 189.96	4.03	65	0.7	106.4	0.1	429	25	453
FH17	48 200	8 290.4	3.97	65	0.63	87.47	0.1	347	20	367
FH18	42 970	7 390.84	3.96	65	0.57	70.36	0.1	279	16	295
FH19	39 130	6 730.36	0.32	50	0.85	209.6	0.1	67	36	103
E1	33 900	5 830.8	3.25	50	0.73	159.3	4.2	518	58 132	58 650
E2	5 230	899.56	5	20	0.72	520.5	11	2 603	29 863	32 467
E3	3 840	660.48	2.66	20	0.53	290.3	11	772	19 544	20 316
E4	5 230	899.56	2.66	20	0.72	520.5	11	1 385	29 863	31 249
E5	5 230	899.56	2.66	20	0.72	520.5	11	1 385	29 863	31 249
E6	5 230	899.56	2.66	20	0.72	520.5	11	1 385	29 863	31 249
E7	3 840	660.48	5	20	0.53	290.3	11	1 452	19 544	20 995
E8	5 230	899.56	2.66	20	0.72	520.5	11	1 385	29 863	31 249
E9	3 840	660.48	5	20	0.53	290.3	11	1 452	19 544	20 995
E10	5 230	899.56	2.66	20	0.72	520.5	11	1 385	29 863	31 249
E11	5 230	899.56	5	20	0.72	520.5	11	2 604	29 863	32 467
E12	5 230	899.56	2.66	20	0.72	520.5	11	1 385	29 863	31 249
E13	5 230	899.56	2.66	20	0.72	520.5	11	1 385	29 863	31 249
E14	5 230	899.56	3.21	20	0.72	520.5	11	1 672	29 863	31 535
E15	5 230	899.56	3.21	20	0.72	520.5	11	1 672	29 863	31 535
E16	5 230	899.56	16.3	20	0.72	520.5	11	8 461	29 863	38 325

编 号	L/W	$G/(\text{kg} \cdot \text{h}^{-1})$	L/m	D/mm	$v/(\text{m} \cdot \text{s}^{-1})$	$R/(\text{Pa} \cdot \text{m}^{-1})$	$\sum \xi$	$\Delta p_y/\text{Pa}$	$\Delta p_j/\text{Pa}$	$\Delta p/\text{Pa}$
E17	5 230	899.56	3.21	20	0.72	520.5	11	1 672	29 863	31 535
E18	5 230	899.56	3.21	20	0.72	520.5	11	1 672	29 863	31 535
E19	3 840	660.48	16.3	20	0.53	290.3	11	4 718	19 544	24 262
E20	7 680	1 320.96	3.21	25	0.6	247.1	9	793	37 598	38 392

4.8.2　冷却水系统设计

冷却水系统承担着将空调系统的冷负荷与制冷机组能耗散发到室外环境的作用,也是整个建筑空调系统中必不可少的环节。合理地选用冷却水源和冷却水系统对制冷机组的运行费和初投资具有重要意义。为了保证制冷机组的冷凝温度不超过制冷压缩机的允许工作条件,冷却水进水温度一般不应高于 32 ℃。空调冷却水系统是指利用室外地面或建筑屋顶冷却塔水系统,向制冷机房冷水机组中的冷凝器供给循环冷却水的系统。该系统由室外冷却塔、冷却水箱、冷却水泵及室内外连接管路组成。

1. 冷却塔概述

冷却水系统的核心部件为冷却塔。在空调设计的实际工程中,冷却塔按气流流向不同可分为四种形式,分别是逆流式冷却塔、横流式冷却塔、喷射式冷却塔及蒸发式冷却塔。这四种冷却塔各有其性能优点,本空调系统选用逆流式冷却塔。放置冷却塔的位置应该有良好的通风能力,不易受有害气体影响,避免污染进入冷却塔的水源。考虑到空调系统的制冷站放置于地下室负一层,故可将冷却塔放置在宾馆的室外地面。

2. 冷却塔的水流量计算

$$G_t = 1.1 G_q \tag{4-29}$$

式中：G_t——冷却塔的水流量,m^3/h;

G_q——冷却水系统中的冷却水量,m^3/h,根据冷却塔产品样本的技术参数选取。

根据公式(4-29),可计算冷却塔的水流量 $G_t = 1.1 \times 186.08 \ \text{m}^3/\text{h} = 204.688 \ \text{m}^3/\text{h}$。

3. 冷却塔的型号选择

冷却塔选型须根据建筑物功能、周围环境条件、场地限制与平面布局等诸多因素综合考虑。对塔型与规格的选择,还要考虑当地气象参数、冷却水量、冷却塔进出水温、水质以及噪声、散热和水雾对周围环境的影响,最后经技术经济比较确定。也就是说,选择冷却塔时主要考虑热工指标、噪声指标和经济指标。冷却塔的选型应注意以下几点:

① 制造厂须提供经试验实测的热力性能曲线。

② 风机和电机匹配良好,无异常振动与噪声,运行噪声达到标准要求。

③ 重量轻。

④ 对有阻燃要求的冷却塔,玻璃钢氧指数不应低于 28。

⑤ 布水均匀,不易堵塞,壁流较少,除水效率高,水滴飞溅少,没有明显的飘水现象,底盘积水深度应确保在水泵启动时至少一分钟内不抽空。

⑥ 塔体结构稳定。

⑦ 维护管理方便。

⑧ 冷却塔的材质应具有良好的耐腐蚀性和耐老化性能,塔体、围板、风筒、百叶格宜采用玻璃钢制作,钢件应采用热浸镀锌,淋水填料、配水管、除水器采用聚氯乙烯(PVC),喷溅装置采用 ABS 工程塑料或 PP 改性聚丙烯制作。本工程选用两座 LXT‑300L 型冷却塔,其技术参数如表 4.26 所列。

表 4.26　LXT‑300L 型冷却塔的技术参数表

冷却水流量/(m³·h⁻¹)	功率/kW	质量/kg	水压/kPa	噪声/dB	直径/m	高/m
234	7.5	1760	34	67.5	4.64	3.68

4. 冷却水箱的设计计算

(1) 冷却水箱功能

冷却水箱的功能是增加系统的水容量,使冷却水泵能稳定地工作,保证水泵吸入口充满水不发生空蚀现象。这是因为冷却塔在间断运行时塔内的填料基本上是干燥的,只有使冷却塔的填料表面首先润湿,并使水层保持正常运行时的水层厚度,然后才能流向冷却塔的集水盘达到动态平衡。刚启动水泵时,集水盘内的水尚未达到正常水位的短时间内,引起水泵进口缺水,导致制冷机无法正常运行。为此,冷却塔集水盘及冷却水箱的有效容积,应能满足冷却塔部件由基本干燥到润湿成正常运转情况所附着的全部水量。

(2) 冷却水箱容量

对于一般逆流式斜波纹填料玻璃钢冷却塔,在短时间内使填料层由干燥状态变为正常运转状态所需附着水量约为标称小时循环水量的 1.2%。因此,冷却水箱的容积应不小于冷却塔小时循环水量的 1.2%,即如果所选冷却水循环水量为 200 t/h,则冷却水箱容积应不小于 $200~m^3 \times 1.2\% = 2.4~m^3$。

(3) 冷却水箱配管

冷却水箱的配管主要有冷却水进/出水管、溢水管、排污管及补水管。冷却水箱内如果设浮球阀进行自动补水,则补水水位应是系统的最低水位,而不是最高水位;否则,将导致冷却水系统每次停止运行时会有大量溢流而浪费。冷却水箱的配管尺寸形式可参见图 4.11。

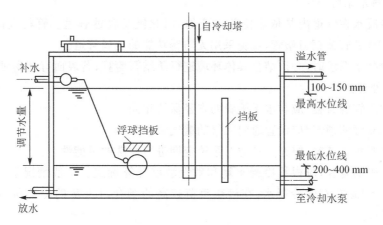

图 4.11　冷却水箱的配管形式

（4）冷却水的水质要求

循环冷却水系统对水质有一定的要求，既要阻止结垢，又要定期加药，并在冷却塔上配合一定量的溢流来控制 pH 值和藻类生长。

冷却水箱的水容量：

$$V_X = 1.2\% V_q \qquad\qquad (4-30)$$

式中：V_X——冷却水箱的水容量，m^3；

　　　　V_q——冷却水系统中的单位小时冷却水量，m^3。

根据公式（4-30），可计算出冷却水箱的水容量：

$$V_X = 1.2\% \times 186.08\ m^3 \approx 2.23\ m^3$$

5. 冷却水泵的设计计算

选择本空调系统所需冷却水泵的适配型号，应先计算冷却水泵所需的流量及扬程。水泵流量可参考冷水机组的技术参数确定，就是将选定冷水机组的冷却水流量乘以 1.1 的安全系数，便能得出冷却水泵选型的流量参数。冷却水泵的流量和扬程计算过程以及选取水泵型号可参考表 4.28。

4.8.3　冷凝水系统设计

在空气冷却处理过程中，当空气冷却器的表面温度等于或低于处理空气的露点温度时，空气中的水汽便在冷却器表面冷凝。因此，诸如单元式空调机、风机盘管机组、组合式空气处理机组、新风机组等设备，都设置有冷凝水收集装置和排水口。为了能及时、顺利地将设备内的冷凝水排走，必须配置相应的冷凝水排水系统。

设计冷凝水排水系统时，应注意以下事项：

① 水平干管必须沿水流方向保持不小于 2/1 000 的坡度；连接设备的水平支管，应保持不小于 1/100 的坡度。当冷凝水管道坡度设置有困难时，应减少水平干管长度或中途加设提升泵。

② 当冷凝水收集装置位于空气处理装置的负压区时，出水口处必须设置水封；水封的高度应比凝水盘处的负压（相当于水柱高度）大 50％ 左右。水封的出口应与大气相通，一般可通过排水漏斗与排水系统连接。

③ 由于冷凝水在管道内是依靠位差自流的，因此极易腐蚀管道。管材宜优先采用塑料管，如 PVC、UPVC 管或钢衬塑管，避免采用无防锈功能的金属管道。

④ 设计冷凝水系统时，必须结合具体环境进行防结露验算；若表面有结露可能，应对冷凝水管进行绝热处理。

⑤ 冷凝水立管的直径，应与水平干管的直径保持相同。

⑥ 冷凝水立管的顶部，应设置通向大气的透气管。

⑦ 设计冷凝水系统时，应充分考虑对系统定期进行冲洗的可能性。

⑧ 冷凝水管的管径，应根据冷凝水量和敷设坡度计算确定。一般情况下，1 kW 的冷负荷，1 h 产生 0.4 kg 左右的冷凝水；在潜热负荷较高的场合，1 kW 的冷负荷，1 h 可能产生 0.8 kg 的冷凝水。

⑨ 通常，可根据冷负荷大小来估算确定冷凝水管的公称直径。

⑩ 冷凝水排入污水系统时，应有空气隔断措施，冷凝水管不得与室内密闭雨水系统直接

连接,以防止臭味和雨水从空气处理机组冷凝水盘外溢。为便于定期冲洗、检修,冷凝水水平干管始端应设扫除口。

本空调系统中,冷凝水系统的管材选用镀锌钢管,管段坡度应大于 1/100,从风机盘管出来的冷凝水,管径必须大于 20 mm。冷凝水管的管径可按照表 4.27 进行选择。

表 4.27　冷凝水管管径选择表

冷负荷/kW	≤42	42~230	231~400	401~1 100	1 101~2 000	2 001~3 500	3 501~15 000
公称直径 DN/mm	25	32	40	50	80	100	125

4.9　冷热源设计

4.9.1　冷源设计

冷源的作用是为宾馆空调系统的空气处理设备(如风机盘管、新风机组等)提供必要的制冷量以冷却除湿空气,是宾馆中央空调系统十分重要的组成部分。比较常见的冷源是冷水机组,冷水机组是一种能够生产 5~7 ℃的冷冻水,输送至空气处理设备的制冷设备。在本空调系统中,选用螺杆式冷水机组。

在本空调系统中,进行冷水机组的设计及计算时,结合当地的具体情况,供给空调机组设备的冷却水温度设定为 7 ℃,从空调机组设备回到冷水机组的冷却水温度设定为 12 ℃,送入冷却塔的冷却水温度设定为 37 ℃,从冷却塔回到冷水机组冷凝器的冷却水温度设定为 32 ℃。

冷水机组总制冷量计算公式:

$$L_O = K_1 K_2 L \tag{4-31}$$

式中:K_1——冷损失系数,取 1.05;

K_2——安全系数,取 1.1;

L——本空调系统的总冷负荷,其包含整栋宾馆的室内冷负荷和新风冷负荷,W。

根据公式(4-31),可计算冷水机组总制冷量 $L_O = 1.05 \times 1.1 \times 696.11 \text{ kW} \approx 804 \text{ kW}$。

冷冻水系统的冷冻水量:

$$G_d = \frac{L_O}{c(t_2 - t_1)} \tag{4-32}$$

式中:c——水的比热容,取 4.19 kJ/(kg·℃);

t_2——冷冻水回水温度,取 12 ℃;

t_1——冷冻水供水温度,取 7 ℃。

根据公式(4-32),可计算冷冻水流量 $G_d = \dfrac{804 \text{ kW}}{4.19 \text{ kJ/(kg·℃)} \times 5 \text{ ℃}} \approx 38.5 \text{ kg/s} = 138.6 \text{ m}^3/\text{h}$。

冷却水系统的冷却水量:

$$G_q = \frac{L_q}{c(t_{w2} - t_{w1})} \tag{4-33}$$

式中:L_q——冷却塔排出热量,是冷水机组制冷量的 1.3 倍;

c——水的比热容,取 4.19 kJ/(kg·℃);

t_{w2}——冷却水进水温度,取 37 ℃;

t_{w1}——冷却水回水温度,取 32 ℃。

根据公式(4-33),可计算冷却水流量 $G_q = \dfrac{804\ \text{kW} \times 1.3}{4.19\ \text{kJ/(kg·℃)} \times 5\ ℃} \approx 50.1\ \text{kg/s} = 180.36\ \text{m}^3/\text{h}$。

选用 2 台型号为 WHS145.2 的麦克维尔空调公司的单螺杆冷水机组,其技术参数如表 4.28 所列。

表 4.28 WHS145.2 型冷水机组的技术参数表

技术参数	数值	技术参数	数值
额定制冷量/kW	900.7	冷冻水压降/kPa	77
制冷剂	R22	冷却水流量/(m³·h⁻¹)	189.972
耗电量/kW	201	冷却水压降/kPa	94
冷冻水流量/(m³·h⁻¹)	154.548		

4.9.2 水泵设计

1. 冷冻水泵设计及计算

冷冻水泵流量:
$$G_d = 1.05 G_d' \tag{4-34}$$
式中:G_d'——冷水机组的额定冷冻水流量,m³/h。

根据公式(4-34),可计算冷冻水泵流量 $G_d = 1.05 \times 154.548\ \text{m}^3/\text{h} = 162.275\ \text{m}^3/\text{h}$。

冷冻水泵扬程:
$$H_d = h_1 + h_2 + h_3 + h_4 \tag{4-35}$$
式中:h_1——冷水机组中蒸发器阻力,mH₂O,取 5 mH₂O;

h_2——冷冻水系统中管路及构件的阻力,mH₂O,取 10 mH₂O;

h_3——冷冻水系统中的末端设备阻力,mH₂O,取 6 mH₂O;

h_4——分水器和集水器阻力,mH₂O,取 3 mH₂O。

根据公式(4-35),可确定冷冻水泵扬程 $H_d = (5+10+6+3)\text{mH}_2\text{O} = 24\ \text{mH}_2\text{O}$,因此,由冷冻水泵的设计流量和扬程,选择 2 台 KTB125-100-320A 型冷冻水泵,其技术参数如表 4.29 所列。

表 4.29 KTB125-100-320A 型冷冻水泵的技术参数表

型号	流量/(m³·h⁻¹)	扬程/m	转速/(r·min⁻¹)	电机功率/kW	效率/%	质量/kg
KTB125-100-320A	165	25	1 480	18.5	69	541

2. 冷却水泵的设计及计算

冷却水泵流量:
$$G_q = 1.01 G_q' \tag{4-36}$$
式中:G_q'——冷水机组的额定冷却水流量,m³/h。

根据公式(4-36),可计算冷却水泵流量 $G_q = 1.01 \times 189.972\ \text{m}^3/\text{h} = 191.87\ \text{m}^3/\text{h}$。

冷却水泵扬程：

$$H_q = k(h_1 + h_2 + h_3 + h) \tag{4-37}$$

式中：k——安全系数，取 1.1；

  h_1——冷水机组中冷凝器阻力，mH_2O，取 6 mH_2O；

  h_2——冷却水系统中水路及构件的阻力，mH_2O，取 7 mH_2O；

  h_3——冷却塔布水装置所需要的水压，mH_2O，取 4 mH_2O；

  h——冷却塔集水盘水面到布水装置的垂直高度压力，mH_2O，取 3 mH_2O。

根据公式(4-37)，可确定冷却水泵扬程 $H_q = 1.1 \times (6+7+4+3)mH_2O = 22\ mH_2O$。

因此，由冷却水泵的设计流量和扬程，选择 2 台 KTB250-125-320A 型冷却水泵，其技术参数如表 4.30 所列。

表 4.30　KTB250-125-320A 型冷却水泵的技术参数表

型号	流量/($m^3 \cdot h^{-1}$)	扬程/m	转速/($r \cdot min^{-1}$)	电机功率/kW	效率/%	质量/kg
KTB150-125-320A	230	26	1 480	22	79	585

4.9.3　附属设备设计

1. 膨胀水箱的设计及计算

膨胀水箱的有效容积：

$$V_p = \alpha \Delta t V_s \tag{4-38}$$

式中：α——冷水的膨胀系数，取 0.000 6 $L/(m^3 \cdot ℃)$；

  Δt——水的平均温差，取 45 ℃；

  V_s——系统的水容量，m^3，$V_s = 1.3A = 1.3 \times 4.725\ 1\ m^3 \approx 6.14\ m^3$。

根据公式(4-38)计算空调系统膨胀水箱的有效容积 $V_p = 0.000\ 6\ L/(m^3 \cdot ℃) \times 45\ ℃ \times$ 6.14 $m^3 \approx 0.17\ L$，继而确定膨胀水箱的容积 $V = 1.5V_p = 1.5 \times 0.17\ m^3 = 0.255\ m^3$。膨胀水箱的技术参数如表 4.31 所列。

表 4.31　膨胀水箱的技术参数表

水箱形状	型号	公称容积/m^3	有效容积/m^3	水箱自重/kg	外形尺寸/mm			配管公称直径/mm				
					长	宽	高	溢流管	排水管	膨胀管	信号管	循环管
方形	2	0.5	0.6	209	1 200	700	900	50	32	40	20	25

2. 分水器、集水器设计及计算

分水器和集水器的管径：

$$D = 1\ 000 \sqrt{\frac{4G_d}{3\ 600\pi v}} \tag{4-39}$$

式中：G_d——冷冻水流量，m^3/h；

  v——冷冻水在分集水器中的横断面流速，m/s，取 0.45 m/s。

根据公式(4-39)计算分水器和集水器的管径 $D = 1\ 000 \sqrt{\dfrac{4 \times 143.13}{3\ 600\pi \times 0.45}}$ mm ≈ 335 mm。

管径国标化后,故制冷机房所需布置的分水器、集水器的筒身截面直径应选 DN400。

4.9.4　热源设计

本次空调系统设计,需要考虑空调系统在冬季运行,室内空气要进行升温处理,比较常用的热源有空气源热泵、水源热泵和太阳能热泵。结合宾馆地域范围和建筑特点,空调系统冬季运行时,选用板式换热器接通市政热水,获取较为合适的热源。

1. 换热器的换热面积计算

换热器的换热面积:

$$F = \frac{Q}{K \Delta t_{\mathrm{m}}} \tag{4-40}$$

式中:F——换热器的换热面积,m^2;

　　Q——空调系统热负荷,取 618.73 kW;

　　K——换热器的传热系数,取 2 900～4 600 $W/(m^2 \cdot K)$;

　　Δt_{m}——设计工况下的水-水换热器对数平均温差,取 12.21 ℃。

根据公式(4-40)计算换热器的换热面积:

$$F = \frac{618.73 \times 1\,000}{4\,000 \times 12.21}\ m^2 \approx 12.66\ m^2$$

2. 换热器热流体和冷流体的流量计算

换热器流体流量:

$$G = \frac{Q}{c \Delta t} \tag{4-41}$$

式中:G——换热器的流体流量,kg/s;

　　Q——空调系统热负荷,取 618.73 kW;

　　c——水的比热容,取 4.19 $kJ/(kg \cdot ℃)$;

　　Δt——流体通过换热器前后的温差,℃。

根据公式(4-41)计算热流体流量:

$$G_{\mathrm{r}} = \frac{618.73}{4.19 \times (130 - 70)}\ kg/s \approx 2.46\ kg/s$$

根据公式(4-41)计算冷流体流量:

$$G_{\mathrm{l}} = \frac{618.73}{4.19 \times (60 - 50)}\ kg/s \approx 14.76\ kg/s$$

选用换热面积为 20 m^2 的换热器,相应型号为 BR0.3-1.0-20,该换热器采用弹性橡胶作为密封垫片。

4.10　空调系统的保温、防腐、消声及减震

1. 保温材料选取

在宾馆空调系统中,由于各类机组设备种类繁杂,所以造成管路交错纵横,如送风机、回风机、新风管道、送风管道以及供回水管道等。考虑其经济节能性和科学合理性,应在设备管段

处设置保温材料。因此,结合保温材料需来源广泛、外表光滑、内部致密、整体结构不宜变形等特点,在本空调系统中,风系统管段均需采用岩棉保温壳,水系统管段均需采用离心玻璃棉,送风机及回风机采用泡沫塑料。

2. 防腐设计

为尽可能防止风管、冷水管路受到酸性腐蚀或电化学腐蚀,影响整套空调系统的正常工作运行,在施工前,应先对送风管道、新风管道以及供回水管道用硬质钢丝刷去除微量锈迹,之后使用碱性互溶剂反复清洗擦拭,并且涂刷二遍至三遍金属防腐油料,空调各类管段(指风管和水管)便能免受酸性腐蚀的破坏。

3. 消声设计

(1) 噪声限值要求

参考各类宾馆室外噪声限值范围,可以得出大堂、走廊噪声限值应小于 60 dB,宾馆房间、餐厅噪声限值应小于 40 dB,办公室噪声限值应小于 50 dB。

(2) 噪声控制措施

① 对于该宾馆墙体,除少数玻璃幕墙外,均需要在墙体外层添加超细玻璃棉、矿渣硬质棉等专业吸声材料,吸取室外街道的人声、汽车鸣笛声等杂音。

② 机房墙体须布置隔音棉与石膏板,用于阻绝机房各类空调及制冷机组设备运行带来的噪声。

③ 风管及水管的支管与主管相连处,设置专业的消声设备(如阻性消声器),避免风管内部因风量变化而颤微波动,产生细碎的风管敲击声。

4. 减震措施

(1) 减震方法

① 在跨建筑伸缩缝时,各管道连接处均需安装软管接头。

② 空调机房和制冷机房的所有动力机组设备放置台座下应该设置隔振基座。

③ 在隔振基座与设备连接处,应添加隔振橡胶软垫片。

(2) 减震措施

① 布置空调水管系统时,各类水泵与冷水机组连接的进口管段和出口管段应该增添橡胶或硅胶软制管段;布置空调风管系统时,各种风机与空调机组连接的管道应该设置弹性硅胶软管接头。

② 各种机组设备(如冷水机组、空调机组、水泵等)应使用钢制螺栓硬铁钉,与特制隔离减震的混凝土台座相互连接,其台座结构采用钢筋混凝土加磨光厚钢板。

③ 当送风管道以及冷水管段使用支架固定时,应在支架固定处添加弹性橡胶软垫片用于减震。

4.11　设计图纸部分

南京市某宾馆空调系统设计图纸如图 4.12、图 4.13、图 4.14 所示。

图 4.12 所示为南京市某宾馆首层空调系统风平面图。

图 4.13 所示为南京市某宾馆首层空调系统设计系统图。

图 4.14 所示为南京市某宾馆空调系统制冷机房平面图。

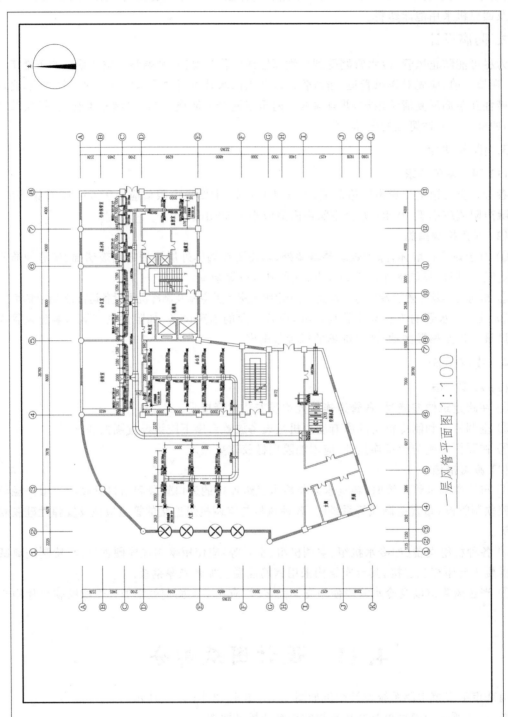

一层风管平面图 1∶100

图4.12 南京市某宾馆首层空调系统风平面图(按3号图纸出图)

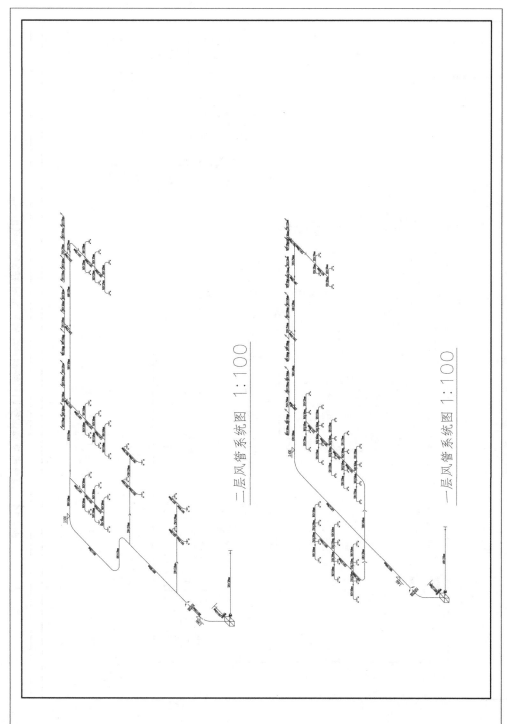

图4.13　南京市某宾馆首层空调系统设计系统图(按3号图图纸出图)

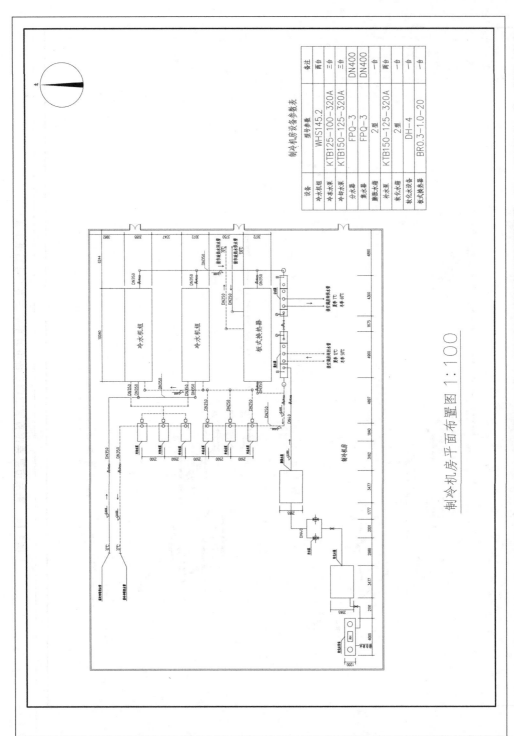

制冷机房平面布置图 1:100

图4.14 南京市某宾馆空调系统制冷机房平面图(按3号图纸出图)

制冷机房设备参数表

设备	型号参数	备注
冷水机组	WHS145.2	两台
冷冻水泵	KTB125-100-320A	三台
冷却水泵	KTB150-125-320A	三台
分水器	FPQ-3	DN400
集水器	FPQ-3	DN400
膨胀水箱	2型	一台
补水泵	KTB150-125-320A	两台
软化水箱	2型	一台
软化水设备	DH-4	一台
板式换热器	BR0.3-1.0-20	一台

第5章 某地铁车站空调系统设计实例

随着城市骨架不断扩大,城市轨道交通已成为市民公交出行的首选方式。截至2022年底我国53个城市开通地铁运营,线路290条,运营里程9584公里,我国已经进入了城市轨道交通快速发展的新阶段。地铁车站由设备管理用房区域和乘客出行的公共区域组成,而车站通风空调系统则是地铁的重要组成部分,它不仅为乘客及运营工作人员提供舒适安全的工作环境,而且还为设备系统提供正常运转的工艺环境。车站通风空调系统的运行,涉及设计、施工、运维等多个环节,其中设计是最重要、最基础的一个部分。下面介绍西安某地铁车站空调系统的设计过程,从中了解地铁空调系统的设计步骤,熟悉有关规范和技术标准。

5.1 典型地铁车站通风空调工程概述

以西安地区典型双活塞车站为例,该车站为地下明挖两层岛式车站,其建筑平面图如图5.1、图5.2所示。该车站全长约200 m,标准段宽度19.2 m,有效站台长度118 m,岛式站台宽为10.5 m。

1. 典型地铁车站空调系统特点

① 作为地铁站通风空调系统,它不仅应为乘客提供较舒适的环境,而且还应为地铁工作人员和设备提供良好的工作条件。另外,当发生火灾时,通风空调系统还应为乘客和消防人员提供新鲜的空气并排除烟气和控制烟气流向,以保证乘客安全地疏散。当出现阻塞运行时,区间隧道的温度应满足列车空调冷凝器的运行要求。

② 地铁站通风空调系统的设备用房应结合车站的具体情况灵活布置。风亭的设计应与城市环境条件相协调,噪声应控制在有关标准所规定的范围内。

③ 车站设备及管理用房的通风空调系统应独立设置。

2. 地下车站通风空调系统主要设计原则和基本规定

① 地下车站按站台设置全封闭站台门通风空调系统。

② 通风空调系统应按远期运营条件(预测的远期客流和最大通过能力)进行设计。在不影响使用功能的前提下,设备应考虑近期和远期分期实施的可能性。

③ 通风空调系统设计应在满足功能及使用要求的前提下力求简洁(如通风空调机房的布置、通风空调工艺的控制模式等),同时应采取相应的节能措施。

④ 通风空调系统应采用技术先进、可靠性高、便于安装和维护、运行安全、高效低耗的设备,同时通风空调系统的设备应立足国产化以节省投资。

⑤ 风亭、冷却塔的布置应与城市环境相协调,同时向站外传播的噪声应控制在国家现行规范、标准所规定的范围内,且应满足环境评价要求。

⑥ 大规模综合开发与交通衔接设施应按单独设置通风空调系统考虑。

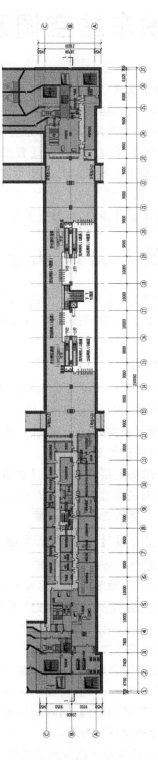

图5.1　典型地铁车站站厅层平面图

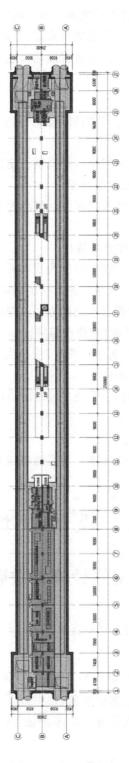

图5.2　典型地铁车站站台层平面图

3. 通风空调系统组成和主要功能

典型车站通风空调系统包括隧道通风系统和车站通风空调系统两部分。其中隧道通风系统主要设置在车站范围内,主要包括区间隧道通风系统、车站隧道通风系统。车站通风空调系统主要包括乘客所在公共区通风空调系统、设备管理用房通风空调系统、空调水系统。下面分别介绍各部分通风空调系统的功能。

(1) 隧道通风系统

列车在正常运营时,隧道通风系统应有效排除隧道内的余热、余湿,确保隧道内温度最热月的日最高平均温度不高于 40 ℃。

列车在阻塞时,隧道通风系统应能向阻塞区间提供一定的通风量,控制隧道温度满足列车空调器正常运行及补充列车内乘客所需的新风量。

列车发生火灾时,隧道通风系统应能及时排除烟气和控制烟气流向,保证乘客疏散及消防扑救等需要。

(2) 车站公共区通风空调系统(简称大系统)

当车站公共区通风空调系统正常运营时,应能为乘客提供过渡性舒适环境。

当车站公共区发生火灾时,大系统(可与其他系统协调动作,例如站内隧道通风系统)应能迅速排除烟气,同时为乘客提供一定的相对于疏散方向的迎面风速,引导乘客安全疏散。

(3) 车站设备管理用房通风空调系统(简称小系统)

车站设备管理用房通风空调系统在正常运营时,应能为工艺设备提供良好的运行环境条件,为工作人员提供较舒适的工作环境条件。

当车站设备管理用房区发生火灾时,小系统应能及时排除烟气或阻断火源、烟气等污染物蔓延。

(4) 车站空调水系统(简称水系统)

车站空调水系统为大、小系统提供冷冻水。水系统应能在正常运营时间内满足运行、调节要求。

5.2　设 计 标 准

5.2.1　地铁站室内外空气计算参数确定

地点:西安。

室外空气计算参数:大气压力 95 920 Pa(夏季)。

1. 地下车站公共区

地铁车站公共区客流高峰时段多出现在早 7:00—9:00 和晚 17:00—19:00,与通常的民用建筑工程负荷特性不同。为匹配地铁客运负荷,根据地下车站夏季空调的室外计算干球温度,采用近 30 年夏季地铁运营高峰时刻历年平均不保证 10 h 的干球温度作为室外参数的输入条件(引用 GB/T 51357—2019)。

- 空调室外计算干球温度 $t = 33.1$ ℃(地下车站公共区晚高峰);
- 空调室外计算湿球温度 $t = 25.0$ ℃(地下车站公共区晚高峰);

- 夏季通风室外计算温度 $t=26.9$ ℃(地下车站公共区);
- 冬季通风室外计算温度 $t=-0.1$ ℃(地下车站公共区)。

2. 地下车站设备管理用房

- 夏季空调室外计算干球温度 $t=35.0$ ℃,夏季空调室外计算湿球温度 $t=25.8$ ℃,夏季通风室外计算温度 $t=30.6$ ℃;
- 冬季通风室外计算温度 $t=-0.1$ ℃,冬季空调室外计算干球温度 $t=-5.7$ ℃。

3. 室内空气设计参数

(1) 夏 季

站厅：干球温度 30.0 ℃,相对湿度 40%～70%。

站台：干球温度 28.0 ℃,相对湿度 40%～70%。

地下换乘平台：干球温度 28.0 ℃,相对湿度 40%～70%。

需设置空调系统的通道：干球温度 30.0 ℃。

地铁车站室内设计温度不超过 30 ℃的规定是根据地铁特性制定的。地铁车站通常位于地下 10～20 m 深度,围护结构传热量基本上不受室外温度、太阳辐射等因素的影响,地铁车站内的温度场比较稳定,不受室外空气温度瞬时变化的影响,但如果站内出现较高温度时,会持续较长的时间,结合已运营的地铁车站长期观察,当超过 30 ℃时工作人员和乘客都会感到不适,所以规定地铁车站室内设计温度不宜超过 30 ℃。

地铁车站站厅、站台的环境是人员密集,短时间逗留的公共场所,乘客完成一个乘车过程,从进站、候车到上车,在车站上仅 3～5 min,下车出站约需 3 min,其余大部分时间均在车厢内。因此结合地铁乘客在站时间的特点,同时从节约能源考虑,满足"暂时舒适"或"过渡性舒适"就可以了。

温度波动范围 ±1 ℃。

空调送风温差：站厅、站台 $\Delta T \approx 8\sim10$ ℃(保证公共区不结露的情况下)。

电气机房如采用冷风降温时,送风温差保证不结露的情况下,适当提高送风温差,一般取 $\Delta T \approx 15$ ℃。

其他设备管理用房区域：$\Delta T \approx 10$ ℃。

(2) 冬 季

站厅：干球温度 ≥12 ℃；站台：干球温度 ≥12 ℃。

车站主要设备管理用房室内设计参数参见表 5.1。

表 5.1 车站主要设备管理用房室内设计参数表

房间名称	冬 季	夏 季		每小时换气次数		备 注
	计算温度/℃	计算温度/℃	相对湿度/%	进风	排风	
站长室、站务室、值班室、休息室、警务室、会议室、交接班室、更衣室、清扫员室、工务用房、安全办公室、AFC 维修室	18	27	<65	6	6	空调(运营时间)
车站控制室、广播室、AFC 票务室	18	27	40～60	6	5	空调(24 h)
车票分类/编码室、AFC 设备室	16	27	40～60	6	6	空调(24 h)

续表 5.1

房间名称	冬季	夏季		每小时换气次数		备　注
	计算温度/℃	计算温度/℃	相对湿度/%	进风	排风	
通信设备室(含电源室)、信号设备室(含电源室)、综合监控设备室、警用通信设备室、民用通信设备室、环控电控室、变电所控制室、站台门控制室、蓄电池室	16	27	40~60	6	5	空调(24 h)气灭房间
降压变电所、牵引变电所、应急照明电源室	—	36	—	按排除余热计算冷量、风量		气灭房间
照明配电室、机械室、电梯/扶梯机房、电缆井	—	36	—	4	4	通风
茶水间	—	—	—	—	10	通风
清扫工具间、垃圾堆放间、电缆井、备品库	—	—	—	—	4	通风
气瓶室	—	36	—	—	4	通风
废水泵房、消防泵房	5	—	—	—	4	通风
环控机房、冷冻机房	—	—	—	6	6	通风
折返线维修用房	12	30	—	—	6	通风
厕所、盥洗室、污水泵房	>5	—	—	—	20	通风

注：① 出入口通道、售票机房、设于车站公共区的票务室等并入大系统。

　　② 车站控制室、会议室等的空调换气次数每小时不应少于 6 次；工艺设备对空气温度、湿度等有精度要求的按工艺要求执行。

　　③ 为了便于集中控制，同系统、同类型的房间宜尽量集中布置。

　　④ 其他未详之处按《地铁设计规范》表 13.2.40 执行。

5.2.2　新风量标准

① 车站公共区空调季节新风量取下面最大值：

- 每位乘客按 12.6 m^3/(h·人)计；
- 新风量不小于系统总风量的 10%。

② 车站公共区非空调季节全新风工况按每位乘客不小于 30 m^3/(h·人)计。

③ 车站设备管理用房新风取下面二者最大值：

- 每位工作人员按 30 m^3/(h·人)计；
- 新风量不小于系统总风量的 10%。

5.2.3　空气质量标准

① 二氧化碳浓度：

- 地下车站公共区日平均浓度<1.5‰。
- 地下车站设备与管理用房日平均浓度<1‰。
- 区间隧道内日平均浓度<1.5‰。

② 可吸入颗粒物浓度：

- 地下车站公共区空气中可吸入颗粒物的日平均浓度 $<0.25\ \text{mg/m}^3$。
- 地下车站设备与管理用房内空气中可吸入颗粒物的日平均浓度$<0.25\ \text{mg/m}^3$。

5.2.4　主要风速设计标准

- 通风井的风速：$4\sim6\ \text{m/s}$。
- 砼风道的风速：$\leqslant8\ \text{m/s}$。
- 风亭格栅风口的风速：$\leqslant4\ \text{m/s}$。
- 送/回风干管的风速：$<10\ \text{m/s}$(无送回风口)。
- 送/回风支管的风速：$5\sim7\ \text{m/s}$(无送回风口)，$3\sim5\ \text{m/s}$(有送回风口)。
- 消声器片间的风速：$\leqslant10\ \text{m/s}$。
- 空调送风口的风速：$\leqslant2.5\ \text{m/s}$。
- 空调回风口的风速：$\leqslant3.5\ \text{m/s}$。
- 钢制排烟干管的风速：$<20\ \text{m/s}$。
- 非钢制排烟干管的风速：$<15\ \text{m/s}$。

5.2.5　负荷计算标准

1. 地铁站人员计算标准

(1) 车站公共区

乘客在车站停留时间和车站客流由《客流报告》确定，表 5.2 为某典型车站晚高峰客流量。

表 5.2　某典型车站晚高峰客流量

上行/人次		下行/人次	
上车	下车	上车	下车
6 608	3 766	3 760	6 794

(2) 非换乘车站公共区

乘客在车站平均停留时间如下：上车客流车站平均停留时间为按行车间隔加 2 min，其中站厅停留 2 min，站台停留一个行车间隔，对于大客流车站存在限流情况，乘客在站厅的停留时间较长，适当增加在站厅停留时间可取 3 min；下车客流平均车站停留时间为 3 min，站厅、站台各停留 1.5 min。乘客人员负荷按照车站远期晚高峰客流计算。

(3) 换乘站公共区

站台乘客：上车客流站台停留一个行车间隔，换乘上车客流站台停留一个行车间隔；下车客流站台停留时间 1.5 min。

站厅乘客：上车客流站厅停留 2 min，下车客流站厅停留 1.5 min。

换乘厅乘客：换乘乘客停留 1.5 min。

(4) 车站设备管理用房

有人办公的管理用房按运营人员构成确定，表 5.3 为某典型车站设备管理用房人数。

表 5.3　某典型车站设备管理用房人数表

房间名称	房间人数	房间名称	房间人数
站务员室	3	男安检休息室	3
乘务换乘室	2	女安检休息室	3
警务室	2	车控室	5
站长室	2	女更衣室	3
男更衣室	3		

2. 人员及设备散热量、散湿量标准

(1) 人员散热量和散湿量

站厅(设计温度 30 ℃)乘客散热量及散湿量标准查规范如下：

- 显热量 35 W；
- 潜热量 147 W；
- 散湿量 212 g/h。

站台(设计温度 30 ℃)乘客散热量及散湿量标准查规范如下：

- 显热量 47 W；
- 潜热量 135 W；
- 散湿量 203 g/h。

车站设备管理用房、主变电所等各单体建筑物根据人员所处的环境条件和活动情况，参照相关空调设计手册执行。

(2) 工艺设备散热量标准

表 5.4 为某典型车站工艺设备散热量统计。

表 5.4　某典型车站工艺设备散热表

房间/设备名称	单台设备/房间散热量/kW	房间/设备名称	单台设备/房间散热量/kW
35 kV GIS	0.5	低压配电柜	0.5
整流变压器	36	车站控制室	3
1 500 V 直流开关柜	1.5	AFC 设备室	1.5
整流器	8	自动售票机	0.5
负极柜	2.5	自动验票机	0.3
控制盘、交流盘	0.3	信号设备室	15
直流充电机盘	2	信号电源室	15
蓄电池盘	0.2	民用通信设备室	30
排流柜	0.3	警务机房	6
柜电位柜	0.6	通信电源室	6
动力变压器	18		

3. 结构壁面散湿量

① 车站侧墙、顶板、底板按 2 g/(m² · h)计算。

② 区间隧道壁面按 2 g/(m² · h)计算。

5.3 空调系统负荷及风量计算

下面介绍西安市某地铁车站公共区的空调系统负荷及风量计算。

5.3.1 冷负荷计算

1. 大系统负荷部分

(1) 大系统得热量组成

① 围护结构传热量；

② 人体散热量；

③ 照明散热量；

④ 设备散热量；

⑤ 渗透空气带入热量；

⑥ 新风负荷；

⑦ 风机、风管的再热。

(2) 大系统冷负荷计算

1) 围护结构传热形成的冷负荷计算

地铁车站,通常在站台层设置全封闭站台门,车站公共区围护结构传热形成的冷负荷主要由站台门和站台板传热构成,可按下式计算：

$$L_w = KF \Delta t_n$$

式中：F——站台门与站台板的面积,m²；

K——传热系数,站台板一般取 2.2 W/(m² · K),站台门一般取 5.8 W/(m² · K)；

Δt_n——计算温差,℃。

围护结构传热形成的冷负荷计算结果如表 5.5 所列。

表 5.5　车站大系统围护结构传热形成的冷负荷计算结果

围护结构		参　数	站台冷负荷/W
			显热
站台门	PSD 长度	118 m	36.1
	PSD 高度	2.2 m	
	传热系数	5.8 W/(m² · K)	
	隧道内温度	40 ℃	

续表 5.5

围护结构		参　数	站台冷负荷/W
			显热
站台板	站台长度	120 m	39.6
	站台宽度	12.5 m	
	站台高度	4.7 m	
	传热系数	2.2 W/(m² · K)	

2）人员散热形成的冷负荷计算

车站公共区人员散热形成的冷负荷主要为客流负荷，由客流的显热散热量和潜热散热量组成，可按下式计算：

$$L_s = n_1 q_s$$
$$L_r = n_1 q_r$$

式中：q_s——不同室温和活动强度下，成年男子的显热散热量。设计干球温度 30 ℃下显热散热量 35 W，设计干球温度 28 ℃下显热散热量 47 W。

q_r——不同室温和活动强度下，成年男子的潜热散热量。设计干球温度 30 ℃下潜热散热量 147 W，设计干球温度 28 ℃下潜热散热量 135 W。

n_1——同时在站人数，由客流与站台停留时间计算得出。

人员散热形成的冷负荷计算结果如表 5.6 所列。

表 5.6　车站大系统人员散热形成的冷负荷计算结果

人员场景	客　流		同时在站人数		站厅冷负荷/W		站台冷负荷/W	
			站厅	站台	显热	潜热	显热	潜热
上行上车	2 278		553	580	19.4	81.3	27.3	78.3
上行下车	3 348							
下行上车	3 325							
下行下车	4 294							
上车停留时间	2 min	2.2 min						
下车停留时间	1.5 min	1.5 min						
换乘停留时间	0	0						
晚高峰系数	1.19							
高峰系数	1.23							

3）照明散热形成的冷负荷计算

照明散热形成的冷负荷可按下式计算：

$$L_z = S\alpha$$

式中：S——公共区面积，m²；

α——单位面积散热量，一般取 10 W/m²。

注：地铁现多采用 LED 等节能灯具，散热量指标已适当核减，计算结果如表 5.7 所列。

表 5.7　车站大系统照明散热形成的冷负荷计算结果

名　称	面积/m²	照明指标/(W·m⁻²)	站厅冷负荷/W	站台冷负荷/W
站厅	1 808	10	18.1	15.0
站台	1 500			

4）设备散热形成的冷负荷计算

地铁车站公共区设备散热形成的冷负荷主要由以下部分组成：

- 自动扶梯、垂直电梯；
- 自动售检票设备系统，包括自动售检票机、闸机等；
- 广告灯箱、导向标识；
- 商铺、银行、通信设备。

设备散热形成的冷负荷可按下式计算：

$$L_s = \sum n_i \times q_i$$

式中：n_i——设备数量；

　　　q_i——单台设备发热量。

设备散热形成的冷负荷计算结果如表 5.8 所列。

表 5.8　车站大系统公共区设备散热形成的冷负荷计算结果

设备类别	数　量		站厅冷负荷/W	站台冷负荷/W
自动扶梯	台数	4 台	9.6	9.6
	功率	4.8 kW		
电梯	台数	1 台	2.5	2.5
	功率	5 kW		
自动售票机	台数	10 台	12	—
	功率	1.2 kW		
验票机	台数	2 台	0.26	
	功率	0.13 kW		
票房售票机	台数	2 台	0.46	
	功率	0.23 kW		
安检设备	台数	2 台	3.0	
	功率	1.5 kW		
闸机	台数	15 台	8.25	—
	功率	0.55 kW		
通信设备	功率	2.5 kW	2.5	2.5
导向牌	个数	40 个	2	2
	发热指标	100 W/个		
指示牌	个数	20 个	1	1
	发热指标	100 W/个		

续表 5.8

设备类别	数　量		站厅冷负荷/W	站台冷负荷/W
广告灯箱	站厅个数	32 个	23.04	2.88
	站台个数	4 个		
	发热指标	720 W/个		
商铺	个数	1 个	5	—
	发热指标	10 000 W/m²		

5）出入口空气渗透形成的冷负荷计算

出入口空气渗透形成的冷负荷可按下式计算：

$$L_c = S\beta$$

式中：S——出入口截面积，m^2；

β——单位面积渗透负荷，出入口的渗透风影响一般取 200 W/m^2。

出入口空气渗透冷形成的负荷计算结果如表 5.9 所列。

表 5.9　出入口空气渗透形成的冷负荷计算结果

面积/m²	站厅冷负荷/kW	指标/(W·m⁻²)	站台冷负荷/kW
54	10.8	200	0

6）屏蔽门漏风量

屏蔽门将地铁公共区站台分隔为轨行区隧道与站台区两部分。当列车运行时，屏蔽门处于关闭状态，通过屏蔽门的缝隙与区间产生微量的空气进行热质交换。在列车停站期间，由于乘客下车会开启屏蔽门（开启时间约 30 s），在活塞效应及热排风机的作用下，会通过屏蔽门发生大量的热质交换，在计算空调负荷时需要考虑。屏蔽门漏风量引起的渗透负荷是动态变化的，主要与隧道环境、车站建筑布置、客流、行车对数、站台门数量、开门时间等参数有关。通常地铁设计中按 5~10 m^3/s 的屏蔽门漏风量进行估算。

2. 小系统负荷部分

(1) 小系统得热量组成

① 围护结构传热量；

② 人体散热量；

③ 照明散热量；

④ 设备散热量；

⑤ 新风负荷；

⑥ 风机、风管的再热。

(2) 小系统冷负荷计算

以设备用房小端为例，系统房间包括环控电控室、蓄电池室、民用通信小端机房、弱电综合室、站务室、照明配电室、乘务员室。下面进行小系统负荷计算示意。

1）围护结构传热形成的冷负荷计算

地铁车站设备管理用房围护结构传热形成的冷负荷主要由设备区内墙和地面结构板传热构成，可按下式计算：

$$L_w = KF\Delta t_n$$

式中：F——内墙和地面结构板的传热面积，m^2；

　　　K——传热系数，内墙一般取 2 $\mathrm{W/(m^2 \cdot ℃)}$，地面结构板一般取 2 $\mathrm{W/(m^2 \cdot ℃)}$；

　　　Δt_n——计算温差，℃。

车站小系统围护结构传热形成的冷负荷计算结果如表 5.10 所列。

表 5.10　车站小系统围护结构传热形成的冷负荷计算结果

房间名称	面积/m^2	层高/m	内墙传热量/W	地面结构板传热量/W
环控电控室	67.1	5.1	1 379.1	502.4
蓄电池室	23.2	5.1	473.3	371.2
民用通信小端机房	13.6	5.1	277.4	217.6
弱电综合室	16	5.1	171.4	256.0
站务员室	10.4	3.2	0	165.8
照明配电室 4	25.8	4.7	1 316.0	412.8
乘务换乘室	26.3	3.2	809.0	421.0

2）人员散热形成的冷负荷计算

车站小系统设备区人员散热形成的冷负荷主要由工作人员的显热散热量和潜热散热量组成，可按下式计算：

$$L_s = n_1 q_s$$
$$L_r = n_1 q_r$$

式中：q_s——不同室温和活动强度下，成年男子的显热散热量；

　　　q_r——不同室温和活动强度下，成年男子的潜热散热量；

车站小系统人员散热形成的冷负荷计算结果如表 5.11 所列。

表 5.11　车站小系统人员散热形成的冷负荷计算结果

房间名称	房间人数	人员显热[①]/W	人员潜热[②]/W
环控电控室	2	102	260
蓄电池室	2	102	260
民用通信小端机房	2	102	260
弱电综合室	2	102	260
站务员室	3	153	390
照明配电室	2	102	260
乘务换乘室	2	102	260

注：① 单位人员 51 W；② 单位人员 130 W。

3）照明散热形成的冷负荷计算

照明散热形成的冷负荷可按下式计算：

$$L_z = S\alpha$$

式中：S——设备用房面积，m^2；

　　　α——单位面积散热量，一般取 10 $\mathrm{W/m}^2$。

注：地铁现多采用 LED 等节能灯具，散热量指标已适当核减，计算结果如表 5.12 所列。

表 5.12　车站小系统照明散热形成的冷负荷计算结果

房间名称	面积/m²	照明散热/W
环控电控室	67.1	671
蓄电池室	23.2	232
民用通信小端机房	13.6	136
弱电综合室	16.0	160
站务员室	10.4	104
照明配电室	25.8	258
乘务换乘室	26.3	263

4）设备散热形成的冷负荷计算

车站设备区设备散热形成的冷负荷主要由民用通信设备、公安通信设备、信号设备、综合监控设备、供电系统设备等组成。设备散热形成的冷负荷可按下式计算：

$$L_s = \sum n_i \times q_i$$

式中：n_i——设备数量；

　　q_i——单台设备发热量。

设备用房设备散热形成的冷负荷计算结果如表 5.13 所列。

表 5.13　车站小系统设备用房设备散热形成的冷负荷计算结果

房间名称	设备散热/W	房间名称	设备散热/W
环控电控室	6 000	站务员室	500
蓄电池室	3 000	照明配电室	2 000
民用通信小端机房	5 830	乘务换乘室	500
弱电综合室	2 000		

5.3.2　湿负荷计算

1. 地铁站湿负荷的组成

① 人体散湿量；

② 围护结构散湿量。

2. 湿负荷计算

(1) 人体散湿量

人体散湿量可按下式计算：

$$W_1 = 0.001 n w_1$$

式中：w_1——单位人员小时散湿量，一般站厅公共区取散湿量 212 g/h，站台公共区取散湿量 203 g/h，设备管理用房取散湿量 194 g/h。

(2) 围护结构散湿量

地铁车站围护结构需要考虑散湿量的区域包括公共区侧墙、顶板等。围护结构散湿量可按下式计算：

$$W_2 = 0.001 S w_2$$

式中：w_2——围护结构单位面积散湿量，一般取散湿量 2 g/(h·m²)。

公共区及设备管理用房湿负荷计算结果如表 5.14、表 5.15 所列。

表 5.14　公共区湿负荷计算结果

类　型	位　置	湿指标/(g·h⁻¹)	面　积	同时在站人数	湿负荷/(kg·h⁻¹)
人体	站厅	212	—	553	117.2
	站台	203	—	580	117.8
结构	站厅	2	2 667.1	—	5.3
屏蔽门	站台	—	—	—	2

表 5.15　设备管理用房湿负荷计算结果

房间名称	人员散湿量/(g·h⁻¹)	围护结构散湿量/(g·h⁻¹)
环控电控室	388	267.8
蓄电池室	388	105.6
民用通信小端机房	388	61.9
弱电综合室	388	72.8
站务员室	582	0
照明配电室	388	0
乘务换乘室	388	0

5.3.3　空调系统风量计算

以西安市某地铁车站公共区为例进行空调系统风量计算。

1. 空调系统总风量的确定

(1) 状态点的确定

西安市某地铁公共区计算时，室外状态参数：$t_w = 33.1$ ℃，$t_{ws} = 25.0$ ℃。

经过计算可得：公共区站厅层，夏季室内总余热量为 216.4 kW，总余湿量为 34.03 g/s；公共区站台层，夏季室内总余热量为 223.8 kW，总余湿量为 33.11 g/s。由此可得到公共区站厅和站台热湿比分别为

$$\varepsilon_{厅} = \frac{Q}{W} = 6\ 358 \ \text{kJ/kg}, \quad \varepsilon_{台} = \frac{Q}{W} = 6\ 759 \ \text{kJ/kg}$$

车站公共区空气状态点的计算如表 5.16 所列。

表 5.16　车站公共区空气状态点计算

状态点	干球温度/℃	湿球温度/℃	相对湿度/%	焓值/(kJ·kg⁻¹)	密度/(kg·m⁻³)	含湿量/(g·kg⁻¹)
室外 W	33.10	25.00	52.80	79.10	1.08	17.80
室内站厅 N_T	30.00	23.40	58.50	72.50	1.09	16.50

续表 5.16

状态点	干球温度/℃	湿球温度/℃	相对湿度/%	焓值/(kJ·kg⁻¹)	密度/(kg·m⁻³)	含湿量/(g·kg⁻¹)
室内站台 N_t	28.00	22.40	62.70	68.50	1.10	15.80
机器露点 L	19.00	18.50	95.00	54.30	1.13	13.80
送风状态点 O	20.00	18.70	89.10	55.20	1.13	13.80
站厅与站台混合点 C	28.90	22.80	60.90	70.20	1.10	16.10
新风与回风混合点 H	28.90	22.80	60.90	70.20	1.10	16.10

车站两端设空调机房,空气处理设备安装于此。车站公共区内站厅与站台混合点 C 与室外新风状态点 W 混合后,达到新风与回风混合点 H;混合空气经过表冷器冷却减湿到机器露点 L,露点 L 空气经过风机及管路温升至送风状态点 O;然后经过送风系统送入公共区站厅及站台。冷空气吸收房间内的余热余湿后,变为站厅、站台空气状态点 N_T 及 N_t。一部分空气由排风排到室外,另一部分空气由回风系统返回到空调机组与新风混合。整个过程在焓湿图上的表示如图 5.3 所示。

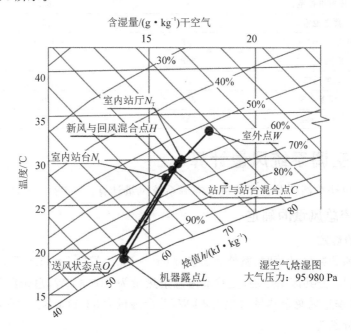

图 5.3　西安市某地铁车站公共区空气处理过程焓湿图

(2) 根据热、湿负荷计算总送风量

① 按消除余热计算总送风量:

$$G = \frac{Q}{h_N - h_O}$$

② 按消除余湿计算总送风量:

$$G = \frac{W}{d_N - d_O}$$

按消除余热和消除余湿分别求出对应的送风量,如果风量基本相同,则说明计算正确。公共区的送风量如表 5.17 所列。

表 5.17　公共区送风量表

公共区	得热/kW	得湿/(g·s⁻¹)	送风温差/℃	送风量/(m³·h⁻¹)	热湿比/(kJ·kg⁻¹)
站厅(30 ℃)	216.4	34.03	10	39 842	6 358
站台(28 ℃)	223.8	33.11	8	53 611	6 759
合计	$Q_1=440.2$			93 452	

2. 公共区人员新风量及新风负荷

新风量的确定按照《城市轨道交通通风空气调节与供暖设计标准》(GBT 51357—2019)设计。由标准可知,车站公共区空调季节新风工况时取下面最大值:

① 每位乘客按 12.6 m³/(h·人)计;

② 新风量不小于系统总风量的 10%。

新风量计算如表 5.18 所列。

表 5.18　新风量计算表

单位\内容	m³/s	m³/h	折算的新风负荷 Q_x/kW
人员新风量	3.97	14 276	106.1
新风为总风量的 10%	2.60	9 345	69.5
新风量取值大约	3.97	14 276	106.1

3. 再热负荷

再热负荷可按下式计算:

$$Q_{zr}=\frac{(h_O-h_L)G_S}{3\ 600}\quad(kW)$$

式中：h_O——送风状态点焓值,kJ/kg;

h_L——机器露点焓值,kJ/kg;

G_S——总送风量,kg/h。

从节能角度,对于舒适性空调一般采用最大送风温差,除少量的设备和管路温升外不再考虑进行加热处理。温升在实际工程中可取 0.5~1.0 ℃。本次按照 1.0 ℃温升考虑,计算得 $Q_{zr}=20.6$ kW。

4. 公共区空调总负荷

公共区空调总负荷可按下式计算:

$$Q_D=Q_1+Q_x+Q_{zr}\quad(kW)$$

式中：Q_1——余热,kW;

Q_x——新风负荷,kW;

Q_{zr}——再热负荷,kW。

计算得 $Q_D=566.9$ kW。

5.4 空调系统方案确定

5.4.1 车站大系统空调方案

① 车站大系统的服务范围为地铁车站站厅和站台公共区、出入口通道、银行等供乘客使用的公共区域。当车站公共区设有票务室、售票机房时,其通风空调系统与车站公共区通风空调系统一并考虑。

② 车站公共区由于空间较高、人流量大,所以通风空调系统方案考虑设计为全空气、双风机的一次回风系统。而车站站厅、站台公共区排烟系统管路原则上由回排风系统兼用,排烟专用风机应单独设置,火灾时由排烟风机进行排烟,车站回排风机停运。对于车站的大系统来说,原则上应在车站两端各设一套系统,每套系统服务半个车站,但是两端的模式转换、调节系统应一起动作。大系统能满足空调季节最小新风运行、过渡季节全新风运行、非空调季节的全通风运行和冬季通风四种工况的要求。

③ 作为公共建筑的空调系统,其空气处理设备组合式空调机组应设置杀菌段,采用静电杀菌除尘中效电子过滤器(220 V,200 W)。该功能段具有良好的颗粒物净化效率、微生物净化效率、除尘率。组合式空调机组进风端口可考虑连接土建式混合风室,但送风不应采用土建风管的形式。

④ 车站大系统空调机组所设空气过滤器选型应经计算后确定,过滤器应便于拆装和清洗,其压差信号应纳入车站设备监控系统。

⑤ 车站大系统的设备应布置在环控机房内。设备布置应满足安装、维修和检修所需的足够空间,并考虑足够的运输通道。

⑥ 用作模式转换的风阀应采用电动风阀,其余风阀采用手动风阀即可。

5.4.2 车站小系统空调方案

① 车站小系统的服务范围为车站设备管理用房区域,包括人员管理用房和设备管理用房。人员管理用房多为 18 小时空调使用房间,设备用房为 24 小时空调使用房间。小系统空调系统应结合房间使用功能、使用时间、控制温度合理划分空调系统。

② 设备管理用房采用全空气一次回风系统,设备用房与人员管理用房的空调系统宜独立设置,独立设置的管理用房空调送风系统的柜式空调器设置空气净化装置。部分城市的人员管理用房空调系统也有采用风机盘管+新风的形式。

③ 地铁设备区空调系统的柜式空气处理机多为卧式,小风量采用吊装式,主要由初效、中效过滤器、表冷器、风机组成;机组前端应设置消声器,有回风功能的空调系统机组后端应设置混风箱。

④ 全空气系统应具备小新风空调、全新风空调和通风三种运行工况。

⑤ 为了保证电气设备的运行安全及设备检修的合理空间,空调风口风管、风口应避让电气设备。

⑥ 小系统空调设备应集中布置在机房内,同时控制机房内的设备噪声满足相关要求,通常空调机房噪声按照不大于 90 dB(A)控制。空调器、风机、阀门等的布置满足安装、维修和检

修的空间,同时应考虑足够的运输通道。

⑦ 柜式空气处理机组、回/排风机、送风机、排烟风机均设置电动风阀联动,要求开风机时先开风阀后开风机,关风机时先关风机后关风阀。

5.5　设备选型

空调处理设备是完成对送入房间的空气进行降温、加热、除湿、加湿以及过滤等处理过程所采用相应设备的组合。地铁中最常见的末端设备包括柜式空调机组、组合式空调机组、风机盘管。其中,地铁公共区多采用组合式空调机组,地铁长出入口通道或换乘通道多采用风机盘管,设备管理用房区域多采用柜式空调器。

5.5.1　空气处理过程

地铁站大系统、小系统为一次回风空调系统,其空气处理过程如下:

$$\begin{matrix} N \\ \\ W \end{matrix} \Big\rangle \xrightarrow{\text{混合}} C \xrightarrow[\text{冷却}]{\text{去湿}} L \xrightarrow{\text{风机温升}} O \xrightarrow{\varepsilon} N$$

由以上处理方案可知,空气处理过程中,首先新、回风在混合室内混合,经过滤器净化后由表冷器降温除湿,最后由风机引入送风管道。地铁车站大系统通过组合式空调机组进行空气处理,小系统通过柜式空调器进行空气处理。

5.5.2　空调机组选型注意事项

1) 表冷器回路应设计为空气与冷冻水逆流交叉。

2) 盘管是空调机组中最为重要的热湿处理设备,其选型的优劣直接决定机组能否满足设计要求。对于组合式空调机组中的盘管设计,由于地铁车站机房空间局限,为了控制机组框架尺寸,因此在机组选型时特别注意迎面风速的数值。不能为了压缩空间盲目地提高盘管的迎面风速,因为过高的风速会使机组运行过程中产生漂水问题。一般,在选型设计时将迎面风速控制在 2.5 m/s 左右为宜,风速较大时,表冷器后应设挡水板。

3) 在选型时,机组的左右式是经常容易出错的地方,会直接导致机组在现场无法接管及检修。"左式""右式"是指空气处理机组水管接管方向,通常判断方式为面对机组进风口(顺气流方向),水管接管和检修门在左为"左式",在右为"右式",不过不同厂家的定义方式会有所区别。图 5.4 所示为空调机组左右式判断示意图。

4) 过滤器的选择:

① 地铁组合式空调机组在进风段后配置初效过滤器以防止表冷器表面上积灰,地铁通常采用铝合金框架,板式初效过滤段,滤料材质为非燃或阻燃型金属合金网,过滤器前后设压差报警装置。过滤网要求不锈钢金属丝网和无纺布两道过滤均可以拆卸清洗。过滤段留有更换过滤器的空间,并可从检修门取出清洗。过滤器应易清洗、易更换。过滤器性能通常不低于初效 2 型,过滤效率应符合《空气过滤器》GB/T 14295—2019 的要求。对于粒径≥2 μm 的大气尘径,计数效率应在 20%～50% 内;同时,装置在额定风量下的初阻力应≤50 Pa。

② 过滤效率、材质要求、阻力、容尘量指标、迎面风速是过滤器选型的重要技术参数,若风

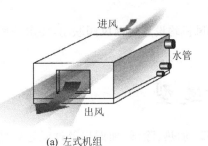 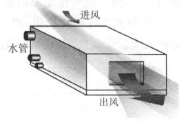

(a) 左式机组　　　　　　　　　　　　　　　　　(b) 右式机组

机组左右型判别方式：面对机组进风方向(顺气流方向)，盘管接管在左侧为左式机组，在右侧为右式机组。

图 5.4　空调机组左右式判断示意图

阻过高,则相应的风机能耗上升,因此应优先选择低阻力、高性能的产品。为方便定期维保,我们要求在过滤器前后设压差报警装置,并与控制系统相连。当压差值达到过滤器终阻力时,报警提醒,以便及时清洗或更换过滤器。

③ 为了满足《公共场所集中空调通风系统规范》要求,该设备加设净化消毒装置时应具备净化、过滤、杀菌功能。

5) 空调器应放置在平整的混凝土垫层基础上,设备基础应高于机房地平面 100～150 mm,且四周须做排水沟。安装前须对基础进行检查,调整好机组的水平度,否则,在表冷段会造成凝结水排水不畅,引起漏水事故;在风机段会破坏风机的动平衡,增大风机的噪声和振动,损坏风机的轴承。

5.5.3　车站大系统空调机组设备选型

组合式空气处理机组为车站公共区提供空调送风。机组安装在车站通风空调机房内,机房内同时设机械送风与排风系统,为设备提供良好的工作环境。

地铁中组合式空气处理机组为落地式安装,主要由混风段、过滤段、净化消毒装置、表冷段、风机段、消声段、出风段等功能段组成。其功能段示意如图 5.5 所示。

根据前述负荷计算及风量计算,车站大系统空调机组选型的主要技术参数如下:

- 风量：51 399 m³/h。
- 冷量：312 kW(采用 4 排冷却排管)。
- 余压：544 Pa。
- 噪声：72 dB(A)。
- 阻力：初效过滤器 83 Pa,净化消毒装置 60 Pa,4 排表冷器 96 Pa,消声器 10 Pa。
- 表冷器水管：水流量 14.9 L/s,水阻力 35 Pa,冷冻水进/出温度为 7 ℃/12 ℃。

5.5.4　车站小系统空调机组设备选型

柜式空气处理机组为车站设备区提供空调送风。机组安装在车站通风空调机房内,机房内同时设机械送风与排风系统,为设备提供良好的工作环境。

地铁中柜式空气处理机组为落地式和吊装式安装,主要由净化消毒装置(作用于人员管理用房柜式空气处理机组),初、中效过滤,送风功能,表冷段等功能段组成。其功能段示意如图 5.6 所示。

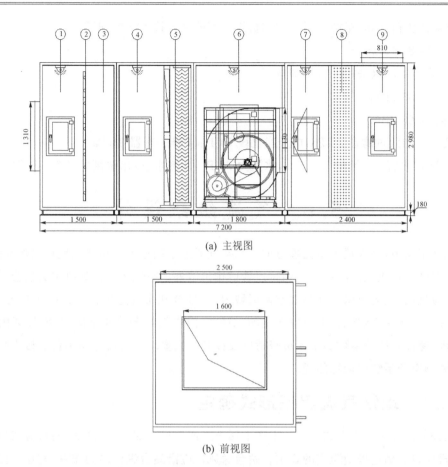

(a) 主视图

(b) 前视图

① 进风段;② 初效过滤段;③ 净化消毒段;④ 检修段;⑤ 表冷挡水段;⑥ 风机段;⑦ 均流段;⑧ 消声段;⑨ 出风段

图 5.5　组合式空调机组功能段示意图

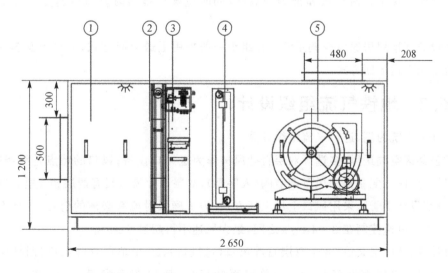

① 混合段;② 板式过滤段;③ 电了净化段;④ 表冷段;⑤ 送风机

图 5.6　柜式空调机组功能段示意图

根据前述负荷计算,车站小系统空调机组选型的主要技术参数如下:

- 风量:8 910 m³/h。
- 冷量:44 kW(采用 4 排冷却排管)。
- 余压:330 Pa。
- 噪声:66 dB(A)。
- 阻力:初效过滤器 32 Pa,电子净化段 54 Pa,4 排表冷器 81 Pa。
- 表冷器水管:水流量 2.7 L/s,水阻力 26 Pa,冷冻水进/出温度为 7 ℃/12 ℃。

5.6　气流组织设计

在地铁车站中,经末端机组处理过的低温空气通过空调送风管道送入地铁内部空间中,与室内空气混合进行热交换后由空调回排风管道排出室外。空气的进入和排出必然会形成内部环境的气流扰动,气流组织设计是在空调区域内,通过合理布置送风口及回排风口的位置、数量、尺寸等使气流有组织地在室内空间流动,消除室内空气的余热和余湿,从而保证内部空间温度、湿度、速度等环境参数满足人员舒适度及设备工艺要求。气流组织不仅直接影响空调的效果,也影响空调系统的运行能耗。

5.6.1　地铁气流组织形式确定

地铁公共区气流组织方式宜采用上送上回方式或侧送上回方式,站厅、站台应按均匀送风设计,回排风口应满足排烟距离的要求。站台送风口应沿站台纵向均匀布置,避免直接吹向屏蔽门;通常地铁车站公共区装修吊顶的通透率较高,所以回、排风口宜设于高位且尽量采用侧向或顶部布置,以提高回排风和排烟的效率,同时应核算排烟时风口风速是否符合规范的要求。

地铁设备管理用房通风空调系统气流组织一般采用上送上回方式,但对于发热量较大的设备房宜采用下送上回方式。

5.6.2　地铁气流组织设计

以地铁大系统为例,进行气流组织计算。

地铁公共区空调送风,多选择双层百叶风口作为送风口设备;风口的特点是线条挺直,表面光洁,风口后面可配制铝制风量调节阀(人字闸),双层百叶风口具有两层相互垂直叶片。根据《空气调节设计手册》,采用风口上送上回方式,为了确保射流有必需的射程,并且不产生较大的噪声,风口风速控制在 3~4 m/s 之间,最大风速不得超过 6 m/s。

通过计算,站厅层共设 38 个双层百叶风口(送风口),20 个单层百叶风口(回排风口);站台层共设 30 个双层百叶风口,16 个单层百叶风口,风口布置参见 5.12 节(图 5.11 和图 5.12)。

站厅层的面积约 1 808 m²,则每个双层百叶风口负责面积约 47 m²,每个单层百叶风口负责面积约 113 m²。总送风量 39 842 m²,每个双层百叶的送风量约为 1 048 m³/h;总回风量 32 874 m²,每个双层百叶的送风量约为 1 644 m³/h。站厅层层高 4.8 m,设吊顶 1.5～1.8 m,其中双层百叶风口的技术参数为:颈部风速 2.4 m/s,尺寸 400 mm×320 mm;单层百叶风口的技术参数为:颈部风速 1.5 m/s,尺寸 800 mm×400 mm。

站台层的面积约 1 500 m²,则每个双层百叶风口负责面积约 50 m²,每个单层百叶风口负责面积约 94 m²。总送风量 53 611 m³/h,每个双层百叶的送风量约为 1 787 m³/h;总回风量 46 303 m³/h,每个双层百叶的送风量约为 2 894 m³/h。站台层层高 4.7 m,设吊顶 1.5～1.8 m,其中双层百叶风口的技术参数为:颈部风速 3.1 m/s,尺寸 400 mm×320 mm;单层百叶风口的技术参数为:颈部风速 2.5 m/s,尺寸 800 mm×400 mm。

5.7　风管路系统设计计算

5.7.1　风管材料及形状确定

为了便于装配式施工,地铁中空调风管材质多采用复合风管,本设计采用双面彩钢复合风管。这种材质的风管使用寿命长,摩擦阻力小,风道制作快速方便,通常可在工厂预制后送至工地,也可在施工现场临时制作。由于矩形风管占有空间较小、易于布置、明装较美观的特点,本设计拟采用矩形风管,其高宽比控制在 4∶1 以下。

5.7.2　风管系统水力计算

下面以公共区一端风系统为例进行风管水力计算,典型地铁车站大系统原理图如图 5.7 所示。站厅层及站台层的实际风管布置参见 5.12 节中的图,风管水力计算采用假定流速法,从而确定风管的尺寸和系统阻力。

① 对各管段进行编号(可参考图 5.7),选定最不利环路管路顺序:新风道—混风箱—空调器进口—支管 1—支管 2—支管 3—支管 4。

② 初选各管段风速:根据风管设计原则,初步选定各管段风速,详见参考文献[2],风管干管流速 8 m/s 左右,支管取 5～7 m/s。

③ 确定各风管断面尺寸,根据风量和风速,计算管道断面尺寸,使其符合通风管道统一规格,再用规格化了的断面尺寸及风量算出管道内的实际风速。

④ 对各管段进行阻力计算。根据风量和管道断面尺寸,采用图表法,查得单位长度摩擦阻力 R_m(采用镀锌薄钢板,粗糙度为 0.15),计算各管段的沿程阻力,再利用局部阻力计算公式计算出管道的局部阻力。地铁站常用通风空调设备局部阻力系数如表 5.19 所列。

对公共区一端空调送风管做水力计算,其结果如表 5.20 所列。

⑤ 地铁公共区空调系统为双风机系统,空调送风系统总阻力包括设备阻力和管路阻力,由空调机组配的风机提供动力来完成,根据总阻力计算结果与机组选型参数进行校核。

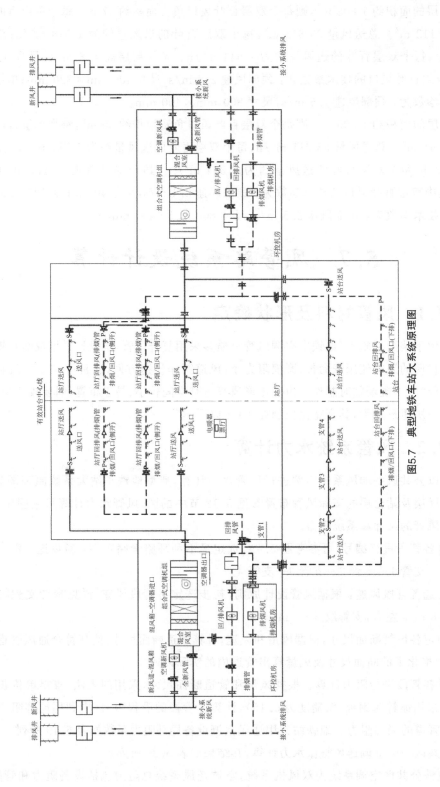

图5.7　典型地铁车站大系统原理图

表 5.19　地铁站常用通风空调设备局部阻力系数表

进风口	出风口	45°弯头	90°弯头(按0.7曲率半径选型)	Y形合流管 ζ₁₂	Y形合流管 ζ₁₂	Y形分流管 ζ₁₂	Y形分流管 ζ₁₂	T形分流管 ζ₁₂	T形分流管 ζ₁₂	分流裤衩三通	合流裤衩三通	渐缩	渐扩	天圆	电动风阀	手动调节阀	防火阀	散流器或回风口	消声器
0.5	1	0.342	0.57	0.5	0.4	0.2	0.8	0.1	1	1	0.28	0.1	0.17	0.26	0.52	0.52	0.19	30	40.0

表 5.20　公共区空调送风系统水力计算表

管　段	管道规格 长/mm	管道规格 宽/mm	管道 长度/m	风量/ (m³·h⁻¹)	风速/ (m·s⁻¹)	摩擦阻力系数λ	比摩阻/ (Pa·m⁻¹)	动压/ Pa	沿程阻力/Pa	局部阻力系数	局部阻力/Pa	总阻力/Pa
新风道—混风箱	1 600.0	1 250.0	0.5	46 726.0	6.5	0.02	0.4	25.4	0.2	2.2	56.0	56.2
混风箱—空调器进口	1 600.0	1 250.0	0.8	46 726.0	6.5	0.02	0.4	25.4	0.3	1.5	38.0	38.3
空调器出口	2 000.0	800.0	5.0	46 726.0	8.1	0.02	0.7	39.6	3.5	2.6	101.8	105.3
支管 1	1 250.0	800.0	7.2	26 806.0	7.4	0.02	0.7	33.4	5.3	3.1	102.8	108.1
支管 2	1 250.0	800.0	18.0	23 231.0	6.5	0.02	0.6	25.1	10.2	1.3	32.6	42.8
支管 3	1 000.0	800.0	19.1	16 083.0	5.6	0.02	0.5	18.8	9.4	0.5	9.4	18.8
支管 4	630.0	630.0	15.0	7 148.0	5.0	0.03	0.6	15.1	9.4	0.4	36.0	45.4
支管 5	1 600.0	1250.0	0.5	46 726.0	6.5	0.02	0.4	25.4	0.2	2.2	56.0	56.2
新风道阻力	—	—	—	—	—	—	—	—	—	—	—	80
组合式空调机组	—	—	—	—	—	—	—	—	—	—	—	544

5.8　地铁车站空调冷源设计

5.8.1　冷源选择

因为地铁车站深埋于地下,标准的二层地下车站埋深多在十几米,有的甚至埋深几十米。地铁车站是一个相对封闭的空间,只有出入口和风亭与室外接触,而土壤的蓄热性能,决定了地铁车站公共区冬季基本上不考虑供暖。寒冷地区的地铁车站,在设备区、人员房间采用电暖气或者多联机供暖;严寒地区的地铁车站,冬季时会在出入口设置阻挡冷风渗透的热空气幕等措施。因此地铁车站通常不考虑设置热源。

冷源是地铁空调系统的重要组成部分,按设置形式有集中式供冷和分站式供冷,按冷水机组的形式有水冷式和风冷式。标准的地铁车站冷源多选用水冷螺杆机组＋冷却塔的形式。

地铁的大、小系统合用冷源,在靠近车站负荷中心设置一座与通风空调机房综合布置的冷水机房。为了防止冷水机房溢水,通常冷水机房避免设置在变电所正上方。一般情况下,每个车站设置 2 台冷水机组、2 台冷冻水泵、2 台冷却水泵、2 组冷却塔。设备在设计计算值选型时,冷却塔的水量、水泵扬程等应考虑一定的安全系数。

$$冷水机组的选型冷量＝计算冷量$$
$$冷却塔的选型水量＝计算水量×1.3$$
$$水泵的设备选型流量＝计算流量$$
$$水泵的设备选型扬程＝计算扬程×1.1$$

5.8.2　冷源设计

冷水机组是地铁通风空调系统中的主要设备,为空调系统季节提供冷源,同时根据负荷的变化自动调节其制冷能力。为确保地铁通风空调系统的正常运行,应具有以下特点:整体结构紧凑、简洁、合理,易损部件少,机组各零部件的安装应牢固、可靠;整机运转平稳、可靠性高,运转时无异常响动、噪声低、液击不敏感等。

1. 定　义

① 西安市通常选用冷水机组的名义工况是在国标下冷水进/出水温度为 12 ℃/7 ℃,冷却水进/出水温度为 30 ℃/35 ℃。名义工况时的额定电压,单相交流为 220 V,三相交流为 380 V,额定频率为 50 Hz。

② 名义工况性能系数 COP,是指在规定的名义工况下,机组以同一单位表示的制冷量除以总输入电功率得出的比值。

③ 综合部分负荷性能系数 IPLV,是指用一个单一数值表示的空气调节用冷水机组的部分负荷效率指标,基于规定的 IPLV 工况下机组部分负荷的性能数值,按机组在特定负荷下运行时间的加权因素,通过计算获得。

2. 运行能力

冷水机组兼容车站公共区空调冷源和车站设备管理用房冷源,适应全线各站不同空调负荷变化要求。单台机组可在 15%～100% 范围内有级或无级调节,实现方式不限于采用单机头、双机头、磁悬浮、变频技术等形式。鉴于车站客流量不断变化,室外新风参数不断变化,因此冷水机组需单台运行或部分负载运行。

冷凝器在线清洗装置技术参数应满足:本项目冷水机组的冷凝器的换热性能维持在其额定性能的 95% 以上,冷凝器在线清洗装置须全年不间断运行。

3. 运行要求

- 开电动蝶阀→开冷却水泵→开冷冻水泵→开冷却塔→开冷水机组;
- 关冷水机组→关冷却塔→关冷却水泵→关(或延时关)冷冻水泵→关电动蝶阀。

4. 控制方式

冷水机组受三级控制,分别是中央控制(中央级)、车站控制(车站级)、就地控制(就地级)。就地级具有优先权。空调水系统冷水机组控制柜通过 RS 485 接口直接与 BAS 通信,BAS 通过通信接口实现冷水机组的运行。

① 中央控制室显示冷水机组开/关状态。

② 车站控制确保在不同运行工况时,对冷水机组的运行状态进行控制和显示,冷水机组应开放对冷冻水出水温度的控制接口。正常工况下,显示冷水机组运行状态;事故工况下,根据要求对机组进行开/关控制。

③ 就地控制是在冷水机组控制柜和就地电控柜处进行操作,供机组安装、调试、检修时在现场使用。

图 5.8 所示为螺杆式冷水机组大样图。

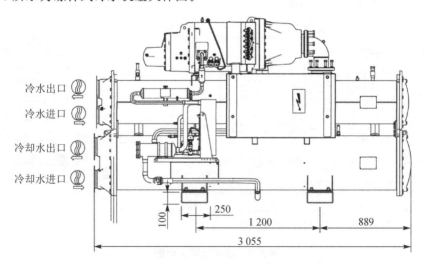

冷水出口
冷水进口
冷却水出口
冷却水进口

100 250 1 200 889
3 055

图 5.8 螺杆式冷水机组大样图

5.8.3 水泵设计

冷冻冷却泵是通风空调系统中的主要设备,是在空调季节提供冷源循环水的主要部件,应具有性能稳定,结构坚固、合理,机械控制精度高,噪声低,运转灵活等特点,确保地铁的冷却水、冷冻水供应正常运行。

1. 定　义

① 额定输入功率(轴功率),是指额定条件下泵需要的功率。

② 额定出口压力,是指额定流量、额定转速、额定入口压力和密度下保证点的泵出口压力。

③ 设计流量,是指冷冻冷却泵在正常设计工况下的最大流量,单位 m^3/h。

2. 运行能力

① 水泵均在高效区运行,水泵采用直接启动方式(提供水泵特性曲线图)。

② 所有设备的金属结构表面都应使用热镀锌或喷涂等工艺进行防锈、防腐处理。

③ 水泵的特性曲线及测试报告：水泵在工况点时的流量和扬程点对应的效率曲线,应在高效工作区;当水泵在其特性曲线上任意一点运行时,电机功率不应超载;在满足要求的情况下,配套电机功率应尽可能小。

④ 泵型均应满足水泵的控制要求及隔振减噪要求。

⑤ 冷冻水泵电机应采用变频电机,具备配备变频器后能安全变频运行且在高效区的技术条件。

3. 控制方式

① 水泵控制由低压配电、BAS 或群控系统控制和就地控制组成,就地控制具有优先权。

② BAS 或群控系统控制是确保在不同运行工况时,对水泵的运行状态进行控制和显示。在正常工况下,显示水泵运行状态,根据各种运行模式要求对水泵进行开/关控制。

③ BAS 系统或群控系统通过水泵控制柜所留接口采集信号。

④ 所有冷冻水泵须满足一次泵变流量系统运行模式,并且同时满足变频运行的条件。

图 5.9 所示为空调水泵大样图。

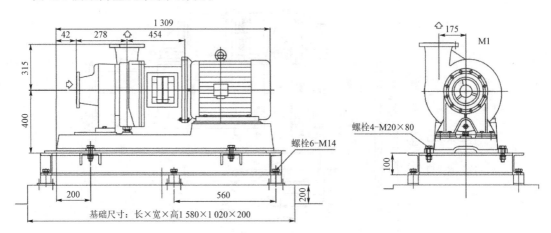

图 5.9　空调水泵大样图

5.8.4　冷却塔设计

冷却塔是地铁通风空调系统中的主要设备之一,按照冷水机组需求为其提供温度适宜的冷却水,同时根据负荷的变化调节其冷却能力。整体结构应紧凑、简洁、合理,易损部件少,机组各零部件的安装应牢固、可靠;整机运转平稳、可靠性高,运转时无异常响动、噪声低等,确保地铁空调系统的正常运行。

1. 定　义

① 冷却塔：用于空调制冷系统，由电动机及传动装置、叶片、布水器、填料、塔体、外围结构、集水盘、支架、进风窗及管路等部分组成。

② 标准工况：评价冷却塔性能时统一的工况条件，包括进塔空气干球温度、湿球温度、大气压力、进塔水温、出塔水温。

③ 冷却能力：是指冷却塔冷却性能计算结果，用百分比表示的换算得到的进出塔水温差与标准工况条件下进出塔水温差的比值，或者冷却塔标准冷却水流量与名义缺水量的比值。

④ 设计参数：包括设计工况及其他有关设计的数据，例如冷却塔的安装尺寸、淋水密度、气流阻力、电动机功率、噪声值、飘水率等。

2. 运行能力

正常情况下冷却塔环境温度在 $-20 \sim 55$ ℃ 之间，相对湿度 $\leqslant 95\%$ 条件下可以长期连续运行；冷却塔兼容冷水机组负荷，应能适应空调负荷变化要求。冷却塔风机需满足各种工况运行要求。

3. 控制方式

① 控制确保在不同运行工况时对冷却塔的运行状态进行控制和显示。正常工况下，显示冷却塔运行状态；事故工况下，根据要求对冷却塔进行开关控制。

② 就地控制是指在冷却塔安装现场配电控制箱处进行操作，供机组安装、调试、检修时在现场使用。

图 5.10 所示为冷却塔大样图。

5.9　管道防腐、保温、消声及减震

5.9.1　管道防腐、保温

1) 地铁站空调系统管路，除复合风管外，需保温的风管采用离心玻璃棉进行保冷。

2) 空调送风管、回风管等均应保温。除复合风管外的钢板风管，保温材料为环保型离心玻璃棉不燃材料。所有离心玻璃棉毡外贴双层带筋铝箔或特强防潮防腐贴面为隔冷防潮保护所需要，离心玻璃棉毡容重为 $\gamma = 48 \text{ kg/m}^3$。

- 空调风管设置在空调房间内，保温厚度 $\delta = 40 \text{ mm}$；
- 空调风管设置在无空调房间内，保温厚度 $\delta = 50 \text{ mm}$；
- 温度较低的排风管穿过非空调用房时，为防止结露应采取保温，保温厚度 $\delta = 25 \text{ mm}$，如洗手间等排风管穿过环控机房等。

通风管道穿过空调房间时，为防止冷量损失应采取保温措施，保温厚度 δ 应根据计算确定且不小于 30 mm。

空调风管所有穿墙、穿楼板处保温层不得间断。

注：设备材料表中离心玻璃棉毡按不同厚度 δ 统计，以面积 m^2 计算。

3) 空调水管及阀门均设保温。

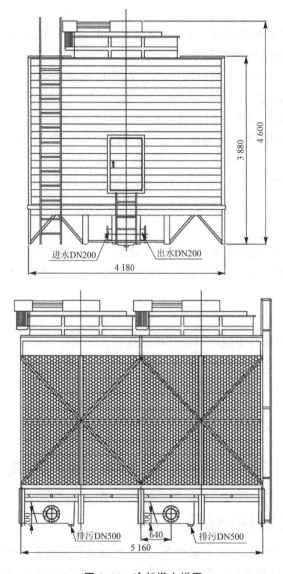

图 5.10　冷却塔大样图

4）冷冻水供/回水管、冷凝水管、膨胀水管保温外表面采用离心玻璃棉管壳作保温材料，管壳外贴双层带筋铝箔或特强防潮防腐贴面，外包铝薄板（厚度为 0.5 mm）加以保护。离心玻璃棉管壳容重 $\gamma \geqslant 64$ kg/m^3。

- 冷凝水管，$\delta = 25$ mm；
- 膨胀水管，$\delta = 50$ mm；
- DN<100 mm 冷冻供回水管，$\delta = 40$ mm；
- DN 为 $100\sim200$ mm 冷冻供回水管，$\delta = 50$ mm；
- DN>200 mm 冷冻供回水管，$\delta = 65$ mm。

注：设备材料表中，管壳按不同口径、厚度分别计算长度。

5）室外膨胀水箱箱体用 $\delta = 80$ mm 聚氨酯硬质发泡材料保温，外包铝薄板（厚度为 0.5 mm）

保护层。

6）集水器、分水器及其他配件采用离心玻璃棉包扎材料保温，外贴双层带筋铝箔或特强防潮防腐贴面，包扎材料容重 $\gamma = 64 \text{ kg/m}^3$，厚度 $\delta = 70 \text{ mm}$。

注：保温材料按不同厚度 δ 统计，以面积 m^2 计。

7）风管和水管的吊、支、托架均为槽钢或角钢，必须采用防腐措施，对构件表面进行清理除锈，涂红丹油性防锈底漆和面漆各两遍。

5.9.2 消声及减震

通风机、制冷机、水泵等设备是产生噪声和振动的主要设备，在设计中根据实际情况，选择噪声小、运转平稳的产品。

由于地铁车站在两端设有与外界空气相连通的风道、风井，为了降低地铁车站内风机运行噪声传至地面，土建风道内设置结构式消声器或带金属外壳的消声器，使风机运转噪声通过消声器后，符合对内（车站公共区和车站设备管理用房）噪声要求和对外界《声环境质量标准》（GB 3096—2008）相应地区的噪声要求。

其中，对外的噪声是指地铁系统内通过地面风亭传至地面敏感点的噪声（含列车噪声），需要符合《声环境质量标准》（GB 3096—2008）要求，否则应采取消声措施。

表 5.21 所列为环境噪声限值。

表 5.21 环境噪声限值

类 别	各环境功能区敏感点	昼 间	夜 间
0	康复疗养区等待特别需要安静的敏感点	50	40
1	居住、医疗、文教、科研区的敏感点	55	45
2	居住、商业、工业混合区的敏感点	60	50
3	工业区的敏感点	65	55
4a	城市轨道交通两侧区域的敏感点	70	55

地铁工程中产生主要噪声和振动的设备应在设计中充分考虑消声和减震。

风管、水管与设备连接处均应设置减震措施。

机房应设置隔声密闭门及隔声墙，如噪声值超标，根据需要加贴吸声材料。

5.10 空调系统控制

5.10.1 空调系统运行方式

1. 地下车站大系统

(1) 空调季节小新风工况

当外界空气焓值大于车站空调大系统回风空气焓值时，采用小新风空调运行。回风与新风混合后，经空调机组处理后分送至站厅层和站台层。

(2) 空调季节全新风工况

当外界空气焓值小于或等于车站空调大系统回风空气焓值，但外界空气干球温度大于空调送风温度时,采用全新风空调运行。空调器处理室外新风后送至空调区域,排风则全部排至车站外。

(3) 非空调季节工况

当室外空气温度小于空调送风温度时,停止冷水机组运行,外界空气不经冷却处理直接送至车站公共区。排风则全部排出车站外界。

(4) 夜间运行工况

夜间收车后停止车站空调大系统的运行。

(5) 乘客过度拥挤

当出现突发性客流或其他原因而引起车站乘客过度拥挤时,大系统设备应根据实际情况按当时季节正常运行的满负荷状态运行。

2. 地下车站小系统

设有空调的管理设备用房,可采用空调季节小新风工况、空调季节全新风工况或非空调季节工况进行控制;仅设有通风的管理设备用房,全年按设定的通风模式进行控制。

5.10.2　空调系统控制

通风及空调系统的控制由中央控制、车站控制和就地控制三级组成。

1. 中央控制

中央控制设置在控制中心。该中心配置中央级工作站和简易隧道通风系统中央模拟显示屏,是以中央监控网络和车站设备监控网络为基础的网络系统,工作站可对隧道通风系统进行监控,执行隧道通风系统预定的运行模式或向车站下达各种隧道通风系统运行模式指令;同时,工作站还能对全线车站通风空调系统进行监视,向车站下达各种大小系统和水系统运行模式指令。

2. 车站控制

车站控制设置在车站控制室,对车站和所管辖区的各种通风及空调设备进行监控,向中央控制系统传送信息,并执行中央控制室下达的各项命令。在紧急情况和在控制中心授权的条件下,车站控制室作为车站指挥中心,能根据实际情况将所有车站大小系统转入紧急运行模式和执行控制中心下达紧急运行模式。

3. 就地控制

就地控制设置在各车站环控电控室,具有单台设备就地控制功能,便于各设备及子系统调试、检查和维修。现场操作按钮设于设备旁便于操作处,满足单台设备的现场调试、检查和维修。就地控制具有优先权。

5.11　与空调设备相关的主要设计接口

1. 与低压配电的接口

负荷分类:

1) 一类负荷设备。通风空调系统一类负荷设备为与火灾和事故通风有关的设备,主要包括:车站大系统的排烟风机及其联动风阀、与排烟系统有关的分区控制风阀;车站小系统的排烟风机、加压送风机及其联动风阀、排烟补风机及其联动风阀、与排烟系统有关的分区控制风阀;所有与风机、空调机组联动的风阀。

2)二类负荷设备。通风空调系统的二类负荷设备为除一类负荷外的其他风机、柜式空调器、多联机系统、与风机或空调机组非联动的电动风阀、与火灾和事故通风无关的电动风阀等。

3)三类负荷设备。通风空调系统三类负荷设备为除一、二类负荷外的其他通风空调系统设备,包括冷水机组、空调水泵、冷却塔、水处理设备、电动蝶阀、动态流量平衡电动二通阀等。

2. 与监控系统的接口

通风空调系统设备控制级数如下:

(1)中央监控(控制中心)

对各车站通风空调大系统的空调器、空调新风机、回/排风机、排烟风机、电动风阀进行监视;在执行隧道通风系统火灾模式时,可实现以上设备以及小系统通风空调设备及其联动风阀的同时关闭。

(2)车站监控(车站控制室)

① 对设置在车站内的温度、湿度监测点进行监测。

② 对车站通风空调大系统的空调器、回/排风机、排烟风机、电动风阀、制冷机、空调水泵、冷却塔、电动蝶阀、电动二通阀、水处理设备等进行监控。

③ 对车站通风空调大、小系统上的防火阀进行监控,对车站通风空调小系统上的防烟防火阀进行监控。

④ 对车站通风空调小系统的空调器、回/排风机、排烟风机、电动风阀、电动二通阀等进行监控。

⑤ 对水系统的压差传感器、流量开关等进行监视。

⑥ 对车站变频多联系统的室外室内机组、设备房通风机进行监控。

(3)就地控制(通风空调电控室)

对车站通风空调大、小系统的空调器、回/排风机、排烟风机、电动风阀、制冷机、空调用水泵、冷却塔、电动蝶阀、电动二通阀、水处理设备等进行监控。

3. 空调水系统与给排水系统的接口

① 由空调水系统提供补水量与接管点。

② 由空调水系统提供各末端设备凝结水、污水排放点、冷水机组各设备的污水排放点,通风空调机房的清洗池的给水和排水点。

5.12　设计图纸部分

图 5.11 所示为站厅层 A 端公共区通风空调平面图。

图 5.12 所示为站台层 A 端公共区通风空调平面图。

图 5.13 所示为站厅层设备区空调平面图。

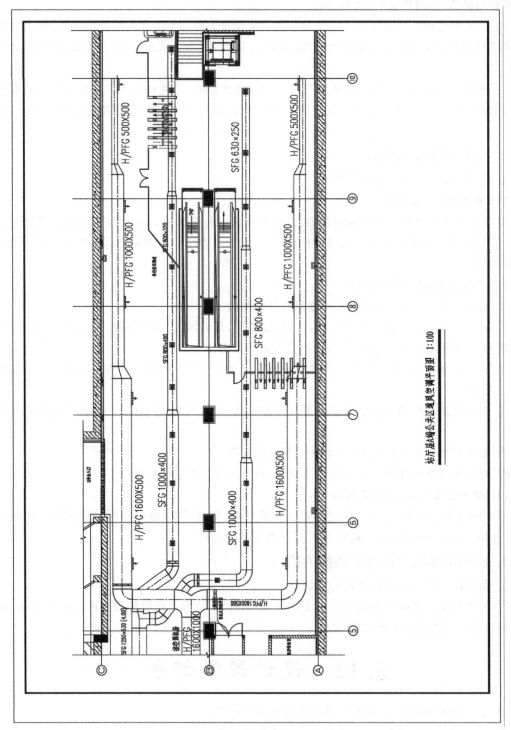

站厅层A端公共区通风空调平面图 1:100

图5.11　站厅层A端公共区通风空调平面图

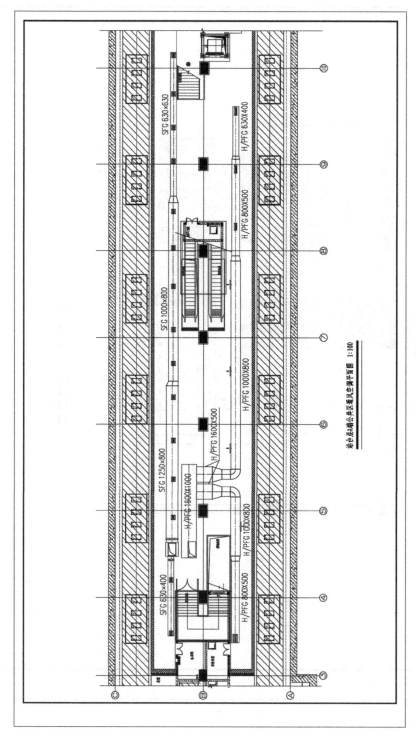

图5.12　站台层A端公共区通风空调平面图

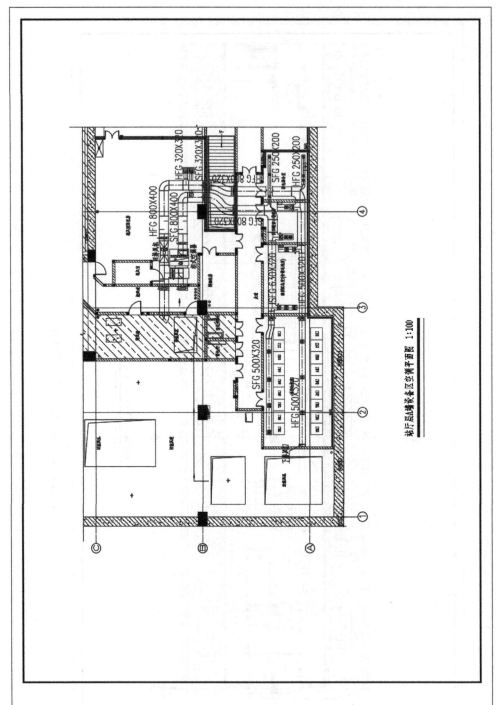

站厅层A端设备区空调平面图 1:100

图5.13 站厅层A端设备区空调平面图

第6章 某餐厅空调系统设计实例

6.1 VRV 空调系统设计简介

6.1.1 VRV 空调系统介绍

近年来,超过 100 m² 以上的住宅、复式住宅增加,使介于大型中央空调系统与家用空调器之间的空白点逐渐显露出来。为此,一些厂家开发出户式中央空调系统以满足市场需求。户式中央空调是介于"中央空调系统"和"房间空调器"之间的小型空调系统。

户式中央空调在制冷方式和基本构造上类似于大型中央空调,但又结合了普通家用空调的众多功能,具有普通空调和大型中央空调的双重优势。户式中央空调可以适用于 100~500 m² 的大户型或多居室住宅,机组的制冷量范围一般在 50 kW 以下。我国户用中央空调在 20 世纪 90 年代中期开始起步,近年来普及速度十分迅速,目前的市场普及率已达到 5% 左右,特别是在沿海和经济发达地区,如北京、上海、广州等地区,普及率已达到 10%。户式中央空调系统,由于其以每家每户为独立单元、自成体系、现有产品自动化程度高、安装简单、使用方便等特点,越来越受到大家的关注。户式中央空调可以分户独立安装,不仅适用于大户型或多居室住宅,而且广泛适用于各类中小型高档的办公、商用、餐饮、娱乐、公寓等独立场所。一般作为暗藏式的空调使用。

户式中央空调系统根据管道输送介质不同,可分为风管式系统、水管式系统和制冷剂式系统三大类型。风管式系统是以空气为输送介质的小型全空气中央空调系统,室外主机实际上是一台单元式空调机,末端装置为各种送风口,主机与送风口之间用风管连接。户用冷热水机组的输送介质常用水或乙二醇溶液,它的基本原理与通常说的风机盘管类似。室外主机实际上是一台风冷冷水机组或空气源热泵机组,末端装置则是各种风机盘管,主机与各风机盘管之间用水管相连。户用制冷剂式中央空调系统即变制冷剂流量(Variable Refrigerant Volume,简称 VRV)系统,它是一台室外机通过冷媒配管连接到多台室内机,根据室内机电脑板反馈的信号,控制其向内机输送的制冷剂流量和状态,从而实现不同空间的冷热量输出要求。

VRV 系统具有节能、舒适、运转平稳等诸多优点,而且各房间可独立调节,能满足不同房间、不同空调负荷的需求。其控制系统一般由厂家集成,因此无需进行后期开发。多数厂家更在其产品基础上推出了多种功能齐全的智能控制系统,如大金的 i - Manager 系统,用于大型楼宇的集中管理,相对于传统的中央空调,其集控的设计、施工、使用更加便利,功能也更人性化。但该系统对管材材质、制造工艺、现场焊接等方面要求非常高,起初投资一般比较高。

VRV 虽然被称为"变制冷剂流量"系统,但其运行原理不止于对冷媒流量的控制。现今,VRV 系统对输出容量的调节主要依赖于两个方面:一是改变压缩机工作状态,从而调节制冷剂的温度和压力,以此为依据又可分为变频系统和数码涡旋系统两种;二是通过室内、外机连接处的电子膨胀阀调节,改变送入末端(室内机)的冷媒流量和状态,从而实现不同的末端输出要求。相对于传统冷水机组，该系统自成体系，基本无需后期的复杂设计，运行管理也极为便利，可算是空调中的"傻瓜机"。基于以上原理，该系统在应对大楼的加班运行时，灵活节能方面尤其突出，因此在办公建筑中应用相当广泛。

VRV空调系统源于日本的大金公司。自大金公司20世纪80年代发明了VRV系统之后，很多极其注意空间利用的商铺都选择这种中小型中央空调新系统。由于VRV系统只是输送制冷剂到每个房间的分机，所以不需要设计独立的风道（新风系统另外安排风道），做到了设备的小型化和安静化，给建筑设计单位、安装公司以及业主都提供了便捷、舒适和经济的完美选择。近年来，大金公司更是不断完善VRV技术，积极开发多种形式的室内末端，并解决了VRV系统与集中式空调系统相比最大的缺点——增加了独立设计协同控制的新风系统，形成了集空调-新风-智能控制于一体的全方位产品体系。

VRV空调系统构造较为简单，主要由室外机、室内机、制冷剂管道系统和控制系统组成。它的室内机一般由直接蒸发式换热器和风机组成，与分体空调器的室内机相同；室外主机由换热器、压缩机、散热风扇和其他制冷附件组成，类似分体空调器的室外机。根据功能不同，可将其分为单冷型、热泵型和热回收型三种形式；根据室内机数量多少，可分为单元式和多元式两种类型；根据与室外机进行热交换的介质不同，可分空气源多联机系统和水源多联机系统。VRV空调系统因其简洁的系统设计、人性化的系统控制、不断下降的设备投资等优势，受到暖通设计师及业主的青睐，并在工程中得到广泛使用。

6.1.2　VRV空调系统设计步骤

VRV空调系统设计相较于集中式和半集中式空调系统来说较为简单。

(1) 确定系统类型

依据用户需要首先确定采用何种系统，以节能为基本原则确定系统形式。对于只需供冷而不需要供热的建筑，可采用单冷型VRV系统；对于既需供冷又需供热且冷热使用要求相同的建筑，可采用热泵型VRV系统；而对于分内、外区且各房间空调工况不同的建筑，可采用热回收型VRV系统。

(2) 根据分区计算冷量

空调系统类型确定后，针对同一建筑内平面和竖向房间的负荷差异及各房间用途、使用时间和空调设备承压能力的不同，将空调系统进行分区，并对各区房间冷、热负荷进行计算。也可先计算房间冷、热负荷，然后选择室内机，在系统室内机容量及形式确定后，对VRV系统进行分区，再确定室外机容量及形式。多联机系统分区可遵循以下几点：

① 就近原则：相邻的室内机尽量划分为同一个系统，尽量减少冷媒配管的长度，因为系统越长，系统的制冷、热能力衰减也就越大。以某品牌系列多联机为例，室外机和最远的室内机的管路长度一般不超过90 m，如确实条件受限超过90 m时，室外机到第一个分歧管之间的管径（主管）需要加大一个规格。

② 建议一个系统的最大制冷量不超过48HP。如果一个系统过于庞大，会导致很多不利情况。例如机组效率下降，冷媒管道过长，冷媒充注量过重，从而导致压缩机性能下降，机组长期在低能效工况下运行。反之，系统过小，同一个建筑中系统繁多，不利于维护、管理。以该品牌多联机为例，建议同一个系统最大室外机的容量不超过48HP。

③ 把空调开启时间不同的房间划为一个系统，使得系统的同时使用率最好控制在50%～

80%,此时系统的能效比最高。如果系统的同时使用率低于 30%,则系统的能效率较低,同一个系统的设备利用率低,经济性差。

由于户式中央空调系统一般只用于满足居家的舒适性需要,所以在进行 VRV 系统工程初步设计时,可按提供的建筑面积估算室内的冷、热负荷。本方法可使负荷计算大为简化,因而受到设计人员的普遍欢迎和应用。

(3) 选择室内机组

室内机形式是依据空调房间的功能、使用和管理要求等来确定的。室内机的容量必须根据空调区冷、热负荷选择;当采用热回收装置或新风直接接入室内机时,室内机选型应考虑新风负荷;当新风经过新风 VRV 系统或其他新风机组处理时,新风负荷不计入总负荷。根据求得的空调负荷计算值,可直接从设备生产厂家有关产品样本查取制冷量、制热量相匹配的机组,选择机组型号时宁大勿小。若出现冷量合适而热量不足时,可选择带辅助电加热的机组或带热水盘管的机组。

(4) 选择室外机组

VRV 空调系统室外机一般由可变容量的压缩机、可用作冷凝器或蒸发器的换热器、风扇和节流机构组成,可分为单冷型、热泵型和热回收型三种形式。室外机的选择应根据选择的室内机的容量及机组连接率,在室外机的制冷容量表中选择相应的室外机。室内外机的容量指数要相互适应,必须在机组连接率的范围内。尽管室外机可以在 50%～135% 的连接率范围内工作,但最好在接近或小于 100% 的连接率下选择室外机,以避免当室内机全部投入运行时,各室内机制冷量下降。

多联式中央空调系统室外机的位置很大程度上决定了多联机系统的初投资和运行成本(使用能效越高,运行成本越低)。室外机的摆放涉及众多问题,目前以三种摆放形式为主:就近摆放、同层集中摆放或数层集中摆放。

就近摆放多联机室外机,优先将室外机摆放于主导风向的下风侧。这种摆放形式的优点是冷媒管道最短,由于无效管长短,所以机组的系统效率高。不过,现如今对建筑外立面的美观要求越来越高,一般不同意在建筑外立面任意布置室外机平台或百叶,所以这种系统仅限于小型系统,或多联机室外机平台和百叶能很好地与建筑外立面结合的建筑。

同层集中摆放,是目前使用较多的一种摆放形式,多联机的室外机摆放在空调系统同层的一个或数个空调专用机房或平台上。其优点是空调系统不跨越楼层,系统没有穿越楼板管道,冷媒管道相对较短,无效管长短,系统效率较高。但对于高层建筑,如果每层的多联机室外机位都在同一位置,在这种形式下多联机室外机位处需要进行流体模拟分析,用模拟结果检验处于同一空调机位上层室外机是否会因为进风温度过高而停机保护,系统无法正常运行。

多联机室外机数层集中摆放在一个专用空调机房或者裙楼屋面,这种摆放形式对于建筑外立面的影响最小,也兼顾到建筑外立面的美观,但冷媒管必须跨越楼板与室外机相连接。这种室外机摆放形式,会使得冷媒管路长,影响系统能效;冷媒管道因为竖向穿越楼板,需要占用建筑的部分内部空间;因为室外机和室内机存在相对高差,所以不仅对室外机的容量有影响,而且对室内外机的最大高差有限制。用高差修正系数对室外机容量进行高度差修正,修正系数在样本手册的容量表中可以查出。

(5) 室内外机组间的管路设计

依据室内机、室外机的位置和容量,决定配管方案。确定冷媒管路的长度和高度差,选择冷媒配管的管径尺寸和连接方式,确定冷媒管接头和端管形式。

1)制冷剂管径的确定:制冷剂管径的确定应综合考虑经济、压力降、回油三大因素,维持合适的压缩机吸气和排气压力,以保证系统的高效运行。具体配管尺寸选择如下:

① 配管安装是从距室外机最远的室内机开始,所以室内机与接头或端管之间的管径应满足室内机的接管管径。

② 分支接头之间或接头与端管之间的配管管径,应根据分支后的室内机总容量来选定,且该管径不能超过室外机的气液管的管径。

③ 室外机与第一分支接头或端管之间配管的管径,应与室外机的接管相同。

④ 当冷媒管道长度超过 90 m 时,为减少压力下降而引起的容量降低,回气管道的主干管的管径应加大,并相应加大配管长度。

2)制冷剂管材及管壁厚的确定:制冷剂管道通常采用空调用磷脱氧无缝拉制纯铜管,其管壁厚的选择按厂家提供的相关规格要求选定即可。

3)凝结水管设计:VRV 空调系统凝结水管路设计与常规集中式空调系统凝结水管路设计方法相同。

(6)选择控制系统

VRV 空调系统的控制方式包括就地控制、集中控制、智能控制等。末端就地控制,是采用遥控器对室内机进行独立控制,该方式使用灵活方便,但能耗较大。集中控制,是在控制室内对远端各组 VRV 系统进行监控管理,可根据用户的使用规模、投资能力、管理要求进行组合配置;但由于与建筑物内的其他弱电系统无功能关联,因而不利于弱电系统功能的综合集成。智能控制,是将 VRV 空调系统纳入建筑物楼宇自控系统中,实现空调系统控制与其他弱电系统联动控制,从而达到节能等目的;尤其是其基于 BACnet 协议的开放式网关技术,顺应了控制系统一体化的趋势,对整个 VRV 空调系统实行系统管理。

对于规模较小的 VRV 空调系统,宜采用现场遥控器方式进行控制;对于规模较大的系统,采用集中管理方式更合理;对于采用楼宇自控系统的建筑,应优先考虑采用专用网、关联网的方式进行控制。

(7)新风系统的选择

VRV 空调系统中,新风量是一个很重要的技术参数,也是达到室内卫生标准的保证。目前常用的新风处理方式中,可采用全热交换机组、带冷热源的集中新风机组等进行新风供给,以维持空调区域内舒适的环境。具体系统如下:

1)采用热回收装置。热回收装置是一种将排出空气中的热量回收用于将送入的新风进行加热或冷却的设备,如全热交换器。它主要由热交换内芯、送排风机、过滤器、机箱及控制器等选配附件组成,全热交换热回收效率一般在 60% 左右。但是,采用热回收装置受建筑功能和使用场合限制较大,且使用寿命短、造价高、噪声大。由于热回收效率有限,不能回收的部分能量仍需由室内机承担,故选择室内机的容量时应综合考虑。同时,还要考虑室外空气污染的状况,随着使用时间的延长,热回收装置上的积尘必然会影响热回收效率。经过热回收装置处理后的新风,可以直接通过风口送到空调房间内,也可以送到室内机的回风处。

2)采用 VRV 新风机或使用其他冷热源的新风机组。当整个工程中有其他冷热源时,可以利用其他冷热源的新风机组处理新风,也可以利用 VRV 新风机处理新风。具体处理过程为:室外新风被处理到室内空气状态点等熔线上的机器露点,室内机不承担新风负荷。经过

VRV 新风机或使用其他冷热源的新风机组处理后的新风,可以直接送到空调房间内。使用新风处理机时须注意其工作温度范围,尤其注意,错误地采用普通风管机处理新风时,室外新风往往超出风管机的控制温度范围,大大影响系统的安全运行和使用寿命。

3）室外新风直接接入室内机的回风处。室外新风可以由送风机直接送入室内机的回风处,新风负荷全部由室内机承担。进入室内机之前的新风支管上需设置一个电动风阀,当室内机停止运动时,由室内机的遥控器发出信号关闭该新风阀,避免未经处理的空气进入空调房间。另外,应保证新风口与室内机的送风口距离足够,避免室外湿度过大时室内机的送风口结露。

(8) 冷凝水的排放

多联机室内机产生的冷凝水由单独的冷凝水管道排放,为了提高吊顶高度,与室内装修配合,现市面上多联机的室内机大都配备冷凝水排水泵。

多联机室外机在冬季制热运行时,由于室外温度的影响,热交换器的表面会有结霜现象,为了除去室外机热交换器表面的霜层,应定时进行除霜运转。除霜后室外机需要排出融霜水,因此多联机室外机位平台需设置排水地漏。

6.1.3　室内外机选型注意事项

VRV 空调机组就是多元式变制冷剂流量空调系统,即多联体机组。下面分别从 VRV 空调系统的组成方面介绍其选型与布置。

1. 室内机选型

室内机的大小、型式及布置将会影响空调气流组织、空调系统的造价及空调使用效果,因此在选用、布置多联机室内机时应掌握各种型号室内机的特点,扬长避短,合理选择室内机的大小和机型。VRV 空调系统的室内机形式、容量多样。其形式包括天花板嵌入式、天花板内藏风管式、天花板嵌入导管内藏式、天花板悬吊式、落地式、挂壁式等多种类型,并且各类型的室内机可以同时应用在一个系统上,方便处理各种复杂工程。在设计时,一般可依据以下原则选型:

① 房间有吊顶且平面呈长方形时,采用天花板嵌入式两面送风式室内机。

② 房间有吊顶且平面呈正方形或空间较大时,采用嵌入式四面送风式室内机。若空间较大,为节省造价,也可采用暗装接管式室内机。

③ 房间无吊顶时,根据其平面形状、大小,可灵活选用明装吊式、明装壁式和明装落地式等室内机。

另外,室内机单台制冷量和制热量从几千瓦至几十千瓦,有多种规格多个机种可供选择。VRV 空调系统室内机的选择是根据空调房间的冷负荷,室内要求的干、湿球温度及夏季空调室外计算干球温度,在厂家提供的室内机样本制冷容量表中,初步选择室内机型号。选型时,考虑到多联机系统使用的灵活性以及间歇使用和邻室传热,宜对计算负荷适当放大;对于需全年运行的热泵型机组,应比较房间的冷、热负荷,按照其值较大者确定室内机的容量;同时,还应根据房间的使用功能、装修布置、层高及室内机安装高度限制,来定室内机的型号和安装位置。具体室内机的设计技巧如下:

① 室内机应设计在送回风无阻挡的地方;

② 送风距离最好小于 5 m;

③ 出风口尽量在一面墙的居中位置；

④ 室内送风口尽量不在转角之处（特别针对大于 20 m 的空间），以防气流分布不均匀；

⑤ 室内机最好不在卧室床头上方和家电的上方；

⑥ 为方便安装风机盘管，吊顶要求厚为 250～300 mm；

⑦ 风机盘管的检修口开口方，应根据设备进水方向而定，开口尺寸约为 400 mm×400 mm；

⑧ 一般根据室内机的接线方式及接管在哪一边，检修口就开在哪一边，开口尺寸约为 400 mm×400 mm；

⑨ 安装选择室内机下方无电视机等贵重物品的位置。

2. 室外机选型

当室内机选定后，方可选择室外机组。若还未对 VRV 空调系统进行系统划分，则应先划分系统后再确定室外机容量。变频控制的 VRV 空调系统，一台室外机可与多台不同机型、不同型号、不同容量的室内机连接在一起。但这种连接必须在室内，室外机相应制冷量匹配的条件下进行，不能随意组合；否则机组将不能正常运转。

(1) 室外机容量的确定

室外机容量的确定，应根据系统的划分和室内机的容量确定室外机总冷负荷，并按照厂家产品样本提供的配管长度修正系数和室外机进风干球温度、室内机回风湿球温度修正系数进行修正后，得到设计工况下室外机实际制冷容量。

当系统兼有制热功能时，还需确定系统的制热容量。制热容量可按确定系统制冷容量的方法步骤计算，再根据产品样本提供的除霜系数进行修正，得到室外机实际制热容量。根据上述计算结果，按照其中较大数值选择室外机。

(2) 校核室内机与室外机的连接率

根据系统室内机及室外机的实际制冷量、制热量进行校核计算。尽管室外机可在 50%～135% 的连接率范围内工作，但在设计选型时，最好在接近或小于 100% 的连接率下选择室外机；否则当室内机全部投入运行时，各室内机的制冷量将略有下降。若超出规定的范围，则需要重新划分系统或调整室外机型号。具体室外机的设计技巧如下：

① 室外机应尽量设计在与外界换气通畅的地方。比如由于某些原因，进风温度提高了，或者进风风量减少了，就会导致室外机冷凝温度提高、功耗增加、制冷量降低，影响室内的空调效果。当进风温度达到 43 ℃（50 ℃）或者更高时，室外机会停机保护。因此，室外机的通风是否通畅非常重要，对整个空调系统的良好运行也至关重要。

② 保证进、出风有足够的距离，不能有阻挡物，便于散热。

③ 不在卧室的窗台或卧室的附近。

④ 尽量节约铜管的地方。

⑤ 没有油烟或其他腐蚀气体的地方。

⑥ 能承受室外机自重的 2～3 倍以上的地方。

⑦ 不影响其他因素或环境的地方。

⑧ 维修人员容易施工的地方。

(3) 室内外机的匹配

实际工程中，尤其是中小型工程，同一层平面中有多种使用功能的房间，其使用时间也不同，而且面积也较小（如小会议室、接待室、包间、小餐厅等），这时要实现空调系统的划分就比较困难,即使能做成,系统也十分复杂。如果采用 VRV 空调系统,以上问题就变得简单了,而且能充分体现出它既能灵活布置,又能节省平常运行费用的特点。如果把不同功能、不同使用时间的房间合在同一个空调系统中,那么就存在室内合理匹配的问题——同时使用系数。同时使用系数多少需要视具体情况而定,但室内机和室外机的容量比一般来说既不能低于50%,也不能超过 130%。

（4）凝结水管的安装

VRV 空调部分室内机自带凝结水排升泵,这给设计带来极大的方便。实际工程中凝结水管的长度应尽量短,并要有 0.01° 的坡度,避免形成管内气阻,排水不畅。如果凝结水管的坡度不够,可制一个排水升程管。升程管的高度应小于各种型号凝结水排升高度的规定值。一般来说,升程管距距室内机应小于 300 mm。

（5）制冷剂的选择

由于 VRV 空调系统的管道接头较多,增加了制冷剂泄漏的可能性,且系统的内容积过大,增大了制冷剂充灌量,因此空调机安装的房间就有设计要求——出现制冷剂泄漏时其浓度不会超过极限值。以制冷剂 R410A 为例,它没有毒性和易燃性,但是当浓度上升时却存在使人窒息的危险。其极限浓度计算方法如下:

$$\frac{制冷剂总量(kg)}{安装室内机房间的最小容积(m^3)} \leqslant 浓度极限(kg/m^3)$$

用于一拖多的制冷剂的浓度极限为 0.3 kg/m³。浓度可能超过极限值的房间,与相邻房间要有开口,或者安装跟气体泄漏探测装置连锁的机械通风设备。

6.1.4　室内外配管设计要点

VRV 空调系统室内外机连接管道设计中,主要涉及系统管道的长度、室内外机最大允许高差、配管管径、管路连接方式、分支组件的选择、管材的选择等问题。VRV 系统为确保制冷剂流量的分配、系统工作的高效率及可靠性,对系统配管高差及配管管径有所限制。总的来说,室外机与室内机的配管长度越短越好,这样室外机的冷热量衰减就少。具体管路设计时须注意以下几点:

① 不同机型,配管长度要求不一样。VRV 空调系统冷媒管的配管长度可达 150 m 甚至更长,但配管加长会使压缩机吸气阻力增加,吸气压力降低,过热增加,使得系统能效比降低。因此,最大管线长度不应超过规定要求,且应尽量缩短管线长度。在高层建筑 VRV 系统设计中,尽可能将系统小型化,室外机分层放置也可缩短配管长度,有利于管理,与集中放置相比有着明显的制冷效果优越性。

② 不同机型配管高差要求不一样,最大高差与室外机布置在系统上方和下方有关,室外机在上为 50 m,室外机在下为 40 m。

③ VRV 空调系统管线第一分支到最末段室内机长度控制对系统中冷媒分配有着重要影响。室外机型号不同,室外机第一分支到最远室内机距离也不同。过长的第一分支到最末段室内机管线长度会使冷媒分配不均,影响最不利管线下室内机的制冷效果。因此,要求第一分支到室内机的距离不得超过规定要求。

④ 配管前三级分支中只能有两级主分支,室内机可超配到130%,但是配管管径不应超过室外机接管管径。

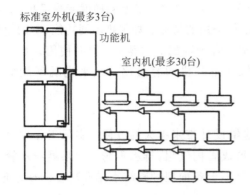

标准室外机(最多3台)

功能机

室内机(最多30台)

图 6.1 超级 VRV＋配管系统图

图 6.1 所示为超级 VRV＋配管系统图。该系统可以采用变频技术和电子膨胀阀控制压缩机制冷剂循环量,以及进入各室内机换热器的制冷剂流量,以满足室内冷、热负荷的要求;也可以根据室内负荷大小自动调节系统容量。其代表产品有日本的大金、松下、三菱、日立和中国的海尔、美的等品牌。

超级 VRV＋配管系统除具有上述水管式系统的优点外,并且由于其为冷媒直接蒸发式系统,能效比较高,因而冬季制热效果比热泵好。居住者既可控制所在房间的室内机,也可控制其他房间,节能效果明显。但该系统也有缺点:一是无新风供应,对于常密闭的空调房间而言,其舒适性较差;二是控制系统复杂,对控制器件、现场焊接安装等方面的要求非常高;三是安装要求高,如果发生冷媒管道泄漏,则很难找出漏点,不易维护且价格较高。

6.2　VRV 空调系统设计

本项目为西安市某中餐厅,共一层,建筑面积 600 m²,层高 4.5 m。其建筑平面图如图 6.2 所示。本项目包括厨房、大厅、包间等,属于常规建筑舒适性空调系统,以下为工程设计选型过程。

6.2.1　项目定义

经初步沟通,本项目位于西安市西部大道,总建筑面积为 600 m²,层高 4.5 m。本项目夏、冬两季采用空调进行制冷和制热,空调系统承担室内冷、热负荷。

6.2.2　熟悉图纸

根据业主方提供的建筑结构图判断本项目建筑为框架结构,外墙采用聚氨酯泡沫复合板保温。本项目为改造工程,建筑装饰简单大方,吊顶采用复合矿棉板平顶。

6.2.3　勘察现场

1. 校核图纸

经现场勘察,该中餐厅位于某商场四层,室外满足可移动式吊车作业。现场测定建筑层高 4.5 m,框架结构,承重梁高 500 mm,功能区域划分与图纸相符。

2. 确定机房位置

本项目为改造工程,其特点为建筑物为成熟装修建筑,建筑无专用机房,屋面空间闲置,结构为混凝土现浇,可以承重。考虑以最小的作业面破坏来装修吊顶,从而缩短空调工程工期。本项目空调系统选用热泵型 VRV 多联机组,室内末端设备选用风管送风式室内机,该设备接风管安装。

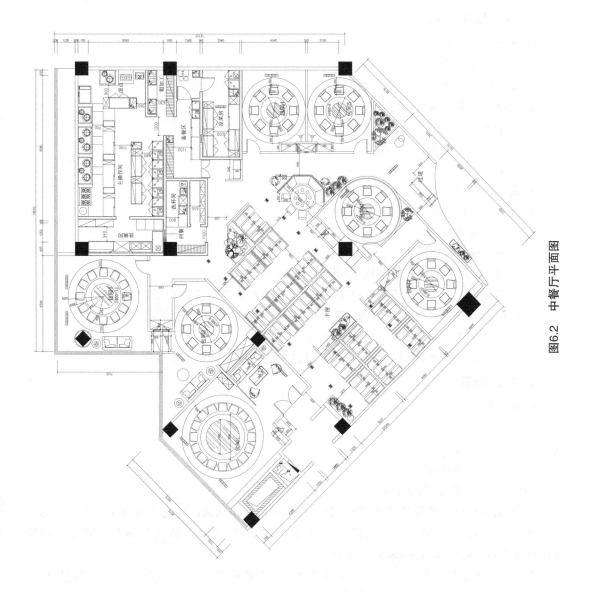

图6.2　中餐厅平面图

注：从理论上讲，风冷冷（热）水模块机组与 VRV 多联式空调机组都适用于本工程，但甲方考虑后期的运营成本，本项目选用热泵 VRV 多联式空调机组。

6.2.4　负荷概算

1. 设计原始资料

1) 地点：西安市（N 34°18′,S 108°56′）。

2) 室外气象条件：

① 夏季室外空气调节干球温度 35.2 ℃；

② 夏季室外空气调节湿球温度 26.0 ℃；

③ 夏季室外空气调节日平均温度 30.7 ℃；

④ 夏季大气压力 95.920 kPa。

3) 夏季室内设计计算参数：

① 夏季室内设计计算干球温度 $t_n=26$ ℃；

② 夏季室内设计计算相对湿度 $\varphi_n=60\%$。

4) 室内负荷条件：

① 人员：室内人数按照 7 m²/人计算；

② 照明：采用明装荧光灯照明，功率为 40 W/m²；

③ 散热设备：室内散热设备忽略不计（机房适当扩大空调冷负荷设计）；

④ 根据《实用供热空调设计手册》第 2 版，空调冷负荷采用快速估算法计算。

5) 冷热源条件：空调外机置于建筑屋面。

6) 其他条件：空调工作时间为 9:00—21:30,室内压力稍高于室外压力。

2. 负荷概算

估算公式：

$$L=SW$$

式中：L——总的制冷量，W；

S——空调使用面积，m²；

W——冷负荷指标，W/m²。

依据《实用供热空调设计手册》第 2 版查询相近的建筑功能区域的空调冷负荷设计指标。

考虑本工程建筑为餐厅，其中过道等区域散热设备少，设计冷负荷指标 230 W/m²；包间等区域冷负荷指标适度放大，采用 270 W/m²。

本空调系统主要满足门厅、过道、包间的制冷与制热需求。由于门厅属于人员暂时停留区域，故空调负荷适度减小，冷负荷指标取 230 W/m²，包间等区域按冷负荷指标 270 W/m² 设计。具体如下：

$$L_{门厅}=15.3 \text{ m}^2\times230 \text{ W/m}^2=3\ 519 \text{ W}$$
$$L_{包间1}=38.2 \text{ m}^2\times270 \text{ W/m}^2=10\ 314 \text{ W}$$

四层各区域空调所需冷负荷计算及空调设备配置如表 6.1 所列。

表 6.1　四层各区域空调所需冷负荷计算及空调设备配置表

房间名称	空调房间面积/m²	实际冷负荷/(W·m⁻²)	实际热负荷/(W·m⁻²)	室内机配置 室内机型号	台数	室内机容量 制冷量/kW	制热量/kW	室内总制冷量	室外机容量 制冷量/kW	制热量/kW	台数	室外机型号	内外机配比
包间 1	38.20	293	340	YDDM056H0NAGQH	2	5.60	6.50						
包间 2	33.70	297	332	YDDM050H0NAGQH	2	5.00	5.60						
包间 3	40.30	313	372	YDDM063H0NAGQH	2	6.30	7.50						
包间 4	22.70	278	330	YDDM063H0NAGQH	1	6.30	7.50	113.7	107.0	120.0	1.0	YEQH380V AEMBQH	1.06
包间 5	20.70	271	314	YDDM056H0NAGQH	1	5.60	6.50						
包间 6	17.90	279	313	YDDM050H0NAGQH	1	5.00	5.60						
包间 7	25.50	278	333	YDDM071H0NAGQH	1	7.10	8.50						
门厅	15.30	235	275	YDDM036H0NAGQH	1	3.60	4.20						
过道	18.70	230	262	YDDM040H0NAGQH	1	4.30	4.90						
卡座	154.00	312	364	YDDM140H0NAGQH	4	12.00	14.00						
合计	387.00			—	16	113.7	132	—	—	—	—	—	—

6.2.5　空调系统方案确定

VRV空调系统被广泛用于大型办公楼、生产车间、大型商场等商用场合,考虑建筑的特点,本方案选用风冷热泵型VRV多联式空调机组,主机安装于建筑屋面。

6.2.6　设备选型

1. 选型依据

目前,市场主流品牌的VRV多联式空调机组一般可模块化安装,冷量范围在22.4～246.0 kW之间。依据主机冷凝器的出风方式不同,有顶出风和侧出风两种结构形式,如图6.3、图6.4所示。根据该建筑实际负荷大小,本项目选用制冷量107.0 kW的VRV主机1台,由3台单模块组合。VRV多联式空调机系统为一次冷媒系统,具有制冷损失小、能效高、后期运行和维护简单方便等特点;而且据大量工程实际可知,VRV多联式空调机系统区域划分越多,使用时节能性越强,售后稳定性越好。

图6.3　顶出风式外机　　　　　　　　图6.4　侧出风式外机

2. 空调主机的选型

依据估算法计算得室内所有空调区域需要冷量113.7 kW,依据计算负荷选择制冷量参数最接近的VRV多联冷机主机。主机的选型参考各厂家的技术手册,如XX品牌的38匹的主机,设备的制冷量107.0 kW,额定功率28.65 kW,气液冷媒管道直径44.45 mm/22.2 mm,风量31 500 m³/h;机组外形尺寸:宽、深、高分别为3 150 mm、750 mm、720 mm,质量747 kg。具体尺寸参考各品牌厂家。

3. 空调系统的末端设备选型

经过现场勘察,该中餐厅已经有成熟的装修吊顶。建筑层高近4.5 m,吊顶完成后面层高3 m,吊顶内有足够空间安装设备。室内机安装的几种形式如图6.5所示。

本案例中选用成熟稳定风管送风式室内机,如图6.6所示。末端设备吊装于梁下,设备面板与吊顶完成面等高,安装示意图如图6.7所示。此安装方式具有施工作业面破坏小、施工方便、运行维护容易的优点。本项目室内机的数量、型号依据各系统的总制冷量L对照单台末端设备的制冷量$L_{设备}$计算选取:

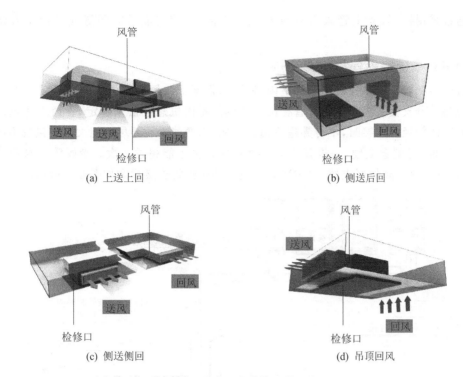

图 6.5　室内机安装的几种形式

$$n = L/L_{设备}$$

式中：n——设备数量，台（套）；

　　　L——空调系统总冷负荷，kW；

　　　$L_{设备}$——设备制冷量，kW（查阅具体设备厂家提供的技术手册）。

　　本项目包间 2 区域面积为 33.7 m²，需求冷量 9.099 kW，选用制冷量 5.0 kW 的风管式室内机 2 台。

图 6.6　风管送风式室内机

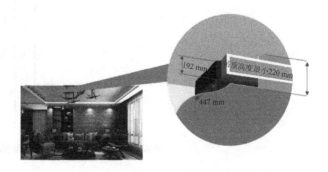

图 6.7　室内机安装示意图

6.2.7　管道选型计算

　　VRV 多联式空调系统是一次冷媒系统，系统管道材质为铜管，冷媒（氟氯昂）通过铜管输送到需冷（热）空间内经过相态变化实现吸热与放热过程，达到制冷与制热的目的。铜管的连接方式通常采用钎焊,支干管采用分歧管(器)连接,焊接完成后需要氮气进行压力试验来检漏。

1. VRV 系统室内外机配管连接

管道连接配管从离室外机最远的室内机开始,根据下游侧的室内机的总容量来选择分支接头的规格。分支接头之间的配管管径由下游侧的室内机总容量来选定,管径不能超过室外机的气液管的管径。连接时,不得弄瘪管道。弯曲处,弯曲半径要尽可能大。连接管不能经常被弯曲或拉伸,否则会变硬,一根管子同一处弯曲最多不能超过 3 次。冷媒管走管应美观大方,连接管悬空处必须做好支撑。VRV 系统室内外机配管连接示意如图 6.8 所示。

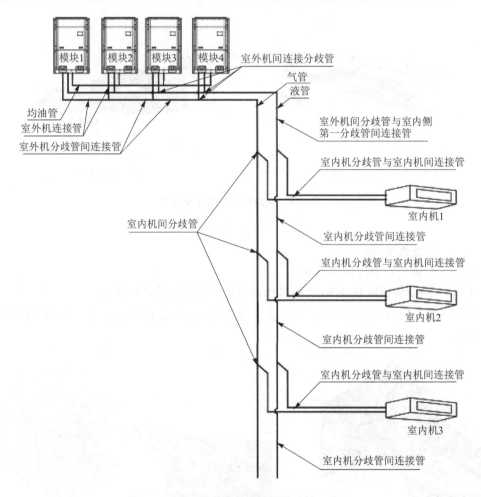

图 6.8　VRV 系统室内外机配管连接示意图

(1) 与室内机连接

在室内机正确安装和冷媒管道确认没有泄漏后,可以将冷媒管连上室内机;在连接的喇叭口处涂抹上冷冻油;将制冷剂管的喇叭口对准室内机螺纹,用力矩扳手拧紧螺母。

(2) 与室外机连接

在室外机正确安装和冷媒管道确认没有泄漏后,可以将冷媒管连上室外机;打开室外机的前面板,露出机组的气管和液管接口;采用喇叭口连接机组的液管,采用法兰连接机组的气管;

做好室外机连接管的支撑和保护。

（3）管道连接中需要注意的事项

① 应合理布置冷媒管，尽可能缩短管路，减少弯头，避免过大的管道压力损失。

② 液管和气管管长应该一致并且铺设线路相同。

③ 安装分歧器尽量靠近室内机，分歧器需水平安装。

④ 室外机在上时，在气管的垂直方向每 10 m 增加一个回油器。

⑤ 铜管连接器件、弯管尽量采用标准成品件，小口径铜管角度较大时，可以现场煨制。

⑥ 安装多套多联机组时，必须对制冷剂管路进行标识，避免机组之间管路混淆。

2. VRV 系统室内外机配管允许长度与落差设计

VRV 系统在跨楼层设计时注意铜管高差的技术要求。需要注意的是，VRV 系统的技术竞争主要体现在各大空调生产企业之间，设计人员在设计时要依据不同厂家的技术规范文件做出最合理的管路高差方案。一般而言，室外机在上时，内外机高差≤50 m；室外机在下时，内外机高差≤90 m，室内机与室内机最大高差≤30 m。随着科技的进步，VRV 一次冷媒系统的管路承载力越来越强，VRV 空调系统的适用范围越来越宽广。下面是某品牌的 VRV 系统的高差管长的技术要求，如图 6.9 所示。其中，实际管长最大单管长度 100 m，第一分歧管后最大长度 40 m，室内外机最大高低差 50 m，配管总长最长可达 180 m，室内机间高度差最大为15 m，各分歧管与相连室内机之间管长最长为 15 m。

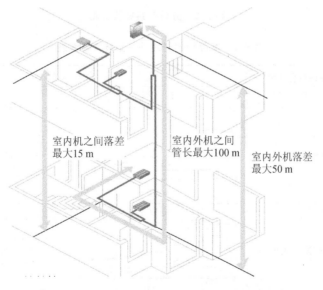

图 6.9　某品牌的 VRV 系统的高差管长示意图

3. VRV 系统室内侧分歧管的选型计算

分歧管是 VRV 管道系统连接的主要配件，顾名思义就是一头输入多条输出的管子，目前有"U""Y"两种形式，如图 6.10、图 6.11 所示。作用就是将管道中的制冷剂准确地分流到室内机中，实现空调的制冷与制热。分歧管的选型原则是依据下游室内机总容量的大小来确定的。图 6.12 所示为分歧管系统位置图。表 6.2 是以某品牌为例分歧管的选型技术参数表。

图 6.10　U 形分歧管实物图

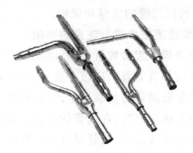

图 6.11　Y 形分歧管实物图

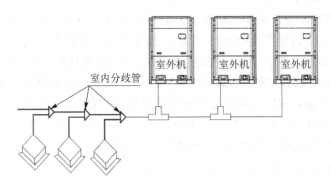

图 6.12　分歧管系统位置图

表 6.2　某品牌的分歧管选型技术参数表

型　号	下游室内机合计额定总容量 X/kW	外　观	
		气　管	波　管
FQ01A	$X \leqslant 20.0$		
FQ01B	$20.0 < X \leqslant 30.0$		
FQ02	$30.0 < X \leqslant 70.0$		

4. VRV 系统室内侧分歧管间配管的选型计算

室内侧分歧管间配管选型原则同分歧管,是依据下游室内机总容量的大小来确定的。分歧管间配管的系统位置如图 6.13 所示,以某品牌为例,分歧管配管选型技术参数如表 6.3 所列。

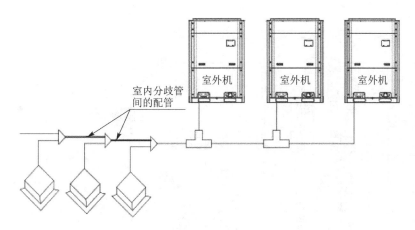

图 6.13　分歧管间配管的系统位置图

表 6.3　某品牌的室内分歧管间配管选型技术参数表

下游室内机合计额定总容量 X/kW	气管直径/mm	波管直径/mm
$X \leqslant 5.6$	12.7	6.35
$5.6 < X \leqslant 14.2$	15.9	9.52
$14.2 < X \leqslant 22.4$	19.05	9.52
$22.4 < X \leqslant 28.0$	22.2	9.52
$28.0 < X \leqslant 40.0$	25.4	12.7
$40.0 < X \leqslant 45.0$	28.6	12.7
$45.0 < X \leqslant 68.0$	28.6	15.9
$68.0 < X \leqslant 96.0$	31.8	19.05
$96.0 < X \leqslant 135.0$	38.1	19.05
$135.0 < X$	44.5	22.2

6.2.8　设计图纸部分

西安市某中餐厅空调系统设计图纸如图 6.14~图 6.16 所示。

图 6.14 所示为西安市某中餐厅一层空调风系统平面布置图。

图 6.15 所示为西安市某中餐厅空调冷媒管路平面布置图。

图 6.16 所示为西安市某中餐厅屋面主机平面布置图。

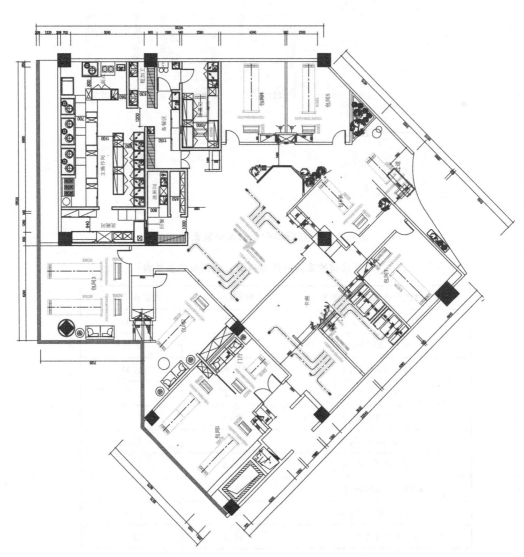

图6.14 西安市某中餐厅一层空调风系统平面布置图

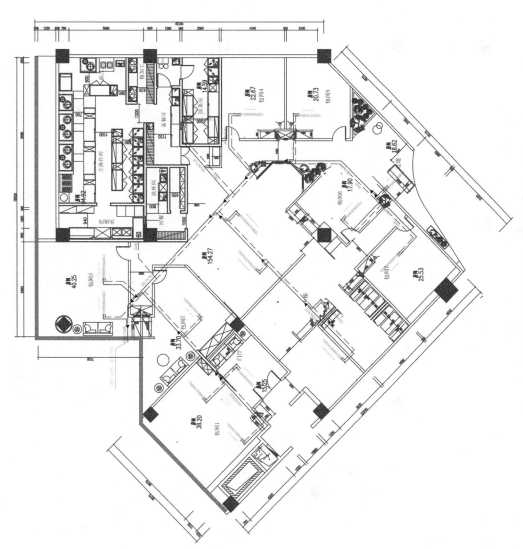

图6.15　西安市某中餐厅空调冷媒管路平面布置图

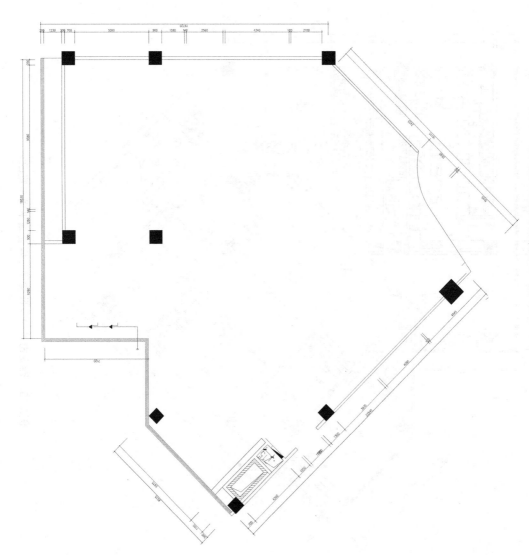

图6.16　西安市某中餐厅屋面主机平面布置图

第7章 空调系统节能设计实例

空调系统节能设计是建筑节能的重要组成部分,设计时应遵循"最小能耗、最大效果"的原则,即在满足用户需求的前提下,尽可能减少系统的能耗。通过冷热回收利用及智能控制节能等综合措施,可实现系统的高效运行和节能减排目标。随着技术的不断进步和政策的持续推动,空调系统节能设计将更加注重智能化、绿色化和可持续性发展。

7.1 基于金属模具生产线余热回收的空调系统设计

随着经济的快速发展,能源紧缺问题日益突出,能源消耗所引起的环境污染问题日益严重,能源与环境的可持续发展成为了国家的重大发展战略,目前国家大力发展和开发清洁能源,节能减排的工作成为研究热点。铸造企业作为高耗能、高污染行业,积极响应国家的节能减排政策。在铸造行业中,由于模具生产线中会产生大量低于 100 ℃的余热废水,目前大部分企业都是将这部分热量直接排放到环境中,这样不仅带来"热污染"问题,而且还会导致能源的浪费。针对模具生产线大量余热浪费的现状,设计一种基于金属模具生产线高效余热回收利用的空调系统十分必要。该系统能有效将模具生产线的余热进行回收,并用于空调系统的冷源或热源,从而大幅度减少空调系统能耗。除此之外,该系统不仅能满足企业对生产环境的要求,同时还能提高产品的生产质量,从而达到共盈的目的。

7.1.1 系统设计思路

在铸造行业中,由于热处理加工后的模具通常需要用水进行冷却定型,而在冷却过程中大量余热会白白流失,造成资源浪费。该系统针对某铸造厂金属模具生产线冷却产生的大量废热水进行余热回收,空调系统方案具体由金属模具生产线的废热水源系统、吸附式制冷装置、热水源温度控制系统及吸附式制冷控制系统组成,如图 7.1 所示。该系统的工作过程为:金属模具生产线产生的废热水源与吸附式制冷系统中冷凝器的冷却水出口的水进行混合,通过热水源温度控制系统控制相应的流量,使热水的温度保持在 65 ℃左右,从而为吸附式制冷系统提供最佳的热水源。吸附式制冷装置在持续不断的热水源供给下进行吸附制冷,吸附式制

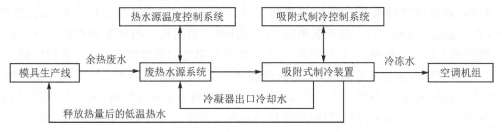

图 7.1 基于金属模具生产线余热回收的空调系统方案设计

冷装置在吸附制冷控制系统作用下持续输出空调机组所需的冷冻水,而释放热量后的低温热水再次进入生产线冷却成型的高温模具,使模具迅速定型,从而使模具生产线的效率提高。

7.1.2 空调冷源系统设计

由于能源的紧缺,低温余热、废热的开发利用已成为绿色能源发展的趋势。吸附式制冷利用低品位热能作为驱动热源,采用自然环保工质作为制冷剂,因其具有无 CFCs(氯氟烃)、ODP(臭氧消耗潜能值)和 GWP(全球变暖潜能值)为零、抗震性能好等优点而备受关注。吸附式制冷的原理与普通的机械压缩式制冷不同,它不需要消耗高品位的电能,节能效果显著,其原理主要是通过吸附剂的吸附、脱附作用产生压力差来完成制冷循环。目前在低于 100 ℃的热源驱动下,普遍采用硅胶-水吸附式制冷机,但由于硅胶-水吸附工质对的循环有效吸附量小导致系统庞大、循环时间长、性能受环境温度变化影响大的特点,使得其应用出现一定的瓶颈。为此,本方案选用沸石-水作为工质对,并采用两个吸附床的连续制冷方式,这样可大大提高空调制冷机组的制冷效率。吸附式制冷系统主要是由吸附床 1、吸附床 2、冷凝器、蒸发器、四通换向阀 1、四通换向阀 2、真空阀 V1、真空阀 V2、真空阀 V3、真空阀 V4、流量调节阀 1、流量调节阀 2 组成。空调冷源系统采用了吸附式制冷,其结构如图 7.2 所示。

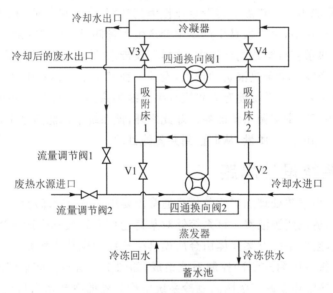

图 7.2 空调冷源系统结构图

空调冷源系统工作过程为:来自模具生产线的废热水源经流量调节阀 2 与来自吸附式制冷装置冷凝器出口冷却水经过流量调节阀 1 进行定量混合,使得混合后的热水源温度为65 ℃,然后通过四通换向阀 2 进入吸附床 1,与此同时,吸附床 1 与冷凝器相连的真空阀 V3打开,吸附床 1 进行脱附再生,同时吸附床 2 与蒸发器相连的真空阀 V2 打开进行吸附制冷。在此过程中,冷却水通过四通换向阀 2 进入吸附床 2 带走吸附热,后进入冷凝器带走冷凝热。当吸附床 1 脱附完成后,热源与冷却水流路的四通换向阀 1、2 进行切换,同时与冷凝器、吸附床、蒸发器相连的真空阀也进行切换,此时状态变为吸附床 1 与蒸发器相连的真空阀 V1 打开进行吸附制冷,冷却水进入吸附床 1 带走吸附热,后再进入冷凝器带走冷凝热,而 65 ℃的热水源则通过四通换向阀进入吸附床 2 进行脱附再生,与此同时,吸附床 2 与冷凝器相连的真空阀

V4 打开进行吸附制冷。如此切换循环,连续向空调机组输出冷冻水。

7.1.3 空调冷源控制系统设计

为了使基于金属模具生产线热回收的空调系统冷源装置效率达到最高,该系统还设置了高精度的控制系统,具体包括热水源温度控制系统、吸附式制冷控制系统和计算机,如图 7.3 所示。其中热水源温度控制系统主要监测和控制冷凝器出口的冷却水流量调节阀 1 与废热水源进口处的水流量调节阀 2 的开度,保证进入吸附式制冷装置中的热水温度始终为 65 ℃;吸附式制冷控制系统主要调节吸附式制冷过程中各阀门的开启时间,以确保吸附式制冷中的吸附床 1 进行脱附再生而吸附床 2 进行吸附制冷的第一循环,能够与吸附床 1 吸附制冷、吸附床 2 脱附再生的第二循环顺利切换,从而保证冷冻水的不间断产生;计算机作为控制系统的核心,主要是保证两个控制系统高效运行。

1. 热水源温度控制系统

热水源温度控制系统是为了确保吸附式制冷系统效率达到最高,该控制系统是由冷却水温度传感器、热水源温度传感器、流量调节阀 1 和流量调节阀 2 组成。其中冷却水温度传感器、热水源温度传感器均位于热水源温度控制系统的输入端,流量调节阀 1 和流量调节阀 2 则位于系统的输出端。该控制系统采用基于改进的细菌觅食优化算法优化的三层 BP(反向传播)神经网络模型,通过实时监测冷却水温度及热水源温度并配合流量调节阀 1 和流量调节阀 2 的开度,巧妙地将吸附式制冷系统中冷凝器的冷却水与金属模具生产线的废热水进行定量混合,使得热水源温度为 65 ℃,从而使吸附式制冷系统的效率最高。热水源温度控制系统结构如图 7.4 所示,其工作过程如下。

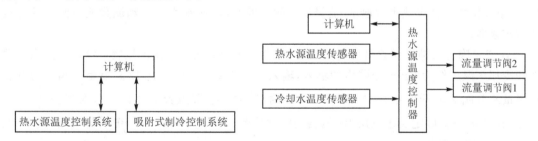

图 7.3 空调冷源控制系统结构图　　图 7.4 热水源温度控制系统结构图

(1) 数据采集及传输

冷却水温度传感器对冷凝器的冷却水出口水温进行实时检测,并将检测到的冷却水温度信号传输给热水源温度控制器。热水源温度传感器对金属模具生产线产生的废热水源温度进行实时检测,并将检测到的热水源温度信号传输给热水源温度控制器。

(2) 数据处理

热水源温度控制器将冷却水温度信号和热水源温度信号输入预先构建的三层 BP 神经网络中,输出对流量调节阀 1 开度的控制信号和对流量调节阀 2 开度的控制信号,并调节流量调节阀 1 和流量调节阀 2 的开度,使从冷凝器出口输出的冷却水与从金属模具生产线产生的废热水源混合后,水温稳定在 65 ℃。

(3) 构建 BP 神经网络模型

为了简单、快捷、准确地将吸附式制冷系统中冷凝器的冷却水与金属模具生产线的废热水混合温度调节为 65 ℃,从而有效保证吸附式制冷系统的效率达到最高,本设计方案采用先进的三层 BP 神经网络模型对进入吸附式制冷装置的热水源水温进行精确控制。具体步骤如下:

① 保持输入废热水源接口管内的废热水源温度为 80 ℃不变,并使流量调节阀 2 的开度保持不变,通过冷却水温度传感器检测冷凝器出口处的冷却水温度。当冷却水温度为 37 ℃时调节流量调节阀 1 的开度,使混合后的水温为 65 ℃,并将此时的废热水源温度、流量调节阀 1 的开度、冷却水温度和流量调节阀 2 的开度这一组数据记录到数据库中。当冷却水温度每增加或减少 Δt 时,就调节流量调节阀 1 的开度,使混合后的热水温度为 65 ℃,并将每个冷却水温度下的废热水源温度、流量调节阀 1 的开度、冷却水温度和流量调节阀 2 的开度这一组数据记录到数据库中,直至冷却水温度根据步长 Δt 逐步增加到 50 ℃或逐步减到 23 ℃。

② 根据步骤①记录到数据库中的数据,使冷凝器的冷却水出口处的水温逐一取完步骤①的数据库中记录的所有温度,且每取一个温度,保持冷却水温度不变,并保持对应的流量调节阀 1 的开度不变,通过热水源温度传感器检测废热水源接口管内的废热水源温度,当废热水源温度为 80 ℃时调节流量调节阀 2 的开度,使混合后的水温为 65 ℃,并将此时的废热水源温度、流量调节阀 1 的开度、冷却水温度和流量调节阀 2 的开度这一组数据记录到数据库中。当废热水源温度每增加或减少 Δt,就再调节流量调节阀 2 的开度,使混合后的水温为 65 ℃,并将每个冷却水温度下的废热水源温度、流量调节阀 1 的开度、冷却水温度和流量调节阀 2 的开度这一组数据记录到数据库中,直至冷却水温度根据步长 Δt 逐步增加到 90 ℃或逐步减到 70 ℃。

③ 将步骤①数据库中记录的数据与步骤②数据库中记录的数据进行综合,得到一组数据,该组数据中包括废热水源温度、流量调节阀 1 的开度、冷却水温度和流量调节阀 2 的开度的对应数据。

④ 建立隐含层神经元数目可变的三层 BP 神经网络:热水源温度控制系统以废热水源温度和冷却水温度作为 BP 神经网络的输入,输入层节点数 n_1 为 2 个,以流量调节阀 1 的开度和流量调节阀 2 的开度作为 BP 神经网络的输出,输出层节点数 n_3 为 2 个,根据公式 $\sqrt{a}\leqslant n_2\leqslant\sqrt{n_1+n_3}+a$ 确定所述三层 BP 网络的隐含层节点数 n_2,建立三层 BP 神经网络;其中,取 a 为 1～10 的自然数。

⑤ 训练各个不同隐含层节点数的三层 BP 神经网络,具体过程为:先将热水源温度控制系统按照上述步骤③中得到的热水源温度和冷却水温度数据作为三层 BP 神经网络的输入,并以热水源温度和冷却水温度对应的流量调节阀 1 的开度和流量调节阀 2 的开度作为 BP 神经网络的输出,构建训练样本;然后再启用计算机对取 a 为 1～10 的自然数时所对应的不同隐含层节点数的三层 BP 神经网络进行训练,且在进行训练的过程中调用改进的细菌觅食优化算法对三层 BP 神经网络的权值 W 和阈值 B 进行优化,得到各个不同隐含层节点数时权值 W 和阈值 B 最优的训练好的三层 BP 神经网络。

⑥ 通过计算机调用网络误差计算模块中各个不同隐含层节点数的权值 W 和阈值 B 最优的训练好的三层 BP 神经网络对应的网络误差,并选出网络误差最小的隐含层节点数的权值 W 和阈值 B 最优的三层 BP 神经网络,将其确定为训练好的三层 BP 神经网络,并将其定义为基于改进的细菌觅食优化算法优化的 BP 神经网络模型,从而确定基于改进的细菌觅食优化算法优化的三层 BP 神经网络模型。

（4）控制混合水温

通过上述步骤构建好三层 BP 神经网络后，每次只需将冷却水温度信号和热水源温度信号输入预先构建的三层 BP 神经网络中，就可以自动输出对流量调节阀 1 开度的控制信号和对流量调节阀 2 开度的控制信号，从而简单、快捷、准确地将吸附式制冷系统中冷凝器的冷却出水与金属模具生产线的废热水混合温度调节为 65 ℃，进而保证吸附式制冷系统的效率达到最高，并连续产生空调机组所需的冷冻水。

2. 吸附式制冷控制系统

吸附式制冷控制系统是确保吸附床 1 和吸附床 2 交替吸附、脱附，连续输出冷量的系统。它是由吸附式制冷控制器、设置在吸附床 1 出口端的第一气体流量传感器和第一水流量传感器、设置在吸附床 2 出口端的第二气体流量传感器和第二水流量传感器、四通换向阀 1、四通换向阀 2、真空阀 V1、真空阀 V2、真空阀 V3 和真空阀 V4 组成，其控制系统结构如图 7.5 所示。其工作过程为：吸附式制冷控制器控制四通换向阀 1 和四通换向阀 2，使混合后温度为65 ℃的热水源经四通换向阀 2 接入吸附床 1 进行脱附再生，而吸附床 1 脱附再生后产生的废水从四通换向阀 1 排出，同时，吸附式制冷控制器控制真空阀 V2 和真空阀 V3 打开，使从冷却水输入管输入的冷却水从四通换向阀 2 进入吸附床 2 中，带走吸附床 2 吸附制冷后所放出的热量，并从四通换向阀 1 进入冷凝器带走冷凝热。当第一气体流量传感器检测到吸附床 1 脱附产生的制冷剂蒸汽量为零时，吸附床 1 脱附再生过程完成，此时吸附式制冷控制器控制真空阀 V2 和真空阀 V3 关闭，并控制四通换向阀 2 进行切换，真空阀 V1、真空阀 V2、真空阀 V3和真空阀 V4 均处于关闭状态，冷却水则从四通换向阀 2 进入吸附床 1 中，同时，温度为 65 ℃的废热水源从四通换向阀 2 接入吸附床 2 中。当第一水流量传感器检测到吸附床 1 的出口端水流量为零，且第二水流量传感器检测到吸附床 2 的出口端水流量为零时，吸附式制冷控制器控制四通换向阀 1 进行切换，并控制真空阀 V1 和真空阀 V4 打开，此时，吸附床 1 与蒸发器相连进行吸附制冷，吸附制冷后产生的热量被冷却水吸收并从四通换向阀 1 进入冷凝器带走冷凝热。吸附床 2 与冷凝器相连，进行脱附再生，脱附再生后产生的冷却废水通过四通换向阀 1排出，当第二气体流量传感器检测到吸附床 2 脱附产生的制冷剂蒸汽量为零时，脱附再生完成，吸附床 2 的脱附再生过程完成，返回吸附床 1 脱附再生、吸附床 2 吸附制冷的第一循环。如此往复循环，不断进行余热回收，最后输出冷冻水。

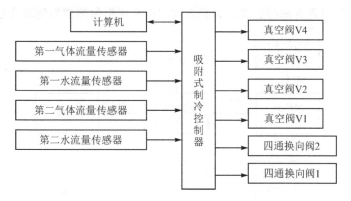

图 7.5　吸附式制冷控制系统结构图

综上所述,基于金属模具生产线高效余热回收空调冷源系统,能有效回收金属模具生产线的大量余热,用于吸附式制冷装置的热源,持续不断生产冷冻水为空调系统提供冷量,从而大幅度减少生产车间空调系统能耗。该装置不仅节能、绿色环保,符合国家节能减排的大政方针,而且还吻合当前全球能源、环境协调发展的总趋势。

7.2　基于混合动力绿色环保客车的空调系统设计

随着生活水平的提高,人们的健康意识越来越强。在乘坐长途客车时,能否拥有一个清新、健康、舒适的车内环境是保证旅行者心情愉悦及身体健康的基本任务。传统汽车空调利用发动机消耗燃料驱动空调压缩机,造成能源浪费。另外,为了最大限度地节约能源,传统汽车空调采用全回风或少量引入新风,与此同时,汽车在运行中还会不断产生有害气体,恶性循环导致车内空气品质下降,危害人们身体健康。目前,随着经济的快速发展,能源资源日益短缺,环境问题越来越受到人们的关注。为此,设计一种绿色环保的混合动力客车空调系统十分必要。本系统巧妙利用发动机的低品位热能及绿色环保的太阳能联合为吸附式制冷装置提供热源,并采用环保型制冷剂,吻合了当前能源、环境协调发展的总趋势,同时该空调系统采用全新风,极大改善了车内空气品质,可满足人们旅途健康生活的需求。

7.2.1　客车空调系统方案设计

基于混合动力的长途客车空调系统是一种能保障人们旅途乘车健康、舒适的节能型绿色环保空调系统,它利用吸附式制冷技术取代目前客车空调的蒸汽压缩式制冷技术,并将客车发动机产生的废热和太阳能有机结合作为空调系统的混合动力源,因而具有环保、安全、卫生、经济的特点。另外,该系统中的全新风系统设计与孔板送风方式可最大限度保证乘客的健康与舒适。

本系统主要由吸附式制冷系统、全新风空调系统、发动机余热收集系统和太阳能辐射热收集系统组成,其设计方案如图 7.6 所示。其具体工作过程如下:客车在运行时利用发动机废热收集系统回收发动机在运转时所产生的大量余热,同时辅助利用太阳能辐射热收集系统回收太阳能辐射热,将两者有机结合共同为吸附式制冷系统提供热源以制取冷量,然后将吸附式

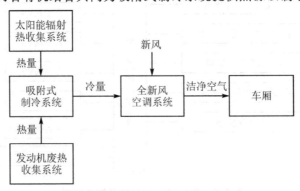

图 7.6　基于混合动力的客车空调系统设计方案

制冷系统制取的冷量用于全新风空调系统中,将来自客车外的新风进行降温除湿后送入客车内。本系统利用混合动力客车发动机产生的余热和太阳能辐射热为吸附式制冷提供热源,解决了混合动力客车空调耗能大的问题;混合动力客车外的新鲜空气进入全新风空调系统进行降温除湿后,输送到客车空间内可有效改善客车内的空气品质,解决了原有客车空调系统无新风进入的缺点。该系统在实现现有客车空调功能的同时具有绿色环保特性,将客车发动机余热和太阳辐射热再利用使得客车空调系统更加节能,全新风的引入使客车内空气更加清新,从而提高旅行的舒适度。

7.2.2　客车空调冷源系统设计

20 世纪 70 年代中期以来,吸附式制冷受到人们的重视,对其技术的研究也不断深化。与蒸汽压缩式制冷系统相比,吸附式制冷具有显著优点,主要表现为结构简单、一次性投资少、运行费用低、使用寿命长、无噪声、无环境污染、能有效利用低品位热源等优点。考虑到传统的汽车空调制取冷量需消耗大量的能源,本系统巧妙地对长途客车发动机的余热和太阳能热量进行回收来驱动汽车空调制冷系统,从而达到节能减排的目的。

1. 吸附式制冷系统的组成

随着世界经济发展和能耗增加,能源与环境问题已经成为全世界共同关注的一个热点问题,吸附式制冷作为一种低品位热能驱动的绿色制冷技术,吻合了当前能源和环境协调发展的总趋势。吸附式制系统主要由两部分组成。第一部分包括两个吸附床,即解吸床和吸附床,两床的功能相当于传统制冷中的压缩机。解吸床是向冷凝器排放高温高压的制冷剂蒸汽,吸附床则吸附蒸发器中低温低压的蒸汽,使制冷剂蒸汽在解吸床中不断蒸发制冷。因此吸附式制冷系统设计的核心是吸附床,它的性能好坏直接影响了整个系统的功能。第二部分包括冷凝器,蒸发器及流量调节阀,与普通的制冷系统类似。从解吸床解吸出来的高温高压的制冷剂蒸汽在冷凝器中被冷凝后,经过流量调节阀变成低温低压的液体进入蒸发器蒸发制冷,被蒸发的制冷剂蒸汽重新被吸附床吸收。两吸附床交替变换角色,便有源源不断的冷量被制出来。吸附式制冷系统结构如图 7.7 所示。

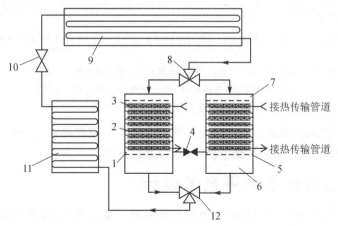

1—吸附床 1;2—热源盘管;3—固体吸附剂;4—回质阀;5—吸附床 2;6—集液池;

7—均流器;8—第一三通阀;9—盘管式蒸发器;10—节流阀;11—冷凝器;12—第二三通阀

图 7.7　吸附式制冷系统结构图

2. 工质对的选择

吸附剂-制冷剂工质对的选择是吸附式制冷中最重要的因素之一,好的制冷系统不但要有好的循环方式,而且要有在工作温度范围内吸附性能强、吸附速度快、传热效果好的吸附剂和汽化潜热大、沸点满足要求的制冷剂。制冷剂是否能适应环境要求,是否能满足工作条件,在很大程度上都取决于吸附工质对的选择。本系统选用对环境友好的沸石 FAM Z01-水工质对,它具有良好的环保性能,同时热源温度只需达到 50 ℃左右即可进行吸附式制冷。

7.2.3 客车全新风系统设计

传统汽车空调系统为了最大限度节约能源,一般均采用大量回风或少量引入新风,同时,汽车在运行中会不断产生有害气体,从而使车内空气形成恶性循环,导致人们乘车时出现缺氧乏力、晕车等症状。针对上述问题,本系统设计的新型客车空调系统采用全新风的空气供给方式,可有效提高空气清洁度,改善车内空气品质,为人们出行创造一个清新、健康、舒适的车内环境,使旅途更加愉快。

全新风空调系统包括第一风管、第二风管、孔板送风口、蒸发器盘管、新风进口、空气过滤器、新风机、吸声材料、风口、除湿膜等。其中第一风管设置在混合动力客车顶棚中,且其内壁贴有吸声材料以减少空气流动时的噪声,其端部开口处设置有新风进口,新风口处还设有空气过滤器与新风机;第二风管设置在混合动力客车行李架托板中,其内部设有盘管式蒸发器,将吸附式制冷系统所制出的冷量与空气进行热交换,使空气达到舒适性要求,第二风管靠近混合动力客车行李架托板底部设置有微型孔板送风口,开孔直径为 2 mm,开孔率为 5%,将处理完成的空气通过微型孔板送风口送入车内。全新风空调系统中第一风管位于第二风管上部且通过风口相连通,连通的风口中设有三层除湿膜用以除湿,除湿膜选用亲水的聚乙烯醇膜、聚丙烯腈和醋酸纤维素膜。全新风空调系统组成如图 7.8 所示。

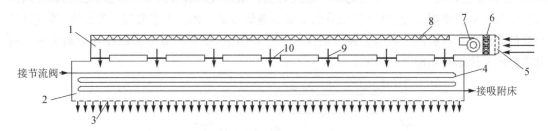

1—第一风管;2—第二风管;3—孔板送风口;4—蒸发器盘管;5—新风进口;
6—空气过滤器;7—新风机;8—吸声材料;9—风口;10—除湿膜

图 7.8 全新风空调系统设计图

本装置利用全新风空调系统可以最大程度地改善车内空气品质,孔板送风则可以使气流更加均匀,避免乘客长时间受强气流干扰,使其舒适性更高。

7.2.4 热能收集利用系统设计

传统的汽车空调系统是利用发动机消耗燃料驱动空调压缩机,或利用发动机发电带动空调压缩机,其缺点是会消耗大量的燃料,并且发动机产生的废热会全部浪费掉,不符合节能减排理念。本系统在设计时采用了吸附式制冷系统,其中关键问题是如何解决推动吸附床工作的热能。如果还采用传统的加热方式,无疑会消耗大量的能源,汽车发动机在运行中产生的大量热能也无法有效利用,故而在本系统中采用了发动机废热与太阳能辐射热协同作为吸附式制冷的推动热源。

1. 发动机废热收集系统

研究发现,在大型汽车的运行过程中发动机产生的废热非常可观。汽车发动机的实用效率仅为 35%~40%,大约占燃料发热量 1/2 以上的能量被发动机循环冷却水及排气带走,回收和利用这部分余热是最佳的节能方案,也是目前世界各国都在研究的课题。本系统采用的吸附式制冷正是利用汽车发动机的余热作为驱动热源从而实现汽车空调制冷的目的。在本系统中我们利用换热盘管将发动机包裹,并利用盘管中的水将热量带回吸附床用以催动吸附式制冷,这样既解决了发动机的散热问题又减少了汽车的油耗。

发动机废热收集装置的具体工作过程为:通过位于客车主发动机外围的废热收集盘管实时收集发动机产生的余热;盘管的传热媒介出口连接的传输管道分为两个支路,一个支路与吸附床 1 的热媒介质入口连接,另一个支路与吸附床 2 的热媒介质入口连接;将吸收余热后的传热媒介带回吸附床放热从而使吸附质脱附,吸附床的传热媒介出口通过传输管道与余热收集盘管的传热媒介入口连接,将放热后的传热介质带回废热收集盘管进行吸热;往复循环,即可实现发动机余热回收与利用。

2. 太阳能辐射热收集系统

太阳能作为一种取之不竭、用之不尽的天然能源,受到人们普遍关注。在本系统中,为了确保空调系统具有充足的热源,在使用发动机废热之余,将太阳能辐射热作为辅助热源,共同驱动吸附式制冷,从而达到高效制冷的目的。

太阳能辐射热收集主要利用集热板和承载于集热板上的换热盘管,利用集热板收集热量将盘管内的传热媒介加热后利用传输管道将热量带到吸附床放热,帮助吸附质完成脱附后再经由传输管道带回换热盘管进行吸热。热能收集利用系统原理如图 7.9 所示。

本系统设计利用客车发动机产生的废热和太阳能辐射热为吸附式制冷提供热源,解决了混合动力客车空调耗能大的问题;客车外的新鲜空气进入全新风空调系统进行降温除湿后可调节客车内的

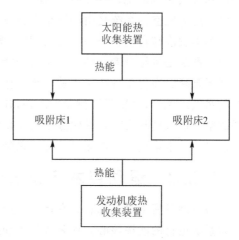

图 7.9　热能收集利用系统原理图

空气品质,解决了原有客车空调系统无新风进入的问题,而且其操作方便、维修简单,具有绿色环保的优点,便于推广使用。

7.3　健身房运动自发电节能空调系统设计

随着人们生活水平的提高,以及饮食中摄入过多高糖高脂类的食物和生活作息不规律,使得人们的健康问题日益凸显。随着关注健康的人越来越多,运动成为了人们生活中不可或缺的一部分,健身逐渐成为时尚,而打造一个舒适、健康的运动环境成为了重点。但是健身房的

环境质量不容忽视,首先传统空调采用表面冷却器作为空气降温除湿设备,容易造成处理后的空气接近饱和状态,空气相对湿度较大,不利于健身者的身心健康;此外,传统健身房中的空调系统因考虑运行费用及节能等因素,在空气处理中采用大量回风,从而导致健身房中空气污浊,室内环境条件较差。现有健身房中空调系统存在新风量不足、除湿能力有限、空调运行能耗高、室内 CO_2 浓度大等缺点,不能给健身者提供清新、健康、舒适的健身环境。为此,针对健身房中空气现状提出一种运动自发电的健身房节能空调系统,该系统的原理是将运动人员剧烈运动产生的动能转化为电能驱动空调系统,并将引射原理用于蒸发冷却全新风空调系统中,通过大幅度地减少空调系统能耗从而改善健身房的空气品质。该空调系统设计既节能又环保,吻合了当前能源、环境协调发展的总趋势。

7.3.1 运动自发电节能空调系统方案设计

健身房中运动人员剧烈运动会产生大量的动能,如果能将动能转化为电能驱动空调系统,并将引射原理用于蒸发冷却全新风空调系统中,将会大幅度地减少空调系统能耗,且有效降低 CO_2 浓度,从而改善健身房的空气品质,提高人们的健身质量。

健身房运动自发电节能空调系统采用蒸发冷却技术,利用"无用"的健身运动产生的动能发电驱动蒸发冷却空调系统,使用全新风运行,采用文丘里管的引射原理代替水泵,对健身房空调系统进行全新风降温、除湿运行,使房间的能源消耗少,空气品质佳。相比于传统的空调降温和自然通风来说,该系统更节能、更温和、更舒适且有全新风供给,更为健康。该运动自发电健身房节能空调系统是由动感单车自发电系统、蒸发冷却无泵降温净化系统、转轮除湿再生系统和蒸发冷却自动补水系统组成,其方案设计如图 7.10 所示。具体工作过程为:动感单车自发电系统是将健身者运动所产生的动能通过发电装置转化为电能并存储在蓄电池中。蒸发冷却无泵降温净化系统在送风机的负压作用下,利用文丘里管的引射原理,将空调机房储水池中的水吸入风管,对新风进行蒸发冷却,并经转轮除湿机和半导体制冷片将新风处理成低温低湿的空气送入健身房中。转轮除湿再生系统用于提供转轮除湿机再生所需的再生空气。蒸发冷却自动补水系统用于给蒸发冷却无泵降温净化系统提供水源。

7.3.2 运动自发电系统设计

假设健身房中时刻都有人在运动,运动自发电系统作为节能空调系统的动力装置,是整个空调系统运行的能源核心。该装置是由动感单车 11、发电装置 12、整流器 13、蓄电池 14、逆变器 15 组成。其中自发电系统中的蓄电池 14 设有两个接口,蓄电池接口 16 与半导体制冷片相连;蓄电池接口 17 则连接逆变器 15,并将一部分直流电转化为交流电,分别与运动自发电节能空调系统方案设计图 7.10 中的电机 27、再生风机 36、送风机 210 及辅助电加热器 33 相连。

运动自发电系统的工作过程为:通过骑动感单车所产生的动能带动发电装置进行自动发电,后经整流器整流后,存储于蓄电池,蓄电池将一部分直流电通过接口 16 提供给半导体制冷片;通过接口 17 连接逆变器将蓄电池另一部分直流电转换为交流电,为转轮除湿机、送风机、辅助电加热器、再生风机提供电能。其工作原理如图 7.11 所示。

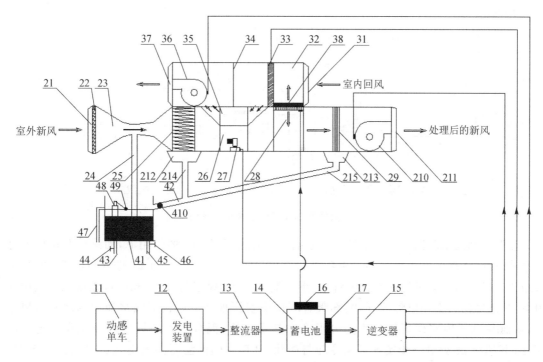

11—动感单车；12—发电装置；13—整流器；14—蓄电池；15—逆变器；16—蓄电池接口 A；
17—蓄电池接口 B；21—新风引入口；22—空气过滤器；23—文丘里管；24—文丘里管的喉部吸管；25—填料；
26—转轮除湿区；27—电机；28—半导体制冷片的冷端；29—挡水板；31—室内回风口；32—回风预热区；
33—辅助电加热器；34—分隔板；35—转轮再生区；36—再生风机；37—排风口；38— 半导体制冷片冷端；
41—储水池；42—回水管；43—补水管；44—补水阀；45—泄水管；46—泄水阀；47—溢水管；
48—浮球阀补水装置；49—浮球阀；210—送风机；211—出风口；212—第一接水盘；
213—第二接水盘；214—第一回水管；215—第二回水管；410— 回水过滤器

图 7.10 健身房运动自发电节能空调系统方案设计

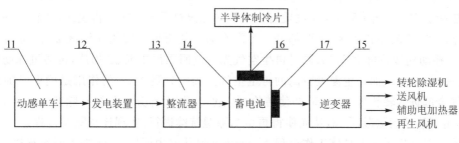

图 7.11 运动自发电系统原理图

7.3.3 蒸发冷却无泵降温净化系统设计

　　蒸发冷却无泵降温净化系统是运动自发电节能空调系统进行空气热、湿参数处理的核心，通过它可以将送入房间的新鲜空气进行降温、除湿及净化处理，以满足健身房里人体对空气品质的要求。本装置是由新风引入口 21、空气过滤器 22、文丘里管 23、喉部吸管 24、填料 25、转轮除湿区 26、电机 27、半导体制冷片的冷端 28、挡水板 29、送风机 210、出风口 211 组成，如

图 7.12 所示。

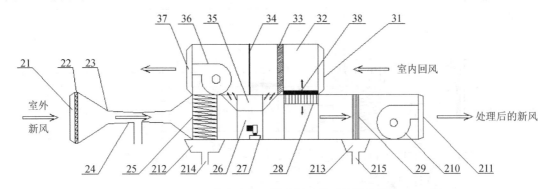

图 7.12　蒸发冷却无泵降温净化系统结构图

　　蒸发冷却无泵降温净化系统的工作过程为：在送风机 210 的作用下,动感单车房要处理的室外空气(干球温度为 30.7 ℃,相对湿度为 70.8%)经新风引入口 21 进入过滤器 22,新风被净化。净化后的新风进入文丘里管 23 形成高速气流(风速为 8.64 m/s),在送风机负压作用下,高速气流在文丘里管 23 的喉部吸管利用引射原理将空调机房储水池中的水吸入风道中,从而在风管内实现新风与水充分混合和热湿交换,混合后的新风流过设置在管道中的 Glasdek 填料 25 处进一步实现蒸发冷却与净化,处理后的低温高湿的空气(温度为 25.8 ℃,相对湿度为 94.6%)通过转轮除湿区 26 进行升温除湿(温度为 34.6 ℃,相对湿度为 52.3%),再进入半导体制冷片 28 的冷空间进行等湿降温(温度为 21.4 ℃,相对湿度为 52.3%),后经挡水板 29 分离出空气中携带的小水滴,最后低温干燥(温度为 21.4 ℃,相对湿度为 50.1%)的新风经送风机 210 通过风管进入健身房中。

7.3.4　转轮除湿再生系统设计

　　本空调系统的转轮除湿再生系统是由室内回风口 31、回风预热区 32、辅助电加热器 33、分隔 34、再生风机 36 和排风口 37 组成,如图 7.12 所示。其中,回风预热区设置在半导体制冷片的热端上部,而分隔板的底部设置有位于转轮除湿机顶部的转轮再生区;转轮除湿机分为转轮除湿区 26 和转轮再生区 35 两部分。蒸发冷却后的新风经转轮除湿区 26 除湿后在电机 27 作用下移动到转轮再生区 35,同时再生空气先通过回风预热区 32 加热,再通过辅助电加热器 33 进一步加热,从而产生温度较高的再生空气。其中分隔板 34 的作用是确保经加热后的再生空气全部进入转轮再生区 35,并使转轮再生区 35 的大部分水分被驱除获得再生,再在电机 27 作用下移动到除湿区 26,从而使得再生与除湿持续进行,实现连续除湿过程。

　　转轮除湿再生系统的具体工作过程为：室内回风从室内回风口 31 进入回风预热区 32,经半导体制冷片 28 的热端对回风进行加热,再经过辅助电加热器 33 进行辅助加热,在分隔板 34 的作用下使回风进入转轮再生区 35,使转轮除湿机 26 获得持续除湿能力,释放热量后的回风再在再生风机 36 的作用下经排风口 37 排出室外。

7.3.5　蒸发冷却自动补水系统设计

　　运动自发电节能空调系统的蒸发冷却自动补水系统是由储水池 41、回水管 42、补水管 43、浮球阀补水装置 48、泄水管 45、溢水管 47、文丘管里管的喉部吸管 24 组成,如图 7.13 所示。其中,储水池 41 是蒸发冷却自动补水系统的主体。蒸发冷却自动补水系统的具体工作过程为:当浮球阀补水装置 48 检测储水池 41 内的水位低于预设水位值时,通过补水管 43 提供水进入储水池 41,并通过喉部吸管 24 供给蒸发冷却无泵降温净化系统,蒸发冷却无泵降温净化系统的填料 25 处产生的水进入第一接水盘 212 内,并通过第一回水管 214 进入回水输送管 42,再进入储水池 41;蒸发冷却无泵降温净化系统的挡水板 29 处产生的水进入第二接水盘 213 内,并通过第二回水管 215 进入回水输送管 42,再进入储水池 41;当储水池 41 内的水位高于预设水位值时,通过溢水管 47 溢出,当空调机房储水池 41 内的水不需要时,通过泄水管 45 排出。

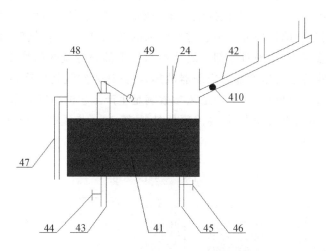

图 7.13 蒸发冷却自动补水系统结构图

通过实验,上述健身房节运动自发电节能空调系统可以很好地满足健身房降温除湿及对新风量的要求。该系统不但降温除湿能力强,而且充分利用人骑动感单车时的动能资源,并且采用全新风蒸发冷却净化降温技术及文丘里管的引射原理进行无泵供水,达到了节能、舒适和环保的目的。在实际应用中,健身房运动的人流量越大,自动发电量就越多,节能效果越明显;健身房中新风需求量越大,降温除湿效果越明显,空气品质就越好。

7.4 基于冷凝热回收的恒温恒湿空调系统设计

在科技不断发展的今天,空调系统对人们生活及产品质量的影响越来越大,特别是在工艺性空调系统中,创造一个保证生产工艺精度要求、节能、舒适的微气候环境,是保证产品质量高精度、高纯度、高成品率以及工作者健康工作的前提。但是,要满足空调精度要求,空调设备运行能耗就会随之增加。在传统的空调系统运行中,经常采用表面冷却器对混合空气进行降温除湿到露点温度后直接送入生产厂房的方式,这种送风方式的缺点是送风温差过大,送风温度过低,送风量过小,导致空调房间换气次数较少、空气品质较差等问题,达不到生产工艺和人们的舒适性要求。如果要加大空调房间的送风量、减少送风温差,则需要对冷却去湿后的低温空气进行再热。目前绝大多数工艺性空调再热通常采用独立热源供热,这样不仅存在冷热抵消的现象,而且耗能较大,不利于节能环保;同时传统的工艺性空调对空气降温除湿后所产生的大量低温冷凝水直接排放,未有效利用;为空调提供冷源的冷水机组冷凝器散热没有回收利用,而是通过冷却塔直接排放到大气中,从而降低了冷凝器的换热效率,增加了冷水机组的运行能耗。为此提出基于冷凝热回收的恒温恒湿空调系统方案,此方案不仅可以节能减排,符合节约资源和保护环境的基本国策,还能有效降低空调系统的整体运行能耗,最大程度增加空调送风量,有效改善空调房间的空气品质。

7.4.1　基于冷凝热回收的恒温恒湿空调系统方案设计

针对传统工艺性空调现有技术中的不足,本系统方案提出一种基于冷凝热回收的恒温恒湿空调系统设计。鉴于工艺性空调根据生产车间要求一般除湿量较大,产生的冷凝水量也较多,该方案一方面充分利用这部分冷凝水对室外来的新风进行预冷,同时,将预冷后的冷凝水再送入冷却水回水管路中,实现对冷却水的补水和带走部分冷凝热的作用;另一方面,通过间接式板式换热器回收冷水机组的部分冷凝器散热,将其送入空气处理箱的再热器中,实现对冷却去湿后的露点空气进行再热,使空调送风参数满足生产工艺的精度要求,同时降低进入冷却塔的水温,减少冷却塔的散热损失,提高冷凝器的效率,进一步提高制冷机组的运行效率。系统方案设计如图 7.14 所示。

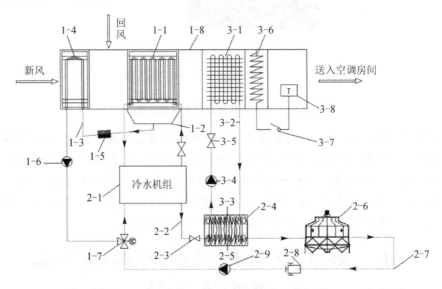

1-1—表面冷却器;1-2—接水盘;1-3—冷凝水管;1-4—预冷器;1-5—水过滤器;
1-6—冷凝水泵;1-7—电动三通阀;1-8—空气处理箱;2-1—冷水机组;2-2—冷却水出水管;
2-3—第一阀门;2-4—换热器;2-5—换热器的第一换热侧;2-6—冷却塔;2-7—冷却水回水管;
2-8—水处理仪;2-9—冷却水泵;3-1—再热器;3-2—再热回水管;3-3—换热器的第二换热侧;
3-4—再热水泵;3-5—第二阀门;3-6—辅助电加热器;3-7—电加热器开关;3-8—送风温度传感器

图 7.14　基于冷凝热回收的恒温恒湿空调系统方案设计

本设计方案由冷凝水回收利用系统、冷凝器热回收利用系统及空气再热处理系统三部分组成。其中,冷凝水回收利用系统主要对空气处理箱中冷却去湿后产生的冷凝水进行回收,回收后的冷凝水首先进入空气处理箱中的预冷器对室外来的新风进行预冷,预冷后的冷凝水再送入冷却水回水管中,实现对冷却水补水和带走部分冷凝热的作用。冷凝器热回收利用系统则通过间接式板式换热器回收一部分冷凝热送入空气再热处理系统的再热器中,对冷却去湿后的低温空气进行再加热,以达到生产工艺要求的送风参数,然后将其送入恒温恒湿空调房间,而再热器释放热量后的低温水则继续循环到间接式板式换热器中,与从冷凝器出来的高温冷却水进行热交换,从而降低进入冷却塔的水温,减少冷却塔的散热损失,提高冷凝器的效率。该设计方案节能减排,满足人与环境和谐相处的原则,再热后的空调送风温差减少,送风量增大,换气次数提高,送风品质满足恒温恒湿空调房间的精度要求,同时可使空调送风更加节能、健康、舒适。

7.4.2　冷凝水回收利用系统设计

冷凝水回收利用系统主要由设置在空调处理箱中的表面冷却器 1-1、接水盘 1-2、冷凝水管 1-3、预冷器 1-4、水过滤器 1-5、冷凝水泵 1-6 和电动三通阀 1-7 组成,如图 7.14 所示。其主要作用是将新回风空气经过表面冷却器进行冷却去湿后所产生的冷凝水进行回收,并将对室外来的新风进行预冷处理,从而节约空调新风冷负荷;同时,将对新风预冷后的冷凝水进一步回收用于补充空调冷源中的冷却水在冷却塔中喷淋所造成的损失。其工作过程为:将进入空调处理箱 1-8 的新回风混合空气经表面冷却器冷却去湿后所产生的冷凝水进行回收,由接水盘 1-2 进行收集,然后通过水过滤器 1-5 过滤,再经冷凝水管 1-3 进入新风预冷器 1-4 中,对室外来的新风先进行预冷处理;同时将对新风预冷后的冷凝水进一步回收再利用,使其在冷凝水泵 1-6 的动力作用下通过电动三通阀 1-7 并入冷却水回水管 2-7 中。

7.4.3　冷凝器热回收利用系统设计

冷凝器热回收利用系统主要由设置在冷水机组 2-1 的冷却水出水管 2-2、第一阀门 2-3、换热器 2-4 的第一换热侧 2-5,冷却塔 2-6、冷却回水管 2-7、水处理仪 2-8 和冷却水泵 2-9 组成,如图 7.14 所示。其中换热器的第一换热 2-5 位于第二换热侧 3-3 的下端,水处理仪 2-8 位于冷却水泵 2-9 的前端。其主要作用是通过回收冷水机组的冷凝器部分热量为空调冷却去湿后的低温空气提供再热量,从而使再热后的空调送风温差减少,送风量增大,换气次数提高,送风品质满足恒温恒湿空调房间的精度要求,使空调送风更加节能、健康、舒适。而与空调再热系统换热后的低温冷却水再进入冷却塔,可减少冷却塔的散热损失,提高冷凝器的散热效率,进一步减少冷水机组的运行能耗。其工作过程为:冷水机组产生的高温冷却水通过第一阀门 2-3 进入冷却水出水管 2-2 中,与来自空调再热处理系统的低温水通过换热器 2-4 进行换热后进入冷却塔 2-6 中,向大气中散热,散热后的低温冷却水则通过水处理仪 2-8 处理后进入冷却回水管 2-7 中,在冷却水泵 2-9 的作用下返回到冷水机组中的冷凝器,不断循环完成冷水机组的持续制冷,为恒温恒湿空调处理系统提供冷源。

7.4.4　空气再热系统设计

空气再热处理系统主要由设置在空调处理箱 1-8 中的再热器 3-1、再热回水管 3-2、换热器 2-4、第二换热侧 3-3、再热水泵 3-4、第二阀门 3-5、辅助电加热器 3-6、电加热器开关 3-7、送风温度传感器 3-8 组成,如图 7.14 所示。其中,再热器 3-1 位于空气处理箱的尾部,电辅助加热器 3-6 位于再热器 3-1 后侧且通过电加热器开关 3-7 与送风温度传感器 3-8 相连。其主要作用是对冷却去湿后的低温空气提供再热量,从而使再热后的空调送风参数满足恒温恒湿空调房间的精度要求。其具体工作过程为:当经空气处理箱冷却去湿后的低温空气通过再热器 3-1 时,与再热器中的热水进行换热,换热后的低温再热水通过再热回水管 3-2 进入板式换热器 2-4 中的第二换热侧 3-3,与板式换热器 2-4 中的第一换热侧 2-5 充分交换热量,换热后的高温再热水在再热水泵 3-4 的作用下通过第二阀门 3-5 进入再热器 3-1 中,实现对冷却去湿后的低温空气进行再热,不断循环。而送风温度传感器 3-8 负责实时监测再热后的空气温度,并通过电加热器开关 3-7 控制辅助电加热器 3-6 的启闭。当送风空气温度低于送风参数要求时,电加热器开关 3-7 开启,辅助电加热器 3-6 开始运行;当送风温度达到要求时,辅助电加热器停止运行。

基于冷凝热回收的恒温恒湿空调系统设计方案,通过巧妙设计将空调系统的冷凝水及冷水机组的冷凝器部分散热进行回收利用。该方案设计不仅降低了空调系统的运行能耗,而且还能满足恒温恒湿空调的小温差、大风量的送风要求,从而使空调房间空气品质满足工艺性空调的要求,同时还能最大程度满足工作人员的舒适性要求。

7.5　绿植协同光催化净化空调系统设计

建筑物是人们生活与工作的场所,据统计,现代人类大约有五分之四的时间是在建筑物中渡过的,因此,室内环境品质成为人们的首要之选,舒适、健康成为选择室内环境的关注点。近年来,由于建筑装饰材料及家具中大量化学成分的使用,使得甲醛、苯、甲苯、二甲苯、氨、氡和 TOVC(总挥发性有机化合物)等污染物进入室内,造成室内污染物含量严重超标。目前大多数空调系统仅仅完成了对空气的热湿处理,而对室内的污染物只能通过稀释后排放至室外,无法满足健康舒适的室内空气品质要求;同时,由于大多数空调系统对节能的要求,导致通过空调设备送入室内的新风量不足;且少量进入室内的新风却由于汽车尾气和工业废气的大量排放遭到污染,从而造成进入室内的新风中含有大量的 NO_x、SO_x 和粉尘等,且目前所使用的空调系统缺乏自净功能。如果采取完全密闭的建筑运行形式,各种类型的房间内二氧化碳和甲醛等则会随着室内空气湿度等因素的变化对儿童身体健康造成影响。所以传统空调系统已无法满足人们对健康生活的需求。本设计方案提供一种绿植协同光催化净化空调系统设计方案,其系统结构简单,设计合理,实现方便,不仅能够满足对室内空气的热湿要求,还能大幅度提高室内空气含氧量,降低室内污染物浓度,满足对室内空气新鲜度和消毒杀菌的需求。

7.5.1　绿植协同光催化净化空调系统设计思路

绿植协同光催化净化空调系统是在传统空调系统热湿处理基础上增加净化、除尘、增氧及消毒等功能,从而使空调系统不仅能够满足空气的热湿要求,还能大幅度提高室内空气的含氧量,降低室内有机污染物浓度,满足室内空气新鲜度和消毒、杀菌的需求。该系统由净化系统和降温除湿系统两大部分组成。其中净化系统是由 TiO_2 光催化系统、绿植生态产氧系统、灯光照明及杀菌系统等组成;降温除湿系统由除湿系统、再生系统及降温系统组成。

本设计方案中,TiO_2 催化材料在紫外灯照射下将来自室内回风及室外新风中的有机污染物,如氮氧化物、硫氧化物、甲醛、苯、甲苯、二甲苯、氨、氡和 TOVC 等,降解为 C_2O 和 H_2O;绿色植物在光照作用下进行光合作用,吸收经 TiO_2 光催化降解所产生的 C_2O 和 H_2O,释放氧气,增加空气的含氧量,同时还可吸附混合空气中的 PM2.5。降温除湿系统对经绿植协同光催化后的空气进行热湿处理,使空气温湿度满足人们的热舒适性要求。该设计方案不仅能使空气在绿植房内实现循环自净化,还可满足对空气进行消毒、杀菌及热湿处理的要求,从而持续创造健康、舒适的室内环境,如图 7.15 所示。

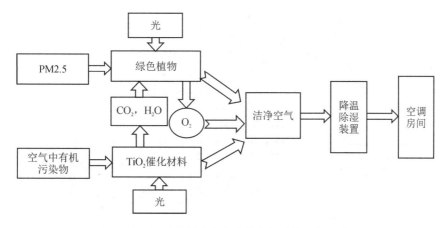

图 7.15　绿植协同光催化净化空调系统设计思路

7.5.2　绿植协同光催化净化空调子系统方案设计

绿植协同光催化净化空调系统的原理是通过将室外新风和室内回风混合后的空气经风机送至绿植房中,绿植房内设有 TiO_2 光催化系统、绿植生态产氧系统、自给式能源供给系统和降温除湿系统。其中,绿植生态产氧系统包括合理密植的吊兰或绿萝盆栽;TiO_2 光催化系统包括紫外线灯和 TiO_2 金属滤网;自给式能源供给系统包括太阳能发电装置和蓄电池;降温除湿系统包括吸附除湿单元、吸附再生单元、降温单元。绿植协同光催化净化空调系统流程图如图 7.16 所示。

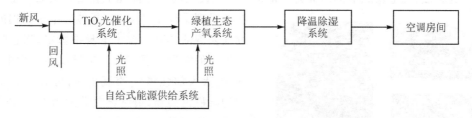

图 7.16　绿植协同光催化净化空调系统流程图

绿植协同光催化净化空调系统结构示意图如图 7.17 所示。其具体工作过程为:来自绿植房外的新风与来自空调房内的回风进行混合,通过新回风管道 11 进入设置在绿植房底部的环形风道 5 内进行稳压、整流。为使各系统处理空气效率达到最优,系统在绿植房中合理地设计气流组织,然后经设置在环形风道上的条缝形风口 6 低速送至 TiO_2 金属滤网 7 处,TiO_2 在紫外线灯的照射下将混合空气中的有机污染物降解为 CO_2 和 H_2O,并对空气进行消毒杀菌,净化消毒后的空气低速进入绿植生态产氧系统中,利用置换通风原理,形成自下而上的活塞气流,在气流上升的过程中与绿植盆栽 2 充分接触,绿植在光照作用下进行光合作用,吸收空气中的 CO_2 和 H_2O,同时释放大量 O_2;与此同时,绿植盆栽 2 还可吸附空气中的 PM2.5 颗粒状污染物,使空气进一步净化,净化后的空气含氧量大大提高,有机污染物含量大幅度减少。最后进入设置在植物房顶部的除湿风道 17 和降温风道 26 中进行降温除湿处理,生成低温低湿、高含氧量的净化空气进入送风管 28 中,在送风机 29 作用下送入空调房内,完成系统循环。

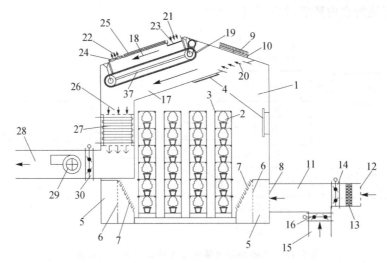

1—绿植房;2—绿植盆栽;3—立体放置架;4—紫外线灯;5—环形风道;6—条缝形送风口;
7—TiO₂ 金属滤网;8—风道进风口;9—太阳能发电装置;10—蓄电池;11—新回风管道;12—新风入口;
13—新风过滤器;14—新风调节阀;15—回风口;16—回风调节阀;17—除湿风道;18—再生风道;19—隔风板;
20—空气入口;21—再生空气入口;22—排风口;23—红外电加热器;24—排风机;25—太阳能辐射热板;
26—降温风道;27—表冷器;28—送风管;29—送风机;30—送风调节阀

图 7.17　绿植协同光催化净化空调系统结构示意图

1. TiO₂ 光催化系统

光催化技术是先进氧化技术中最具代表性的技术之一,TiO₂ 以其化学性质稳定、氧化-还原性强、抗腐蚀、无毒及成本低而成为目前最为广泛使用的半导体光催化剂。其处理空气污染物的机理是根据 TiO₂ 半导体的电子结构的特殊性而实现的,TiO₂ 粒子本身很稳定,当它吸收了紫外光的能量以后,TiO₂ 半导体会产生电子-空穴对,大大加强氧气的氧化性,可有效氧化空气中的有机污染物,最终将其分解为 CO₂ 和 H₂O,从而达到消除有机污染物的目的。本项目所采用的 TiO₂ 降解速率实验台及 TiO₂ 降解作用下的 NO$_x$ 浓度变化曲线如图 7.18、图 7.19 所示。

图 7.18　二氧化钛降解速率实验台

2. 绿植生态产氧系统设计

绿植生态产氧系统是根据植物的光合作用,有效吸收回风及经 TiO₂ 光催化污染物后产生 CO₂ 和 H₂O,并释放氧气,经过处理后的高含氧量空气再进入降温除湿系统。关于绿植的选取,本系统根据多次实验测试,并结合项目实际分析,选用质优价廉、产氧量较高的吊兰与易于养殖的绿萝作为植物房主培植物。

由于植物的光合作用可有效吸收空气中的 CO₂ 并产生 O₂,这样空调系统就可大量采用回风,从而使系统运行更节能。为提高植物的光合作用效率,本方案在设计绿植房时,将其放

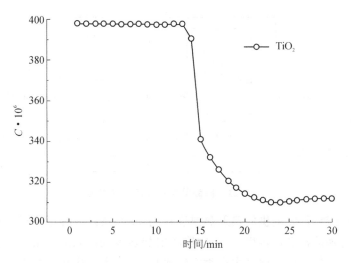

图 7. 19 TiO₂ 降解 NOₓ 浓度的变化曲线

置在阳光充足的建筑物顶部,并采用圆柱形结构设计,这样,一方面可满足其在屋顶受风力等自然作用使结构稳定;另一方面还可满足房内绿植在白天任何时间都能受到均匀的太阳照射。为保证进入绿植房中的空气均匀、低速,本项目还在绿植房底部环形送风道上均匀设置多个条缝形风口;另外,考虑到引进的新风中会含有一定的微小颗粒物,本方案通过对植物的合理密植,利用植物叶片对这些颗粒物的吸附作用来吸附降解空气中的 PM2.5,保证送入室内空气的洁净度。

3. 自给式能源供给系统设计

自给式能源供给系统是利用设置在绿植房顶部的太阳能发电装置为绿植生态产氧系统和 TiO₂ 光催化系统提供自给能源,白天通过太阳能发电装置可将部分太阳能转化为电能,并储存于蓄电池中,夜间或光照不足时,蓄电池释放储存能为绿植房内的紫外灯提供能源供给,保证系统全天候高效运行。自给式能源供给系统主要由太阳能发电装置、整流器、蓄电池、逆变器、紫外灯等组成。其结构如图 7. 20 所示。

图 7. 20 自给式能源供给系统结构图

4. 降温除湿系统设计

降温除湿系统是本装置的重要组成部分,通过它可对净化消毒后的高含氧量空气进行热湿处理,以满足用户的热舒适性需求。本装置是由除湿系统、再生系统、降温系统三部分组成。其工作原理为:除湿吸附区对进入除湿风道中的空气进行吸附除湿,吸湿后的吸附带由电机带动进入到吸附带再生区进行自动再生,经过除湿后的高温低湿空气通过表冷器进行等湿降温,生成低温低湿的空气经送风机和送风管送至空调房间,为人们工作生活提供健康舒适的环境。降温除湿系统工作原理如图 7. 21 所示。

吸附带再生过程为:当除湿吸附带 35 在除湿风道 17 中完全吸附后自动转入再生风道 18 中进行再生,再生所需的室外空气经过太阳能辐射加热板 25 与红外电加热器 23 互补进行加

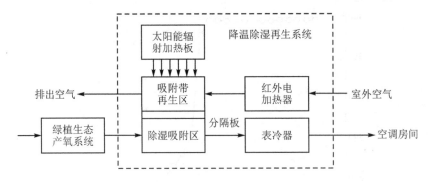

图 7.21　降温除湿系统工作原理图

热,当太阳能辐射加热板 25 提供的辐射热温度达到 60 ℃及以上时,关闭红外电加热器 23,直接采用太阳能辐射加热板进行再生;当太阳能辐射加热板提供温度不足 60 ℃时,则开启红外电加热器进行再生。加热后的空气由再生空气入口 21 进入再生风道内对吸湿后的吸附带进行再生,再生过程中产生的高热高湿空气在排风机 24 作用下经排风口 22 排至绿植房外。如此不断循环,从而保证吸附除湿带高效循环使用。除湿吸附带再生结构原理图如图 7.22 所示。

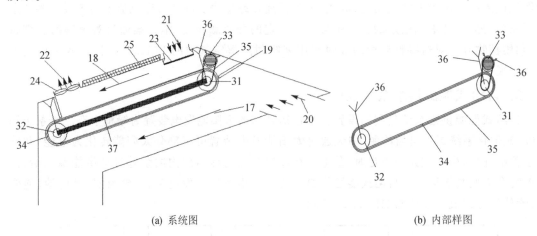

(a) 系统图　　　　　　　　　　　　　　　　(b) 内部样图

18—再生风道;19—隔风板;20—空气入口;21—再生空气入口;22—排风口;23—红外电加热器;24—排风机;
25—太阳能辐射加热板;26—降温风道;27—表冷器;28—送风管;29—送风机;30—送风调节阀;31—主动轮;
32—从动轮;33—电机;34—传动皮带;35—除湿吸附带;36—支架;37—隔热板
图 7.22　除湿吸附带再生结构原理图

7.5.3　绿植协同光催化净化空调系统设计模型

本设计方案充分利用 TiO_2 光催化作用对空调系统新回风中的有机污染物进行降解,并在植物房内合理密植绿色植物对催化产物 CO_2 及 H_2O 进行光合作用,产生大量 O_2,从而提高空调送风中的含氧量,保证空调房间的送风品质。为使 TiO_2 光催化剂及绿色植物能够在充足的光照下进行作用,本设计方案将绿植房置于建筑物屋顶,同时考虑到屋顶易受风力等客观因素影响,将绿植房设计为圆柱形建筑,其整体结构透光性良好,且能够保证阳光 360°全方位照射。另外,为保证该系统全天候运行,本系统还巧妙设计了自给式能源供给系统,通过在绿植房屋顶设置太阳能发电装置,使设置在绿植房内的紫外灯不断获得能源供给,从而为 TiO_2 光催化作用和绿色植物进行光合作用提供持续充足的光照资源。

该设计方案通过多次动态模拟及实物模型实验测试,均得出该空调系统确实能够有效改善空调房间的空气品质,并能够为空调房间持续创造健康、清新、舒适的室内环境。图 7.23 所示为绿植协同光催化净化空调系统三维模拟图,图 7.24 所示为实物模型图。

图 7.23 绿植协同光催化净化空调系统三维模拟图

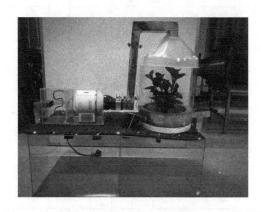

图 7.24 绿植协同光催化净化空调系统实物模型图

综上所述,绿植协同光催化净化空调系统通过将 TiO_2 光催化有机污染物技术与绿植的光合作用巧妙结合,使进入空调房间的空气在有效净化、杀毒的同时获得大量的氧气,从而大幅提高了空调室内空气含氧量,并有效降低了污染物的浓度,为人们工作及生活营造一个清新、舒适的环境。

附　录

附表 1　我国部分城市的室外设计计算参数

| 城市名 | 台站位置 | | 海拔/m | 大气压力/hPa | | 年平均温度/℃ | 室外计算温、湿度 | | | | | | | | |
| | 北纬 | 东经 | | 冬季 | 夏季 | | 冬季 | | | | 夏季 | | | | |
							供暖室外计算温度/℃	通风室外计算温度/℃	空气调节室外计算温度/℃	空气调节室外计算相对湿度/%	空气调节室外计算干球温度/℃	空气调节室外计算湿球温度/℃	通风室外计算温度/℃	通风室外计算相对湿度/%	空气调节室外计算日平均温度/℃
北京	39°48′	116°28′	31.3	1 021.7	1 000.2	12.3	-7.6	-3.6	-9.9	44	33.5	26.4	29.7	61	29.6
天津	39°05′	117°04′	2.5	1 027.1	1 005.2	12.7	-7.0	-3.5	-9.6	56	33.9	26.8	29.8	63	29.4
沈阳	41°44′	123°27′	44.7	1 020.8	1 000.9	8.4	-16.9	-11.0	-20.7	60	31.5	25.3	28.2	65	27.5
海口	20°02′	110°21′	13.9	1 016.4	1 002.8	24.1	12.6	17.7	10.3	86	35.1	28.1	32.2	68	30.5
哈尔滨	45°45′	126°46′	142.3	1 004.2	987.7	4.2	-24.4	-18.4	-27.1	73	30.7	23.9	26.8	62	26.3
上海	31°10′	121°26′	2.6	1 025.4	1 005.4	16.1	-0.3	4.2	-2.2	75	34.4	27.9	31.2	69	30.8
南京	32°00′	118°48′	8.9	1 025.5	1 004.3	15.5	-1.8	2.4	-4.1	76	34.8	28.1	31.2	69	31.2
武汉	30°37′	114°08′	23.1	1 023.5	1 002.1	16.6	-0.3	3.7	-2.6	77	35.2	28.4	32.0	67	32.0
广州	23°10′	113°20′	41.7	1 019.0	1 004.0	22.0	8.0	13.6	5.2	72	34.2	27.8	31.8	68	30.7
成都	30°40′	104°01′	506.1	963.7	948	16.1	2.7	5.6	1.0	83	31.8	26.4	28.5	73	27.9
杭州	30°14′	120°10′	41.7	1 021.1	1 000.9	16.5	0.0	4.3	-2.4	76	35.6	27.9	32.3	64	31.6
重庆	29°31′	106°29′	351.1	980.6	963.8	17.7	4.1	7.2	2.2	83	35.5	26.5	31.7	59	32.3
昆明	25°01′	102°41′	1 892.4	811.9	808.2	14.9	3.6	8.1	0.9	68	26.2	20	23.0	68	22.4

续附表 1

城市名	台站位置			大气压力/hPa		年平均温度/℃	室外计算温、湿度								
	北纬	东经	海拔/m	冬季	夏季		冬季			夏季					
							供暖室外计算温度/℃	通风室外计算温度/℃	空气调节室外计算温度/℃	空气调节室外计算相对湿度/%	空气调节室外计算干球温度/℃	空气调节室外计算湿球温度/℃	通风室外计算温度/℃	通风室外计算相对湿度/%	空气调节室外计算日平均温度/℃
西安	34°18′	108°56′	396.6	978.7	959.2	13.7	−3.4	−0.1	−5.7	66	35.2	26.0	30.6	58	30.7
兰州	36°03′	103°53′	1 517.2	851.5	843.2	9.8	−9.0	−5.3	−11.5	54	31.2	20.1	26.5	45	26.0
乌鲁木齐	43°47′	87°37′	917.9	924.6	911.2	7.0	−19.7	−12.7	−23.7	78	33.5	18.2	27.5	34	28.3
郑州	34°43′	113°39′	110.4	1 013.3	992.3	14.3	−3.8	0.1	−6	61	34.9	27.4	30.9	64	30.2
石家庄	38°02′	114°25′	81	1 017.2	995.8	13.4	−6.2	−2.3	−8.8	55	35.1	26.8	30.8	60	30.0
太原	37°47′	112°33′	778.3	933.5	919.8	10.0	−10.1	−5.5	−12.8	50	31.5	23.8	27.8	58	26.1
贵阳	26°35′	106°43′	1 074.3	897.4	887.8	15.3	−0.3	2.0	−2.5	80	30.1	23	27.1	64	26.5
南宁	22°49′	108°21′	73.1	1 011.0	995.5	21.8	7.6	12.9	5.7	78	34.5	27.9	31.8	68	30.7
长沙	28°12′	113°05′	44.9	1 019.6	999.2	17.0	0.3	4.6	−1.9	83	35.8	27.7	32.9	61	31.6
西宁	36°43′	101°45′	2 295.2	774.4	772.9	6.1	−11.4	−7.4	−13.6	45	26.5	16.6	21.9	48	20.8
拉萨	29°40′	91°08′	3 648.7	650.6	652.9	8.0	−5.2	−1.6	−7.6	28	24.1	13.5	19.2	38	19.2
南昌	28°36′	115°55′	46.7	1 019.5	999.5	17.6	0.7	5.3	−1.5	77	35.5	28.2	32.7	63	32.1
厦门	24°29′	118°04′	139.4	1 006.5	994.5	20.6	8.3	12.5	6.6	79	33.5	27.5	31.3	71	29.7
合肥	31°52′	117°14′	27.9	1 022.3	1001.2	15.8	−1.7	2.6	−4.2	76	35.0	28.1	31.4	69	31.7

附表 2　以北京地区气象条件为依据的外墙瞬时冷负荷计算温度　　　　　℃

时　刻 朝　向	Ⅰ型外墙				Ⅱ型外墙			
	S	W	N	E	S	W	N	E
0:00	34.7	36.6	32.2	37.5	36.1	38.5	33.1	38.5
1:00	34.9	36.9	32.3	37.6	36.2	38.9	33.2	38.4
2:00	35.1	37.2	32.4	37.7	36.2	39.1	33.2	38.2
3:00	35.2	37.4	32.5	37.7	36.1	39.2	33.2	38.0
4:00	35.3	37.6	32.6	37.7	35.9	39.1	33.1	37.6
5:00	35.3	37.8	32.6	37.6	35.6	38.9	33.0	37.3
6:00	35.3	37.9	32.7	37.5	35.3	38.6	32.8	36.9
7:00	35.3	37.9	32.6	37.4	35.0	38.2	32.6	36.4
8:00	35.2	37.9	32.6	37.3	34.6	37.8	32.3	36.0
9:00	35.1	37.8	32.5	37.1	34.2	37.3	32.1	35.5
10:00	34.9	37.7	32.5	36.8	33.9	36.8	31.8	35.2
11:00	34.8	37.5	32.4	36.6	33.5	36.3	31.6	35.0
12:00	34.6	37.3	32.2	36.4	33.2	35.9	31.4	35.0
13:00	34.4	37.1	32.1	36.2	32.9	35.5	31.3	35.2
14:00	34.2	36.9	32.0	36.1	32.8	35.2	31.2	35.6
15:00	34.0	36.6	31.9	36.1	32.9	34.9	31.2	36.1
16:00	33.9	36.4	31.8	36.2	33.1	34.8	31.3	36.6
17:00	33.8	36.2	31.8	36.3	33.4	34.8	31.4	37.1
18:00	33.8	36.1	31.8	36.4	33.9	34.9	31.6	37.5
19:00	33.9	36.0	31.8	36.6	34.4	35.3	31.8	37.9
20:00	34.0	35.9	31.8	36.8	34.9	35.8	32.1	38.2
21:00	34.1	36.0	31.9	37.0	35.3	36.5	32.4	38.4
22:00	34.3	36.1	32.0	37.2	35.7	37.3	32.6	38.5
23:00	34.5	36.3	32.1	37.3	36.0	38.0	32.9	38.6
最大值	35.3	37.9	32.7	37.7	36.2	39.2	33.2	38.6
最小值	33.8	35.9	31.8	36.1	32.8	34.8	31.2	35.0

附表 3　以北京地区气象条件为依据的屋面瞬时冷负荷计算温度　　　℃

时　刻 ＼ 屋面类型	Ⅰ型	Ⅱ型	Ⅲ型	Ⅳ型	Ⅴ型	Ⅵ型
0:00	43.7	47.2	47.7	46.1	41.6	38.1
1:00	44.3	46.4	46.0	43.7	39.0	35.5
2:00	44.8	45.4	44.2	41.4	36.7	33.2
3:00	45.0	44.3	42.4	39.3	34.6	31.4
4:00	45.0	43.1	40.6	37.3	32.8	29.8
5:00	44.9	41.8	38.8	35.5	31.2	28.4
6:00	44.5	40.6	37.1	33.9	29.8	27.2
7:00	44.0	39.3	35.5	32.4	28.7	26.5
8:00	43.4	38.1	34.1	31.2	28.4	26.3
9:00	42.7	37.0	33.1	30.7	29.2	28.6
10:00	41.9	36.1	32.7	31.0	31.4	32.0
11:00	41.1	35.6	33.0	32.3	34.7	36.7
12:00	40.2	35.6	34.0	34.5	38.9	42.2
13:00	39.5	36.0	35.8	37.5	43.4	47.8
14:00	38.9	37.0	38.1	41.0	47.9	52.9
15:00	38.5	38.4	40.7	44.6	51.9	57.1
16:00	38.3	40.1	43.5	47.9	54.9	59.8
17:00	38.4	41.9	46.1	50.7	56.8	60.9
18:00	38.8	43.7	48.3	52.7	57.2	60.2
19:00	39.4	45.4	49.9	53.7	56.3	57.8
20:00	40.2	46.7	50.8	53.6	54.0	54.0
21:00	41.1	47.5	50.9	52.5	51.0	49.5
22:00	42.0	47.8	50.3	50.7	47.7	45.1
23:00	42.9	47.7	49.2	48.4	44.5	41.3
最大值	45.0	47.8	50.9	53.7	57.2	60.9
最小值	38.3	35.6	32.7	30.7	28.4	26.5

附表 4　以北京地区气象条件为依据的玻璃窗瞬时冷负荷计算温度

时　刻	0:00	1:00	2:00	3:00	4:00	5:00	6:00	7:00	8:00	9:00	10:00	11:00
$t_{L,\tau}$/℃	27.2	26.7	26.2	25.8	25.5	25.3	25.4	26.0	26.9	27.9	29.0	29.9
时　刻	12:00	13:00	14:00	15:00	16:00	17:00	18:00	19:00	20:00	21:00	22:00	23:00
$t_{L,\tau}$/℃	30.8	31.5	31.9	32.2	32.2	32.0	31.6	30.8	29.9	29.1	28.4	27.8

附表 5　外墙的构造类型

外墙构造	壁厚 δ/mm	导热热阻/ $[(m^2 \cdot K) \cdot W^{-1}]$	传热系数/ $[W \cdot (m^2 \cdot K)^{-1}]$	单位面积质量/ $(kg \cdot m^{-2})$	热容量/ $[kJ \cdot (m^2 \cdot K)^{-1}]$	类型
1—砖墙； 2—白灰粉刷	240	0.32	2.05	464	406	III
	370	0.48	1.55	698	612	II
	490	1.63	1.26	914	804	I
1—水泥砂浆； 2—砖墙； 3—白灰粉刷	240	0.34	1.97	500	436	III
	370	0.50	1.50	734	645	II
	490	0.65	1.22	950	834	I
1—砖墙； 2—泡沫混凝土； 3—木丝板； 4—白灰粉刷	240	0.95	0.90	534	478	II
	370	1.11	0.78	768	683	I
	490	1.26	0.70	984	876	0
1—水泥砂浆； 2—砖墙； 3—木丝板	240	0.47	1.57	478	432	III
	370	0.63	1.26	712	608	II

附表 6　屋顶的构造类型

屋顶构造	壁厚 δ/mm	保温层 材料	厚度/mm	导热热阻 / [(m²·K)·W⁻¹]	传热系数 / [W·(m²·K)⁻¹]	单位面积质量 / (kg·m⁻¹)	热容量 / [kJ·(m²·K)⁻¹]	类型
		水泥膨胀珍珠岩	25	0.77	1.07	292	247	IV
			50	0.98	0.87	301	251	IV
			75	1.20	0.73	310	260	III
			100	1.41	0.64	318	264	III
			125	1.63	0.56	327	272	III
			150	1.84	0.50	336	277	III
			175	2.06	0.45	345	281	II
			200	2.27	0.41	353	289	II
	35	沥青膨胀珍珠岩	25	0.82	1.01	292	247	IV
			50	1.09	0.79	301	251	IV
			75	1.36	0.65	310	260	III
			100	1.63	0.56	318	264	III
			125	1.89	0.49	327	272	III
			150	2.17	0.43	336	277	II
			175	2.43	0.38	345	281	II
			200	2.70	0.35	353	289	II
		加气混凝土 泡沫混凝土	25	0.67	1.20	298	256	IV
			50	0.79	1.05	313	268	IV
			75	0.90	0.93	328	281	III
			100	1.02	0.84	343	293	III
			125	1.14	0.76	358	306	III
			150	1.26	0.70	373	318	III
			175	1.38	0.64	388	331	III
			200	1.50	0.59	403	344	II

1—预制细石混凝土板 25 mm，表面喷白色水泥浆；
2—通风层≥200 mm；
3—卷材防水层；
4—水泥砂浆找平层 20 mm；
5—保温层；
6—隔气层；
7—现浇钢筋混凝土板；
8—内粉刷

续附表 6

屋顶构造（图示）

1—预制细石混凝土板 25 mm，表面喷白色水泥浆；
2—通风层≥200 mm；
3—卷材防水层；
4—水泥砂浆找平层 20 mm；
5—保温层；
6—隔气层；
7—现浇钢筋混凝土板；
8—内粉刷

壁厚 δ/mm	材料	厚度/mm	导热热阻/[(m²·K)·W⁻¹]	传热系数/[W·(m²·K)⁻¹]	单位面积质量/(kg·m⁻¹)	热容量/[kJ·(m²·K)⁻¹]	类型
70	水泥膨胀珍珠岩	25	0.78	1.05	376	318	Ⅲ
		50	1.00	0.86	385	323	Ⅲ
		75	1.21	0.72	394	331	Ⅲ
		100	1.43	0.63	402	335	Ⅱ
		125	1.64	0.55	411	339	Ⅱ
		150	1.86	0.49	420	348	Ⅱ
		175	2.07	0.44	429	352	Ⅱ
		200	2.29	0.41	437	360	Ⅰ
	沥青膨胀珍珠岩	25	0.83	1.00	376	318	Ⅲ
		50	1.11	0.78	385	323	Ⅲ
		75	1.38	0.65	394	331	Ⅲ
		100	1.64	0.55	402	335	Ⅱ
		125	1.91	0.48	411	339	Ⅱ
		150	2.18	0.43	420	348	Ⅱ
		175	2.45	0.38	429	352	Ⅱ
		200	2.72	0.35	437	360	Ⅰ
	加气泡沫混凝土泡沫混凝土土	25	0.69	1.16	382	323	Ⅲ
		50	0.81	1.02	397	335	Ⅲ
		75	0.93	0.91	412	348	Ⅲ
		100	1.05	0.83	427	360	Ⅱ
		125	1.17	0.74	442	373	Ⅱ
		150	1.29	0.69	457	385	Ⅰ
		175	1.41	0.64	472	398	Ⅰ
		200	1.53	0.59	487	411	Ⅰ

附表 7　Ⅰ～Ⅳ型构造的地点温度修正值

℃

编　号	城　市	S	SW	W	NW	N	NE	E	SE	水平
1	北京	0.0	0.0	0.0	0.0	0.0	0.0	0.0	0.0	0.0
2	天津	−0.4	−0.3	−0.1	−0.1	−0.2	−0.3	−0.1	−0.3	−0.5
3	石家庄	0.5	0.6	0.8	1.0	1.0	0.9	0.8	0.6	0.4
4	太原	−3.3	−3.0	−2.7	−2.7	−2.8	−2.8	−2.7	−3.0	−2.8
5	呼和浩特	−4.3	−4.3	−4.4	−4.5	−4.6	−4.7	−4.4	−4.3	−4.2
6	沈阳	−1.4	−1.7	−1.9	−1.9	−1.6	−2.0	−1.9	−1.7	−2.7
7	长春	−2.3	−2.7	−3.1	−3.3	−3.1	−3.4	−3.1	−2.7	−3.6
8	哈尔滨	−2.2	−2.8	−3.4	−3.7	−3.4	−3.8	−3.4	−2.8	−4.1
9	上海	−0.8	−0.2	0.5	1.2	1.2	1.0	0.5	−0.2	0.1
10	南京	1.0	1.5	2.1	2.7	2.7	2.5	2.1	1.5	2.0
11	杭州	1.0	1.4	2.1	2.9	3.1	2.7	2.1	1.4	1.5
12	合肥	1.0	1.7	2.5	3.0	2.8	2.8	2.4	1.7	2.7
13	福州	−0.8	0.0	1.1	2.1	2.2	1.9	1.1	0.0	0.7
14	南昌	0.4	1.3	2.4	3.2	3.0	3.1	2.4	1.3	2.4
15	济南	1.6	1.9	2.2	2.4	2.3	2.3	2.2	1.9	2.2
16	郑州	0.8	0.9	1.3	1.8	2.1	1.6	1.3	0.9	0.7
17	武汉	0.4	1.0	1.7	2.4	2.2	2.3	1.7	1.0	1.3
18	长沙	0.5	1.3	2.4	3.2	3.1	3.0	2.4	1.3	2.2
19	广州	−1.9	−1.2	0.0	1.3	1.7	1.2	0.0	−1.2	−0.5
20	南宁	−1.7	−1.0	0.2	1.5	1.9	1.3	0.2	−1.0	−0.3
21	成都	−3.0	−2.6	−2.0	−1.1	−0.9	−1.3	−2.0	−2.6	−2.5
22	贵阳	−4.9	−4.3	−3.4	−2.3	−2.0	−2.5	−3.5	−4.3	−3.5
23	昆明	−8.5	−7.8	−6.7	−5.5	−5.2	−5.7	−6.7	−7.8	−7.2
24	拉萨	−13.5	−11.8	−10.2	−10.0	−11.0	−10.1	−10.2	−11.8	−8.9
25	西安	0.5	0.5	0.9	1.5	1.8	1.4	0.9	0.5	0.4
26	兰州	−4.8	−4.4	−4.0	−3.8	−3.9	−4.0	−4.0	−4.4	−4.0
27	西宁	−9.6	−8.9	−8.4	−8.5	−8.9	−8.6	−8.4	−8.9	−7.9
28	银川	−3.8	−3.5	−3.2	−3.3	−3.6	−3.4	−3.2	−3.5	−2.4
29	乌鲁木齐	0.7	0.5	0.2	−0.3	−0.4	−0.4	0.2	0.5	0.1
30	台北	−1.2	−0.7	0.2	2.6	1.9	1.3	0.2	−0.7	−0.2
31	二连	−1.3	−1.9	−2.2	−2.7	−3.0	−2.8	−2.2	−1.9	−2.3
32	汕头	−1.9	−0.9	0.5	1.7	1.8	1.5	0.5	−0.9	0.4
33	海口	−1.5	−0.6	1.0	2.4	2.9	2.3	1.0	−0.6	1.0

编号	城市	S	SW	W	NW	N	NE	E	SE	水平
34	桂林	−1.9	−1.1	0.0	1.1	1.3	0.9	0.0	−1.1	−0.2
35	重庆	0.4	1.1	2.0	2.7	2.8	2.6	2.0	1.1	1.7
36	敦煌	−1.7	−1.3	−1.1	−1.5	−2.0	−1.6	−1.1	−1.3	−0.7
37	格尔木	−9.6	−8.8	−8.2	−8.3	−8.8	−8.3	−8.2	−8.8	−7.6
38	和田	−1.6	−1.6	−1.4	−1.1	−0.8	−1.2	−1.4	−1.6	−1.5
39	喀什	−1.2	−1.0	−0.9	−1.0	−1.2	−1.9	−0.9	−1.0	−0.7
40	库车	0.2	0.3	0.2	−0.1	−0.3	−0.2	0.2	0.3	0.3

附表 8　单层玻璃窗的传热系数 K 值

W/(m² · K)

α_w ＼ α_n	5.8	6.4	7.0	7.6	8.1	8.7	9.3	9.9	10.5	11
11.6	3.87	4.13	4.36	4.58	4.79	4.99	5.16	5.34	5.51	5.66
12.8	4.00	4.27	4.51	4.76	4.98	5.19	5.38	5.57	5.76	5.93
14.0	4.11	4.38	4.65	4.91	5.14	5.37	5.58	5.79	5.81	6.16
15.1	4.20	4.49	4.78	5.04	5.29	5.54	5.76	5.98	6.19	6.38
16.3	4.28	4.60	4.88	5.16	5.43	5.68	5.92	6.15	6.37	6.53
17.5	4.37	4.68	4.99	5.27	5.55	5.82	6.07	6.32	6.55	6.77
18.6	4.43	4.76	5.07	5.61	5.66	5.94	6.20	6.45	6.70	6.93
19.8	4.49	4.84	5.15	5.47	5.77	6.05	6.33	6.59	6.34	7.08
20.9	4.55	4.90	5.23	5.59	5.86	6.15	6.44	6.71	6.98	7.23
22.1	4.61	4.97	5.30	5.63	5.95	6.26	6.55	6.83	7.11	7.36
23.3	4.65	5.01	5.37	5.71	6.04	6.34	6.64	6.93	7.22	7.49
24.4	4.70	5.07	5.43	5.77	6.11	6.43	6.73	7.04	7.33	7.61
25.6	4.73	5.12	5.48	5.84	6.18	6.50	6.83	7.13	7.43	7.69
26.7	4.78	5.16	5.54	5.90	6.25	6.58	6.91	7.22	7.52	7.82
27.9	4.81	5.20	5.58	5.94	6.30	6.64	6.98	7.30	7.62	7.92
29.1	4.85	5.25	5.63	6.00	6.36	6.71	7.05	7.37	7.70	8.00

附表 9　双层玻璃窗的传热系数 K 值　　　　　　　　　W/(m² · K)

α_w ＼ α_n	5.8	6.4	7.0	7.6	8.1	8.7	9.3	9.9	10.5	11
11.6	2.37	2.47	2.55	2.62	2.69	2.74	2.80	2.85	2.90	2.73
12.8	2.42	2.51	2.59	2.67	2.74	2.80	2.86	2.92	2.97	3.01
14.0	2.45	2.56	2.64	2.72	2.79	2.86	2.92	2.98	3.02	3.07
15.1	2.49	2.59	2.69	2.77	2.84	2.91	2.97	3.02	3.08	3.13
16.3	2.52	2.63	2.72	2.80	2.87	2.94	3.01	3.07	3.12	3.17
17.5	2.55	2.65	2.74	2.84	2.91	2.98	3.05	3.11	3.16	3.21
18.6	2.57	2.67	2.78	2.86	2.94	3.01	3.08	3.14	3.20	3.25
19.8	2.59	2.70	2.80	2.88	2.97	3.05	3.12	3.17	3.23	3.28
20.9	2.61	2.72	2.83	2.91	2.99	3.07	3.14	3.20	3.26	3.31
22.1	2.63	2.74	2.84	2.93	3.01	3.09	3.16	3.23	3.29	3.34
23.3	2.64	2.76	2.86	2.95	3.04	3.12	3.19	3.25	3.31	3.37
24.4	2.06	2.77	2.87	2.97	3.06	3.14	3.21	3.27	3.34	3.40
25.6	2.67	2.79	2.90	2.99	3.07	3.15	3.20	3.29	3.36	3.41
26.7	2.69	2.80	2.91	3.00	3.09	3.17	3.24	3.31	3.37	3.43
27.9	2.70	2.81	2.92	3.01	3.11	3.19	3.25	3.33	3.40	3.45
29.1	2.71	2.83	2.93	3.04	3.12	3.20	3.28	3.35	3.41	3.47

附表 10　玻璃窗的地点修正值

编 号	城 市	t_d/℃	编 号	城 市	t_d/℃
1	北京	0	21	成都	−1
2	天津	0	22	贵阳	−3
3	石家庄	1	23	昆明	−6
4	太原	−2	24	拉萨	−11
5	呼和浩特	−4	25	西安	2
6	沈阳	−1	26	兰州	−3
7	长春	−3	27	西宁	−8
8	哈尔滨	−3	28	银川	−3
9	上海	1	29	乌鲁木齐	1
10	南京	3	30	台北	1
11	杭州	3	31	二连	−2
12	合肥	3	32	汕头	1
13	福州	2	33	海口	1
14	南昌	3	34	桂林	1
15	济南	3	35	重庆	3
16	郑州	2	36	敦煌	−1
17	武汉	3	37	格尔木	−9
18	长沙	3	38	和田	−1
19	广州	1	39	喀什	0
20	南宁	1	40	库车	0

附表 11　北区(北纬 27°30′以北)无内遮阳窗玻璃冷负荷系数

时刻\朝向	0:00	1:00	2:00	3:00	4:00	5:00	6:00	7:00	8:00	9:00	10:00	11:00	12:00	13:00	14:00	15:00	16:00	17:00	18:00	19:00	20:00	21:00	22:00	23:00
S	0.16	0.15	0.14	0.13	0.12	0.11	0.13	0.17	0.21	0.28	0.39	0.49	0.54	0.65	0.60	0.42	0.36	0.32	0.27	0.23	0.21	0.20	0.18	0.17
SE	0.14	0.13	0.12	0.11	0.10	0.09	0.22	0.34	0.45	0.51	0.62	0.58	0.41	0.34	0.32	0.31	0.28	0.26	0.22	0.19	0.18	0.17	0.16	0.15
E	0.12	0.11	0.10	0.09	0.09	0.08	0.29	0.41	0.49	0.60	0.56	0.37	0.29	0.29	0.28	0.26	0.24	0.22	0.19	0.17	0.16	0.15	0.14	0.13
NE	0.12	0.11	0.10	0.09	0.09	0.08	0.35	0.45	0.53	0.54	0.38	0.30	0.30	0.30	0.29	0.27	0.26	0.23	0.20	0.17	0.16	0.15	0.14	0.13
N	0.26	0.24	0.23	0.21	0.19	0.18	0.44	0.42	0.43	0.49	0.56	0.61	0.64	0.66	0.66	0.63	0.59	0.64	0.64	0.38	0.35	0.32	0.30	0.28
NW	0.17	0.15	0.14	0.13	0.12	0.12	0.13	0.15	0.17	0.18	0.20	0.21	0.22	0.22	0.28	0.39	0.50	0.56	0.59	0.31	0.22	0.21	0.19	0.18
W	0.17	0.16	0.15	0.14	0.13	0.12	0.12	0.14	0.15	0.16	0.17	0.17	0.18	0.25	0.37	0.47	0.52	0.62	0.55	0.24	0.23	0.21	0.20	0.18
SW	0.18	0.16	0.15	0.14	0.13	0.12	0.13	0.15	0.17	0.18	0.20	0.21	0.29	0.40	0.49	0.54	0.64	0.59	0.39	0.25	0.24	0.22	0.20	0.19
水平	0.20	0.18	0.17	0.16	0.15	0.14	0.16	0.22	0.31	0.39	0.47	0.53	0.57	0.69	0.68	0.55	0.49	0.41	0.33	0.28	0.26	0.25	0.23	0.21

附表 12　北区(北纬 27°30′以北)有内遮阳窗玻璃冷负荷系数

时刻\朝向	0:00	1:00	2:00	3:00	4:00	5:00	6:00	7:00	8:00	9:00	10:00	11:00	12:00	13:00	14:00	15:00	16:00	17:00	18:00	19:00	20:00	21:00	22:00	23:00
S	0.07	0.07	0.06	0.06	0.06	0.05	0.11	0.18	0.26	0.40	0.58	0.72	0.84	0.80	0.62	0.45	0.32	0.24	0.16	0.10	0.09	0.09	0.08	0.08
SE	0.06	0.06	0.06	0.05	0.05	0.05	0.30	0.54	0.71	0.83	0.80	0.62	0.43	0.30	0.28	0.25	0.22	0.17	0.13	0.09	0.08	0.08	0.07	0.07
E	0.06	0.05	0.05	0.05	0.04	0.04	0.47	0.68	0.82	0.79	0.59	0.38	024	0.24	0.23	0.21	0.18	0.15	0.11	0.08	0.07	0.07	0.06	0.07
NE	0.06	0.05	0.05	0.05	0.04	0.04	0.54	0.79	0.79	0.60	0.38	0.29	0.29	0.29	0.27	0.25	0.21	0.16	0.12	0.08	0.07	0.07	0.06	0.06
N	0.12	0.11	0.11	0.10	0.09	0.09	0.59	0.54	0.54	0.65	0.75	0.81	0.83	0.83	0.79	0.71	0.60	0.61	0.68	0.17	0.16	0.15	0.14	0.13
NW	0.08	0.07	0.07	0.06	0.06	0.06	0.09	0.13	0.17	0.21	0.23	0.25	0.26	0.26	0.35	0.57	0.76	0.83	0.67	0.13	0.10	0.09	0.09	0.08
W	0.08	0.07	0.07	0.07	0.06	0.06	0.08	0.11	0.14	0.17	0.18	0.19	0.20	0.34	0.56	0.72	0.83	0.77	0.53	0.11	0.10	0.09	0.09	0.08
SW	0.08	0.08	0.07	0.07	0.06	0.06	0.09	0.13	0.17	0.20	0.23	0.28	0.38	0.58	0.73	0.63	0.79	0.59	0.37	0.13	0.10	0.10	0.09	0.09
水平	0.09	0.09	0.08	0.08	0.07	0.07	0.13	0.26	0.42	0.57	0.69	0.77	0.85	0.84	0.73	0.84	0.49	0.33	0.19	0.13	0.12	0.11	0.10	0.09

附表 13 南区（北纬 27°30′以南）无内遮阳窗玻璃冷负荷系数

时刻 朝向	0:00	1:00	2:00	3:00	4:00	5:00	6:00	7:00	8:00	9:00	10:00	11:00	12:00	13:00	14:00	15:00	16:00	17:00	18:00	19:00	20:00	21:00	22:00	23:00
S	0.21	0.19	0.18	0.17	0.16	0.14	0.17	0.25	0.33	0.42	0.48	0.54	0.59	0.70	0.70	0.57	0.52	0.44	0.35	0.30	0.28	0.26	0.24	0.22
SE	0.14	0.13	0.12	0.11	0.11	0.10	0.20	0.36	0.47	0.52	0.61	0.54	0.39	0.37	0.36	0.35	0.32	0.28	0.23	0.20	0.19	0.18	0.16	0.15
E	0.12	0.11	0.10	0.09	0.09	0.08	0.24	0.39	0.48	0.61	0.57	0.38	0.31	0.30	0.29	0.28	0.27	0.23	0.21	0.18	0.17	0.15	0.14	0.13
NE	0.12	0.12	0.11	0.10	0.09	0.09	0.26	0.41	0.49	0.59	0.54	0.36	0.32	0.32	0.31	0.29	0.27	0.24	0.20	0.18	0.17	0.16	0.14	0.13
N	0.28	0.25	0.24	0.22	0.21	0.19	0.38	0.49	0.52	0.55	0.59	0.63	0.66	0.68	0.68	0.68	0.69	0.69	0.60	0.40	0.37	0.35	0.32	0.30
NW	0.17	0.16	0.15	0.14	0.13	0.12	0.12	0.15	0.17	0.19	0.20	0.21	0.22	0.27	0.38	0.48	0.54	0.63	0.52	0.25	0.23	0.21	0.20	0.18
W	0.17	0.16	0.15	0.14	0.13	0.12	0.12	0.14	0.16	0.19	0.18	0.19	0.20	0.28	0.40	0.50	0.54	0.61	0.50	0.24	0.23	0.21	0.20	0.18
SW	0.18	0.17	0.15	0.14	0.13	0.12	0.13	0.16	0.19	0.23	0.25	0.27	0.29	0.37	0.48	0.55	0.67	0.60	0.38	0.26	0.24	0.22	0.21	0.19
水平	0.19	0.17	0.16	0.15	0.14	0.13	0.14	0.19	0.28	0.37	0.45	0.52	0.56	0.68	0.67	0.53	0.46	0.38	0.30	0.27	0.25	0.23	0.22	0.20

附表 14 南区（北纬 27°30′以南）有内遮阳窗玻璃冷负荷系数

时刻 朝向	0:00	1:00	2:00	3:00	4:00	5:00	6:00	7:00	8:00	9:00	10:00	11:00	12:00	13:00	14:00	15:00	16:00	17:00	18:00	19:00	20:00	21:00	22:00	23:00
S	0.10	0.09	0.09	0.08	0.08	0.07	0.14	0.31	0.47	0.60	0.69	0.77	0.87	0.84	0.74	0.66	0.54	0.38	0.20	0.13	0.12	0.12	0.11	0.10
SE	0.07	0.06	0.06	0.05	0.05	0.05	0.27	0.55	0.74	0.83	0.75	0.52	0.40	0.39	0.36	0.33	0.27	0.20	0.13	0.09	0.09	0.08	0.08	0.07
E	0.06	0.05	0.05	0.05	0.04	0.04	0.36	0.63	0.81	0.81	0.63	0.41	0.27	0.27	0.25	0.23	0.20	0.15	0.10	0.08	0.07	0.07	0.07	0.06
NE	0.06	0.06	0.05	0.05	0.05	0.04	0.40	0.67	0.82	0.76	0.56	0.38	0.31	0.30	0.28	0.25	0.21	0.17	0.11	0.08	0.08	0.07	0.07	0.06
N	0.13	0.12	0.12	011	0.10	0.10	0.47	0.67	0.70	0.72	0.77	0.82	0.85	0.84	0.81	0.78	0.77	0.75	0.56	0.18	0.17	0.16	0.15	0.14
NW	0.08	0.07	0.07	0.06	0.06	0.06	0.08	0.13	0.17	0.21	0.24	0.26	0.27	0.34	0.54	0.71	0.84	0.77	0.46	0.11	0.10	0.09	0.09	0.08
W	0.08	0.07	0.07	0.06	0.06	0.06	0.07	0.12	0.16	0.19	0.21	0.22	0.23	0.37	0.60	0.75	0.84	0.73	0.42	0.10	0.10	0.09	0.09	0.08
SW	0.08	0.08	0.07	0.06	0.06	0.06	0.09	0.16	0.22	0.28	0.32	0.35	0.36	0.50	0.69	0.84	0.83	0.61	0.34	0.11	0.10	0.10	0.09	0.09
水平	0.09	0.08	0.07	0.07	0.07	0.06	0.09	0.21	0.38	0.54	0.67	0.76	0.85	0.83	0.72	0.61	0.45	0.28	0.16	0.12	0.11	0.10	0.10	0.09

附表 15　照明散热冷负荷系数

灯具类型	空调设备运行时间/h	开灯时间/h	0	1	2	3	4	5	6	7	8	9	10	11	12	13	14	15	16	17	18	19	20	21	22	23
明装荧光灯	24	13	0.37	0.67	0.71	0.74	0.76	0.79	0.81	0.83	0.84	0.86	0.87	0.89	0.90	0.92	0.29	0.26	0.23	0.20	0.19	0.17	0.15	0.14	0.12	0.11
明装荧光灯	24	10	0.37	0.67	0.71	0.74	0.76	0.79	0.81	0.83	0.84	0.86	0.87	0.29	0.26	0.23	0.20	0.19	0.17	0.15	0.14	0.12	0.12	0.10	0.09	0.08
明装荧光灯	24	8	0.37	0.67	0.71	0.74	0.76	0.79	0.81	0.83	0.84	0.29	0.26	0.23	0.20	0.19	0.17	0.15	0.14	0.12	0.11	0.10	0.10	0.08	0.07	0.06
明装荧光灯	16	13	0.60	0.87	0.90	0.91	0.91	0.93	0.93	0.94	0.94	0.95	0.95	0.96	0.96	0.97	0.29	0.26								
明装荧光灯	16	10	0.60	0.82	0.83	0.84	0.84	0.84	0.85	0.85	0.86	0.88	0.90	0.32	0.28	0.25	0.23	0.19								
明装荧光灯	16	8	0.51	0.79	0.82	0.84	0.85	0.87	0.88	0.89	0.90	0.29	0.26	0.23	0.20	0.19	0.17	0.15								
明装荧光灯	12	10	0.63	0.90	0.91	0.93	0.93	0.94	0.95	0.95	0.95	0.96	0.96	0.37												
暗装荧光灯或明装白炽灯	24	10	0.34	0.55	0.61	0.65	0.68	0.71	0.74	0.77	0.79	0.81	0.83	0.39	0.35	0.31	0.28	0.25	0.23	0.20	0.18	0.16	0.15	0.14	0.12	0.11
暗装荧光灯或明装白炽灯	16	10	0.58	0.75	0.79	0.80	0.80	0.81	0.82	0.83	0.84	0.86	0.87	0.39	0.35	0.31	0.28	0.25								
暗装荧光灯或明装白炽灯	12	10	0.69	0.86	0.89	0.90	0.91	0.91	0.92	0.93	0.94	0.95	0.95	0.50												

开灯后的时间/h

附表 16 有罩设备和用具显热散热冷负荷系数

连续使用时间/h	开始使用后的时间/h																							
	1	2	3	4	5	6	7	8	9	10	11	12	13	14	15	16	17	18	19	20	21	22	23	24
2	0.27	0.40	0.25	0.18	0.14	0.11	0.09	0.08	0.07	0.06	0.05	0.04	0.04	0.03	0.03	0.30	0.02	0.02	0.02	0.02	0.01	0.01	0.01	0.01
4	0.28	0.41	0.51	0.59	0.39	0.30	0.24	0.19	0.16	0.14	0.12	0.10	0.09	0.08	0.07	0.06	0.05	0.05	0.04	0.04	0.03	0.03	0.02	0.02
6	0.29	0.42	0.52	0.59	0.65	0.70	0.48	0.37	0.30	0.25	0.21	0.18	0.16	0.14	0.12	0.11	0.09	0.08	0.07	0.06	0.05	0.05	0.04	0.04
8	0.31	0.44	0.54	0.61	0.66	0.71	0.75	0.78	0.55	0.43	0.35	0.30	0.25	0.22	0.19	0.16	0.14	0.13	0.11	0.10	0.08	0.07	0.06	0.06
10	0.33	0.46	0.55	0.62	0.68	0.72	0.76	0.79	0.81	0.84	0.60	0.48	0.39	0.33	0.28	0.24	0.21	0.18	0.16	0.14	0.12	0.11	0.09	0.08
12	0.36	0.49	0.58	0.64	0.69	0.74	0.77	0.80	0.82	0.85	0.87	0.88	0.64	0.51	0.42	0.36	0.31	0.26	0.23	0.20	0.18	0.15	0.13	0.12
14	0.40	0.52	0.61	0.67	0.72	0.76	0.79	0.82	0.84	0.86	0.88	0.89	0.91	0.92	0.67	0.54	0.45	0.38	0.32	0.28	0.24	0.21	0.19	0.16
16	0.45	0.57	0.65	0.70	0.75	0.78	0.81	0.84	0.86	0.87	0.89	0.90	0.92	0.93	0.94	0.94	0.69	0.56	0.46	0.39	0.34	0.29	0.25	0.22
18	0.52	0.63	0.70	0.75	0.79	0.82	0.84	0.86	0.88	0.89	0.91	0.92	0.93	0.94	0.95	0.95	0.96	0.96	0.71	0.58	0.48	0.41	0.35	0.30

附表 17 无罩设备和用具显热散热冷负荷系数

连续使用时间/h	开始使用后的时间/h																							
	1	2	3	4	5	6	7	8	9	10	11	12	13	14	15	16	17	18	19	20	21	22	23	24
2	0.56	0.64	0.15	0.11	0.08	0.07	0.06	0.05	0.04	0.04	0.03	0.03	0.02	0.02	0.02	0.02	0.01	0.01	0.01	0.01	0.01	0.01	0.01	0.01
4	0.57	0.65	0.71	0.75	0.23	0.18	0.14	0.12	0.10	0.08	0.07	0.06	0.05	0.05	0.04	0.04	0.03	0.03	0.02	0.02	0.02	0.02	0.01	0.01
6	0.57	0.65	0.71	0.76	0.79	0.82	0.29	0.22	0.18	0.15	0.13	0.11	0.10	0.08	0.07	0.06	0.06	0.05	0.04	0.04	0.03	0.03	0.03	0.02
8	0.58	0.66	0.72	0.76	0.80	0.82	0.85	0.87	0.33	0.26	0.21	0.18	0.15	0.013	0.11	0.10	0.09	0.08	0.07	0.06	0.05	0.04	0.04	0.03
10	0.60	0.68	0.73	0.77	0.81	0.83	0.85	0.89	0.89	0.90	0.36	0.29	0.24	0.20	0.17	0.15	0.13	0.11	0.10	0.08	0.07	0.07	0.06	0.05
12	0.62	0.69	0.75	0.79	0.82	0.84	0.86	0.88	0.90	0.91	0.92	0.93	0.38	0.31	0.25	0.21	0.18	0.16	0.14	0.12	0.11	0.09	0.08	0.07
14	0.64	0.71	0.76	0.80	0.83	0.85	0.87	0.89	0.90	0.92	0.93	0.94	0.94	0.95	0.40	0.32	0.27	0.23	0.19	0.17	0.15	0.13	0.11	0.10
16	0.67	0.74	0.79	0.82	0.85	0.87	0.89	0.90	0.91	0.92	0.93	0.94	0.95	0.96	0.96	0.97	0.42	0.34	0.28	0.24	0.20	0.18	0.15	0.13
18	0.71	0.78	0.82	0.85	0.87	0.99	0.90	0.92	0.93	0.94	0.94	0.95	0.96	0.96	0.97	0.97	0.97	0.98	0.43	0.35	0.29	0.24	0.21	0.18

附表18　人体显热散热冷负荷系数

在室内的总时间/h	每个人进入室内后的时间/h																							
---	1	2	3	4	5	6	7	8	9	10	11	12	13	14	15	16	17	18	19	20	21	22	23	24
2	0.49	0.58	0.17	0.13	0.10	0.08	0.07	0.06	0.05	0.04	0.04	0.03	0.03	0.02	0.02	0.02	0.02	0.01	0.01	0.01	0.01	0.01	0.01	0.01
4	0.49	0.59	0.66	0.71	0.27	0.21	0.16	0.14	0.11	0.10	0.08	0.07	0.06	0.06	0.05	0.04	0.04	0.03	0.03	0.03	0.02	0.02	0.02	0.01
6	0.50	0.60	0.67	0.72	0.76	0.79	0.34	0.26	021	0.18	0.15	0.13	0.11	0.10	0.08	0.07	0.06	0.06	0.05	0.04	0.04	0.03	0.03	0.03
8	0.51	0.61	0.67	0.72	0.76	0.80	0.82	0.84	0.38	0.30	0.25	0.21	0.18	0.15	0.13	0.12	0.10	0.09	0.08	0.07	0.06	0.05	0.05	0.04
10	0.53	0.62	0.69	0.74	0.77	0.80	0.83	0.85	0.87	0.89	0.42	0.34	0.28	0.23	0.20	0.17	0.15	0.13	0.11	0.10	0.09	0.80	0.07	0.06
12	0.55	0.64	0.70	0.75	0.79	0.81	0.84	0.86	0.88	0.89	0.91	0.92	0.45	0.36	0.30	0.25	0.21	0.19	0.16	0.14	0.12	0.11	0.09	0.08
14	0.58	0.66	0.72	0.77	0.80	0.83	0.85	0.87	0.89	0.90	0.91	0.92	0.93	0.94	0.47	0.38	0.31	0.26	0.23	0.20	0.17	0.15	0.13	0.11
16	0.62	0.70	0.75	0.79	0.82	0.85	0.87	0.88	0.90	0.91	0.92	0.93	0.94	0.95	0.95	0.96	0.49	0.39	0.33	0.28	0.24	0.20	0.18	0.16
18	0.66	0.74	0.79	0.82	0.85	0.87	0.89	0.90	0.92	0.93	0.94	0.94	0.95	0.96	0.96	0.97	0.97	0.97	0.50	0.40	0.33	0.28	0.24	0.21

参考文献

[1] 陆耀庆. 实用供热空调设计手册. 2 版. 北京：中国建筑工业出版社，2008.

[2] 中华人民共和国住房和城乡建设部. 民用建筑供暖通风与空气调节设计规范：GB 50736—2012. 北京：中国建筑工业出版社，2012.

[3] 中华人民共和国住房和城乡建设部. 工业建筑供暖通风与空气调节设计规范：GB 50019—2015. 北京：中国计划出版社，2015.

[4] 中华人民共和国工业和信息化部. 洁净厂房设计规范：GB 50073—2013. 北京：中国计划出版社，2013.

[5] 中华人民共和国住房和城乡建设部. 公共建筑节能设计标准：GB 50189—2015. 北京：中国建筑工业出版社，2015.

[6] 中华人民共和国住房和城乡建设部. 绿色建筑评价标准：GB/T 50378—2019. 北京：中国建筑工业出版社，2019.

[7] 中华人民共和国住房和城乡建设部. 民用建筑绿色设计规范：JGJ/T 229—2010. 北京：中国建筑工业出版社，2010.

[8] 中国建筑科学研究院. 蓄冷空调工程技术规程：JGJ 158—2008. 北京：中国建筑工业出版社，2008.

[9] 全国暖通空调及净化技术委员会. 组合式空调机组：GB/T 14294—2008. 北京：中国标准出版社，2008.

[10] 全国暖通空调及净化技术委员会. 风机盘管机组：GB/T 19232—2019. 北京：中国标准出版社，2019.

[11] 中华人民共和国住房和城乡建设部. 通风与空调工程施工规范：GB 50738—2011. 北京：中国建筑工业出版社，2011.

[12] 中华人民共和国住房和城乡建设部. 通风与空调工程施工质量验收规范：GB 50243—2016. 北京：中国计划出版社，2016.

[13] 全国能源基础与管理标准化技术委员会合理用电分技术委员会. 空气调节系统经济运行：GB/T 17981—2007. 北京：中国质检出版社，2007.

[14] 中国建筑标准设计研究院. 全国民用建筑工程设计技术措施暖通空调·动力 2009. 北京：中国计划出版社，2009.

[15] 中国建筑标准设计研究院. 全国民用建筑工程设计技术措施节能专篇暖通空调·动力 2007. 北京：中国计划出版社，2007.

[16] 中华人民共和国住房和城乡建设部，国家市场监督管理总局. 城市轨道交通通风空气调节与供暖设计标准：GB/T 51357—2019 . 北京：中国建筑工业出版社，2019.